中国科学院华南植物园
仁化县林业局
深圳市兰科植物保护研究中心

仁化城南森林公园植物

主编◎ 王发国　朱国兴　邢福武

中国林业出版社
China Forestry Publishing House

仁化城南森林公园植物

王发国　朱国兴　邢福武　主编

策　　划：吴文静

特约编辑：王颢颖

内容简介

　　城南森林公园为广东省生态公益林保护管理示范区、广东省自然教育基地，植物种类丰富。本书收录了城南森林公园内野生和栽培植物共 445 种（包括种下等级，其中野生植物 383 种，栽培植物 62 种），对每种植物简要地描述了识别形态特征、分布等，大部分植物附彩色照片。本书可为从事植物资源调查、保护和管理、科普教育人员提供本区域植物物种多样性的基础信息，也可为教师、学生、群众和植物爱好者认识、了解本区植物状况提供参考。

图书在版编目（CIP）数据

仁化城南森林公园植物 / 王发国，朱国兴，邢福武主编 . -- 北京：中国林业出版社，2023.10

ISBN 978-7-5219-2210-3

Ⅰ.①仁 ... Ⅱ.①王 ... ②朱 ... ③邢 ... Ⅲ.①国家公园—森林公园—植物—介绍—仁化县 Ⅳ.① Q948.526.54

中国国家版本馆 CIP 数据核字 (2023) 第 094183 号

责任编辑　张　健

版式设计　柏桐文化传播有限公司

出版发行　中国林业出版社（100009，北京市西城区刘海胡同 7 号，　电话 010- 83143621）

电子邮箱　cfphzbs@163.com

网　　址　www.forestry.gov.cn/lycb.html

印　　刷　北京雅昌艺术印刷有限公司

版　　次　2023 年 10 月第 1 版

印　　次　2023 年 10 月第 1 版　第 1 次印刷

开　　本　889 mm×1194 mm 1/16

印　　张　14

字　　数　455 千字

定　　价　208.00 元

编委会

主　任　廖永香

副主任　徐于冠　叶华谷

主　编　王发国　朱国兴　邢福武

副主编　邓荣波　李　文　马钰琦　崔　鑫　陈红锋　魏雪莹

编　委　朱国兴　廖永香　聂丽云　廖宇杰　程欣欣　徐于冠

　　　　邓荣波　李　文　李道成　范向梅　叶华谷　刘东明

　　　　付　琳　叶育石　徐　蕾　陈建兵　王美娜　魏雪莹

　　　　邓双文　余小玲　马钰琦　郭六生　冯学铃　余新龙

　　　　陈子辉　谭小珍　欧小霞　朱秀霞　叶理明　沈　悦

　　　　罗　林　李宇惠　夏增强　邓　源　蒋　妍　宋志强

摄　影　王发国　邢福武　朱国兴　邓双文　刘东明　张荣京

　　　　何春梅　陈　林　严岳鸿　秦新生　杜晓洁

仁化县林业局
　　　仁化城南森林公园植物本底调查研究
　　　仁化城南森林公园植物专著编研
广东省重点领域研发计划项目（2020B1111530004）
　　　粤北生态屏障生态系统服务功能提升技术
广东省科学技术厅
　　　广东省基础研究旗舰项目（2023B0303050001）
韶关市野生植物和自然保护区管理办公室
　　　韶关市陆生野生珍稀植物资源调查

前　言

　　城南森林公园位于广东省韶关市仁化县的西南部，坐落在县城中心城区丹霞街道办辖区，地理坐标为经度 113°45′40″~113°47′36″，纬度 24°59′34″~25°01′03″。公园所处区域属中亚热带山地季风气候，全年盛行南北气流，冬季以偏北风为主，夏季盛行偏南风，春秋偏南风与偏北风互为交替，冷暖交替明显。气候特征主要表现为：光热充足，雨量丰沛，雨热同季，四季明显，夏季炎热，高温多雨；冬季寒冷，霜冻寒潮较多。年平均气温约为 20.0℃，降水多集中在 3~7 月。山地土壤以红壤为主。

　　城南森林公园于 2013 年经过广东省林业厅批复成为省级森林公园，2020 年被广东省林业局认定为广东省生态公益林保护管理示范区、广东省自然教育基地。该公园面积约 4900 多亩（1 亩 ≈667 m²），森林覆盖率高达 98%，生态公益林占比 100%。最高峰为骆驼峰，海拔约 389.7 m。其植物资源丰富多样，是野生植物繁衍的宝地、珍贵的生物资源基因库，也是理想的科研、自然教育基地，园内多为近自然更新的阔叶混交林、亚热带常绿阔叶林、针阔混交林。

　　2009 年以来，该森林公园经过十多年的建设，投入资金完善各项基础设施，建设总长度约 16 km 的环绕步道，安装多个科普宣传牌和导识牌，设置科普长廊和宣传廊道，配备宣传牌匾等设施，引

种一些优良乡土植物和观赏树种，让休闲健身的群众在游览过程中可以自主学习各种自然知识。通过这些管理措施，园内森林环境明显改善，增加了人们对公园生物多样性的认知。为了准确掌握园内植物多样性资源状况，促进公园的保护、管理和科研、科普教育事业的发展，仁化县林业局和中国科学院华南植物园合作开展城南森林公园植物本底调查研究相关工作。

在野外实地调查、采集标本以及查阅相关资料的基础上，对仁化城南森林公园植物区系进行统计、分析研究。结果表明：城南森林公园植物区系组成复杂，植物种类丰富，共有维管束植物128科306属445种（含种下等级），其中蕨类植物21科34属53种，裸子植物6科9属11种，被子植物101科263属381种；其中主要栽培植物有62种。植物区系地理成分较复杂，以热带、亚热带成分为主，同时在一定程度上也受到了温带成分的影响，单种属和寡种属较多，具有古老性的特点，在种水平上区系特有现象较明显。调查发现：森林公园有国家二级保护野生植物福建观音座莲 *Angiopteris fokiensis*、金毛狗 *Cibotium barometz*、苏铁蕨 *Brainea insignis*、普洱茶 *Camellia sinensis* var. *assamica* 和巴戟天 *Morinda officinalis*，还分布有两种珍稀兰花，即虎舌兰 *Epipogium roseum* 和见血青 *Liparis nervosa*。

本书中科的系统排列依次为：石松类和蕨类植物按秦仁昌系统（1978年），并参考《中国蕨类植物科属志》所作的修订；裸子植物按郑万钧系统（1975年）；被子植物按哈钦松（Hutchinson）系统（1973年）。科内属、种则按拉丁字母顺序排列。书中文字部分包括科、属、种的描述，其中种的描述包括形态特征、地理分布、生境和用途等；少量种类包含主要异名；大部分物种配有彩色图片；对于部分易混淆种，描述其与近似种的形态区分特征；栽培植物用"*"在名字前进行标注。

本书在编写和出版过程中，得到中国科学院华南植物园标本馆、韶关市林业局等的合作与支持。在此谨向为本书编辑和出版工作做出贡献的单位和个人表示衷心的感谢！

由于水平有限，疏漏甚至错误之处在所难免，恳请各位读者不吝批评指正，并提出宝贵建议！

编　者
2023 年 9 月

目 录

石松类和蕨类植物 Lycophytes and Ferns

P3. 石松科 Lycopodiaceae

小型至大型多年生草本，土生。主茎长，匍匐状或攀缘状，或短而直立，侧枝常为二叉分枝。叶为单叶，仅具中脉，二型或三型，螺旋状排列，钻形、线形至披针形。孢子囊穗圆柱形或柔荑花序状，常生于顶端或侧生。孢子叶的形状与大小不同于营养叶，一型，边缘有锯齿；孢子囊肾形，无柄，腋生。

城南森林公园有 1 属，1 种。

石松属 Lycopodium L.

中小型多年生草本，土生。主茎伸长蔓生，或主茎直立而具地下横走根状茎；侧枝直立，一至多回二叉分枝；小枝密，直立或斜展。叶螺旋状排列，线形钻形或狭披针形，基部楔形，下延，无柄，先端渐尖，边缘全缘或具齿。孢子囊穗单生或聚生于孢子枝顶端，圆柱形；孢子叶较营养叶宽，卵形或阔披针形，先端急尖，边缘膜质而具齿，纸质；孢子囊生于孢子叶腋，圆肾形。

城南森林公园有 1 种。

灯笼石松（铺地蜈蚣、过山龙、灯笼草、垂穗石松）

Lycopodium cernuum L.
[*Palhinhaea cernua* (L.) Vasc. et Franco]

土生草本，高 30~60 cm。主茎上的叶螺旋状排列，稀疏，钻形至线形，长 2~4 mm，宽约 0.3 mm，通直或略内弯，基部下延，无柄，先端

渐尖，边缘全缘。侧枝多回不等位二叉分枝，有毛或光滑无毛；侧枝及小枝上的叶螺旋状排列，密集，长 3~5 mm，表面有纵沟，光滑。孢子囊穗单生于小枝顶端，短圆柱形，长 3~10 mm，淡黄色；孢子叶卵状菱形，覆瓦状排列，长约 0.6 mm，先端急尖，尾状。

见于城南森林公园正门附近、生态长廊，较常见；生于阳光充足的路旁、林缘及灌丛下阴处。分布于中国长江以南地区。亚洲其他热带地区及亚热带地区、大洋洲、中南美洲也有分布。全草可药用，治风湿麻木、肝炎、痢疾、风疹、赤目、跌打损伤、烫伤等；株形优美，可盆栽或作插花材料供观赏。

本种与海南垂穗石松 *Lycopodium hainanense* C. Y. Yang 近似，区别在于本种叶通直或略上弯，纸质。

P4. 卷柏科 Selaginellaceae

多年生草本植物，土生或石生。茎单一或二叉分枝；根托生于分枝的腋部，沿茎和枝遍体通生，或只生茎下部或基部。主茎伸长，直立或匍匐，多次分枝，或具明显的不分枝的主茎，有时攀缘生长。叶螺旋排列或排成 4 行，主茎上的叶通常排列稀疏，一型或二型，在分枝上通常成 4 行排列。孢子叶穗生茎或枝的先端，或侧生于小枝上，四棱形或压扁；孢子叶 4 行排列，一型或二型。孢子囊近轴面生于叶腋内叶舌的上方，二型。

城南森林公园有 1 属，3 种。

卷柏属 Selaginella P. Beauv.

属的形态特征同科。
城南森林公园有 3 种。

1. 深绿卷柏

Selaginella doederleinii Hieron.

常绿陆生草本，近直立，基部横卧，高 15~50 cm。根托达植株中部，长 4~22 cm。主茎自下部开始羽状分枝，禾秆色；侧枝密，3~6 对，二至三回羽状分枝，分枝稀疏。叶全部交互排列，二型，纸质，表面光滑。主茎上的腋叶较分枝上的大，卵状三角形，基部钝，分枝上的腋叶对称，狭卵圆形到三角形，边缘有细齿。中叶不对称或多少对称，边缘有细齿，先端具芒或尖头，分枝上的中叶长圆状卵形或窄卵形，长 1.1~2.7 mm，覆瓦状排列。侧叶不对称。孢子叶穗紧密，四棱柱形，常成对生于小枝末端。

见于葛布村；生于山地林下湿润处。分布于中

国华南、华东及西南地区。日本、印度、越南、泰国、马来西亚也有分布。全草供药用；终年常绿，可作阴生地被植物观赏。

本种与粗叶卷柏 Selaginella trachyphylla A. Braun ex Hieron. 相似，不同在于本种叶表面无短刺。

2. 江南卷柏（石柏、岩柏草）
Selaginella moellendorffii Hieron.

土生或石生草本，具一横走地下根茎和游走茎，其上着生鳞片状的叶；根托生于茎基部，长 0.5~2 cm，根多分叉，密被毛；主茎中上部羽状分枝；侧枝 5~8 对，二至三回羽状分枝，小枝较密。叶（除不分枝主茎上的外）交互排列，二型，草质或纸质，光滑，具白边；主茎的叶较疏，一型，绿色、黄色或红色，三角形，鞘状或紧贴；主茎腋叶卵形或宽卵形，平截，分枝的叶对称，卵形；中叶不对称，卵圆形，覆瓦状排列；侧叶不对称。孢子叶穗紧密，四棱柱形，单生于小枝末端。大孢子浅黄色，小孢子橘黄色。

见于葛布村；生于林下石上。中国长江以南广泛分布，北到陕西南部。越南、柬埔寨、菲律宾也有分布。全草入药，具有清热利湿、止血等功效，民间常用于治疗黄疸；株形优美，叶有绿色、黄色或浅红色变化，可作地被植物或山石盆景配置材料。

本种与兖州卷柏 Selaginella involvens (Sw.) Spring 相似，不同在于本种茎下部叶彼此疏离。

3. 翠云草（蓝地柏、珊瑚蕨、吊兰翠）
Selaginella uncinata (Desv.) Spring

中型伏地蔓生草本。主茎细柔，先直立而后攀缘状蔓生，长 50~100 cm 或更长，分枝处节上常有不定根，分枝向上伸展。叶交互排列，二型，草质，表面光滑，具虹彩，边缘全缘，具白边，主茎上的叶排列较疏，较分枝上的大，二型，绿色。主茎上的腋叶大于分枝上的，肾形，或略心形，长约 3 mm，分枝上的腋叶对称，宽椭圆形或心形，基部近心形。中叶不对称，侧枝上的叶卵圆形。孢子叶穗紧密，四棱柱形，单生于小枝末端；孢子叶卵状三角形，边缘全缘，具白边，先端渐尖，龙骨状。大孢子灰白色或暗褐色；小孢子淡黄色。

见于水南村；生于林下阴湿处。分布于中国中部、南部和西南各地。翠云草姿态秀丽，叶色独特，有蓝绿色的荧光，是极好的地被观赏植物，也是理想的兰花盆面覆盖材料；全草入药，可清热利湿、止血、止咳。

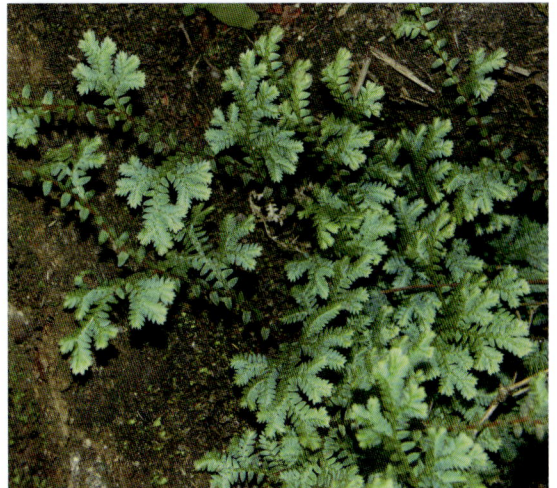

P11. 观音座莲科 Angiopteridaceae

根状茎短而直立，肉质，头状，或半匍匐。叶柄粗大，基部有肉质托叶状附属物，或长而近直立，叶柄基部有薄肉质长圆形的托叶；叶片为一至二回羽状，末回小羽片为披针形，有短柄或无柄；叶脉分离，二叉分枝或单一。孢子囊船形，顶端有不发育的环带，分离，沿叶脉 2 行排列，形成线形、长形或有时圆形的孢囊群；孢子圆球形，透明。

城南森林公园有 1 属，1 种。

观音座莲属 Angiopteris Hoffm.

大型陆生草本，高 1~2 m 或更高。根状茎肥大，圆球形，辐射对称。叶大而开展，二回羽状复叶（偶为一回羽状）从根状茎顶端伸出，有粗长柄，基部有肉质托叶状的附属物；末回小羽片披针形，有短柄或几乎无柄；叶脉分离，二叉分枝或单一，自叶边往往生出倒行假脉。孢子囊群靠近叶边，以两列生于叶脉上。

城南森林公园有 1 种。

福建观音座莲
Angiopteris fokiensis Hieron

植株高 1.5~3 m。根状茎直立，块状。二回羽状复叶宽卵形，大而开展，叶色浓绿；羽片 5~7 对，互生，长 50~60 cm，宽 14~18 cm，奇数羽状；小羽片 35~40 对，对生或互生，平展，上部的稍斜向上，具短柄，长 7~9 cm，下部小羽片较短，近基部的小羽片长仅 3 cm 或过之，顶生小羽片分离，有柄，和下面的同形，叶缘全部具有规则的浅三角形锯齿。孢子囊群长圆形，熟后呈棕色。

见于水南村、葛布村；生于山谷林下。分布于中国华南、西南、华东和华中地区。日本也有分布。根状茎入药，可祛风解毒、止血；块茎可取淀粉，曾为山区一种食粮的来源。国家二级保护野生植物。

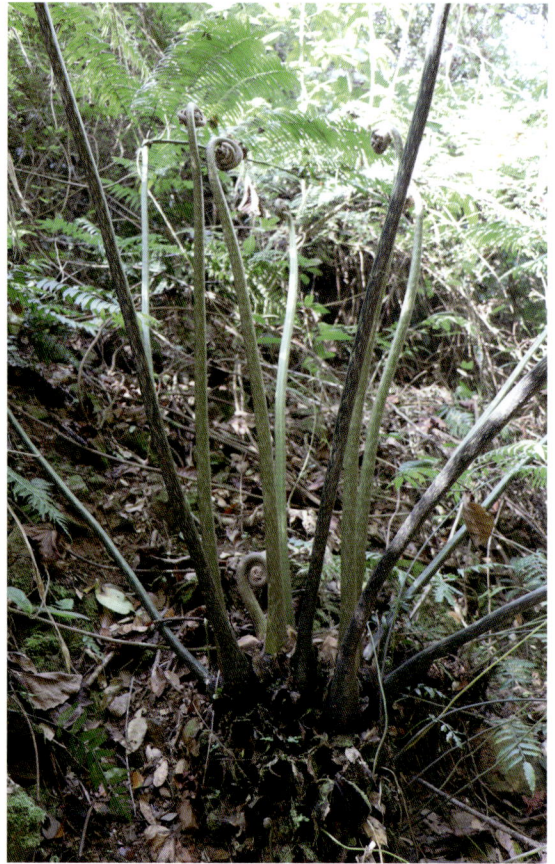

P13. 紫萁科 Osmundaceae

土生中型、稀树形蕨类。根状茎粗壮，直立，无鳞片，幼时叶片上被有棕色黏质腺状长茸毛，老则脱落，几乎变为光滑。叶柄长而坚实，基部膨大，两侧有狭翅如托叶状的附属物；叶片大，一至二回羽状，二型或一型，或往往同叶上的羽片为二型；叶脉分离，二叉分歧。孢子囊大，圆球形，裸露，着生于强度收缩变质的孢子叶（能育叶）的羽片边缘。孢子同型。

城南森林公园有 1 属，1 种。

紫萁属 Osmunda L.

土生草本。根状茎粗壮，直立或斜升，往往形成树干状的主轴，有叶柄的宿存基部密覆。叶柄长而坚硬，基部膨大，彼此呈覆瓦状；叶片大，簇生，二型或同一叶的羽片为二型，一至二回羽状，幼时棕色，被棉茸状毛，羽片基部有关节；能育叶或羽片紧缩。孢子囊球圆形，有柄，边缘着生，自顶端纵裂。孢子圆形或三角状圆形，无周壁。

城南森林公园有 1 种。

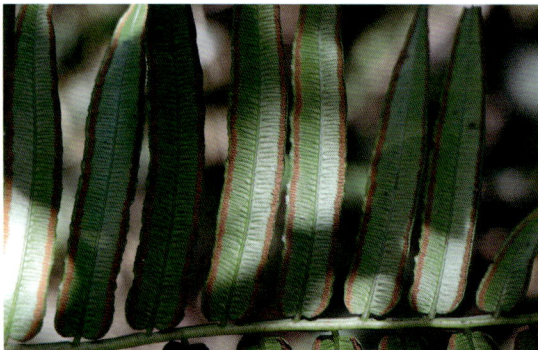

华南紫萁（假苏铁）
Osmunda vachellii Hook.

多年生、大中型陆生蕨类，高可达 1 m。根状茎圆柱形，顶端有叶簇生，似苏铁，故又名"假苏铁"。叶片椭圆形，长 40~90 cm，宽 20~30 cm，一型，一回羽状；羽片二型，15~20 对，近对生，斜向上，相距约 2 cm，有短柄，以关节着生于叶轴上，披针形或线状披针形，长 15~20 cm，向两端渐变狭，长渐尖头，顶生小羽片有柄，边缘全缘，宽 1~1.5 cm，或向顶端略为浅波状。下部 3~4 对羽片常能育，生孢子囊，紧缩为线形。

见于水南村；生于溪沟边阴处。分布于中国华南、华东及西南地区。印度、缅甸、越南也有分布。叶形秀美，终冬不凋，为美丽的庭园观赏植物。

本种与狭叶紫萁 Osmunda angustifolia Ching 相似，不同在于本种羽片宽 1~1.5 cm，能育叶生于羽轴下部。

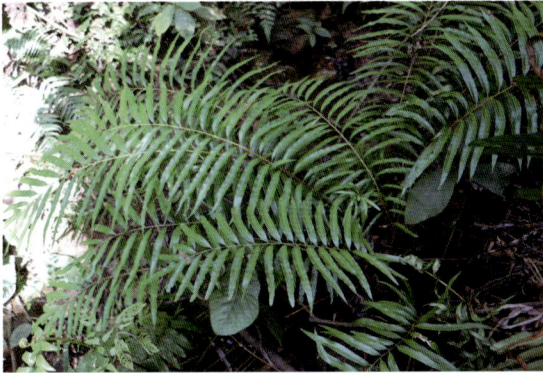

P15. 里白科 Gleicheniaceae

土生植物，根状茎长而横走，被鳞片或节状毛。叶远生，一型，有长柄，一回羽状或一至多回二叉分枝，或假二叉分枝，每一分枝处的腋间有休眠芽；顶生羽片为一至二回羽状；末回裂片为线形。叶为纸质或近革质，叶背往往为灰白色或绿色；叶轴及叶背幼时被星状毛或有睫毛的鳞片或二者混生，老则大都脱落。孢子囊群小，无盖；生于叶背小脉的背上，排列于主脉和叶边之间。

城南森林公园有 2 属、2 种。

1. 芒萁属 Dicranopteris Bernh.

根状茎长而横走，分枝，密被红棕色长节状毛。叶远生，直立或常多少蔓生，主轴常多回二叉或假二叉分枝；每回主轴分叉处（末回分叉除外）通常有一对篦齿状托叶；每回叶轴分叉处有一小腋芽；末回一对羽片二叉状，披针形或宽披针形，羽状深裂，无柄；叶纸质至近革质，叶背常为灰白色，幼时多少被星状毛。孢子囊群生于叶背小脉的背上，圆形；孢子椭圆形。

城南森林公园有 1 种。

芒萁
Dicranopteris pedata (Houtt.) Nakaike
[*D. dichotoma* Bernh.]

植株高 45~100 cm 或更高。根状茎横走，密被暗锈色长毛。叶远生；柄长 24~60 cm，棕禾秆色，基部以上无毛；叶轴一至三回二叉分枝，一回羽轴长约 9 cm，被暗锈色毛，渐变光滑；腋芽小，密被锈黄色毛；芽苞长 5~7 mm，卵形，边缘具不规则裂片或粗牙齿，稀全缘；各回分叉处两侧均各有一对托叶状的羽片。叶纸质，沿羽轴被锈色毛，后变无毛，叶背灰白色，沿中脉及侧脉疏被锈色毛。孢子囊群圆形，在主脉两侧各排成 1 行。

城南森林公园各地常见；生于荒坡、路旁或林缘。分布于中国华南、华中、华东、西南地区。日本、印度、越南也有分布。根系发达，抗冲刷、固土能力特别强，为水土保持及改良土壤的优良材料。

2. 里白属 Diplopterygium (Diels) Nakai

根状茎长而横走，分枝，密被红棕色鳞片。叶远生，主轴粗壮，单一，由其顶芽一次或多次地生出一对二叉的、长大的二回羽状的羽片；分叉点的腋间生有一个大的休眠芽。顶生一对羽片往往长 1 m 以上，宽 20~40 cm，二回羽状；小羽片多数，披针形，渐尖头，深裂达小羽轴；叶脉分离，每组有小脉 2 条；叶厚纸质，叶背常为灰白色或灰绿色。孢子囊群小，无盖。孢子四面形，无周壁。

城南森林公园有 1 种。

中华里白

Diplopterygium chinensis (Ros.) DeVol

植株高约 3 m。根状茎横走，粗约 5 mm，密被棕色鳞片。叶片大，二回羽状；羽片长圆形，长约 1 m，下面被毛及流苏状鳞片；小羽片互生，多数，具极短柄或近无柄，长 14~18 cm，宽约 2.4 cm，披针形，顶端渐尖，基部不变狭，羽状深裂；裂片略斜向上，互生，50~60 对，披针形或狭披针形，长 1~1.4 mm，宽约 2 mm，圆头，常微凹。叶坚纸质，叶背灰绿色。孢子囊群圆形，一列，位于中脉和叶缘之间，稍近中脉。

见于东门岭、城南森林公园正门至山顶；生于林下或林缘。分布于中国华南地区以及福建、贵州、四川、台湾。越南北部也有分布。

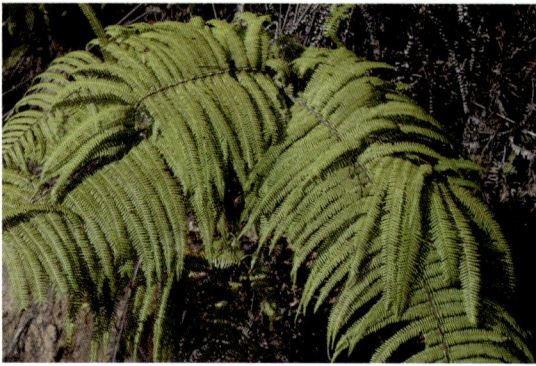

P17. 海金沙科 Lygodiaceae

陆生攀缘植物。根状茎长而横走，被毛。叶远生或近生，叶轴无限生长，细长，缠绕攀缘。羽片为一至二回二歧掌状或为一至二回羽状复叶，近二型；不育羽片通常生于叶轴下部。能育羽片位于上部；末回小羽片或裂片为披针形，或为长圆形、三角状卵形，基部常为心脏形、戟形或圆耳形；不育小羽片边缘为全缘或有细锯齿；叶脉通常分离，少为疏网状；各小羽柄两侧通常有狭翅。能育羽片边缘生有流苏状的孢子囊穗。

城南森林公园有 1 属，3 种。

海金沙属 Lygodium Sw.

属的形态特征同科。
城南森林公园有 3 种。

1. 曲轴海金沙

Lygodium flexuosum (L.) Sw.

植株高攀达 6 m。叶轴细长，不育羽片与能育羽片一型；羽片长圆三角形，长 16~25 cm，宽 15~20 cm，柄长约 2.5 cm；一回小羽片 3~5 对，基部一对最大，长三角状披针形或戟形，长尾头，长 9~10.5 cm，宽 5~9.5 cm；末回裂片 1~3 对，无关节。叶缘有细锯齿；中脉明显，侧脉纤细。叶草质，叶背光滑，小羽轴两侧有狭翅和棕色短毛，叶面沿中脉及小脉略被刚毛。孢子囊穗长 3~9 mm，线形，棕褐色，小羽片顶部通常不育。

见于城南森林公园正门附近；生于灌丛、林下。分布于中国华南地区以及贵州、云南等地。越南、泰国、印度、马来西亚、菲律宾、澳大利亚东北部也有分布。

2. 海金沙

Lygodium japonicum (Thunb.) Sw.

高攀达 2~5 m。叶轴上面有 2 条狭边。叶略呈二型；不育羽片尖三角形，长宽各 10~12 cm，二回羽状；一回小羽片 2~4 对，互生；二回小羽片 2~3 对，卵状三角形，掌状三裂；末回裂片短阔。主脉明显，侧脉纤细，从主脉斜上。叶纸质；两面沿中肋及脉上略有短毛。能育羽片卵状三角形，长宽几乎相等，约 12~20 cm，二回羽状；一回小羽片 4~5 对，长圆披针形；二回小羽片 3~4 对，卵状三角形，羽状深裂。孢子囊穗排列稀疏。

见于城南森林公园纪念碑至山顶、东门岭，常见；生于灌丛中或路旁。分布于中国华南、华中、华北和西南地区。日本、琉球群岛、斯里兰卡、爪哇岛、菲律宾、印度及澳大利亚热带地区也有分布。海金沙甘寒无毒，可通利小肠，解热毒气，治湿热肿毒、小便热淋等。

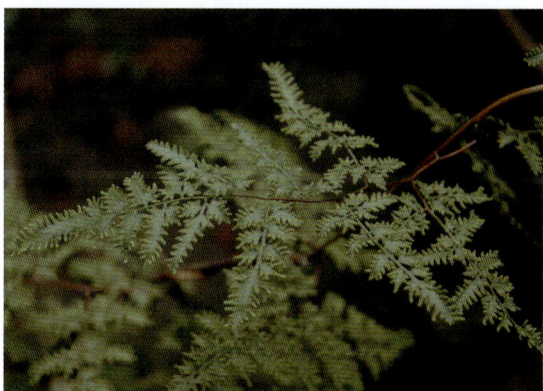

3. 小叶海金沙

Lygodium microphyllum R. Br.
[*L. scandens* (L.) Sw.]

蔓攀高达 6 m 左右。叶轴纤细，二回羽状；羽片多数，对生，距顶端密生红棕色毛。不育羽片生于叶轴下部，长圆形，长 7~8 cm，宽 4~7 cm，柄长 1~1.2 cm，奇数羽状，或顶生小羽片有时两叉，小羽片 4 对，互生，有短柄，柄端有关节，各片相距 7~8 mm，卵状三角形、阔披针形或长圆形，先端钝，基部较阔，心脏形，近平截或圆形，边缘有矮钝齿，或锯齿不明显，叶脉三出，叶薄草质。能育叶与不育叶同形。叶缘生有条形的孢子囊穗；孢子呈黑褐色，似沙粒。

见于城南森林公园纪念碑附近；生于灌丛中。分布于中国华南、西南地区及福建、台湾。印度、缅甸和马来西亚也有分布。

P19. 蚌壳蕨科 Dicksoniaceae

树状蕨类，主干密被垫状长柔毛茸。叶有粗健的长柄；叶片大，长宽能达数米，三至四回羽状复叶，常有一部分为二型，或一型，革质；叶脉分离，孢子囊群边缘生，顶生于叶脉顶端，囊群盖成自内外两瓣，形如蚌壳，内凹，革质，外瓣为叶边锯齿变成，较大，内瓣自叶背生出，同形而较小。孢子囊梨形，有柄，孢子四面形，不具周壁，每囊 48~64 枚。

城南森林公园有 1 属，1 种。

金毛狗属 Cibotium Kaulf.

根状茎粗壮，木质，平卧或有时斜升，密被柔软锈黄色长茸毛，形如金毛狗头。叶同型，有粗长的柄，叶片大，广卵形，多回羽状分裂；末回裂片线形，有锯齿。孢子囊群着生叶边，顶生于小脉上，囊群盖两瓣状，革质，分内外两瓣，内瓣较小，形如蚌壳。孢子囊梨形，有长柄，侧裂；孢子为三角状的四面形。

城南森林公园有 1 种。

金毛狗

Cibotium barometz (L.) J. Sm.

大型陆生蕨类，高 1~3 m，根状茎粗大、卧生，密被金黄色长茸毛，酷似黄色的小狗。叶片大，三回羽状分裂；下部羽片为长圆形，柄长 3~4 cm，互生，远离；一回小羽片互生，开展，长约 15 cm，有短柄，线状披针形，羽状深裂几乎达小羽轴；末回裂片线形，略呈镰刀形，开展，上部的向上斜出，边缘有浅锯齿，向先端较尖。孢子囊群生于小脉顶端，囊群盖形如蚌壳。

见于城南森林公园纪念碑至山腰、葛布村、水南村；生于沟边或林下阴处酸性土上。见于中国华南、西南、华东和华中地区。印度、缅甸、泰国、马来西亚、印度尼西亚及中南半岛、琉球群岛也有分布。该种可作为强壮剂；根状茎顶端的长软毛可作为止血剂，又可为填充物；也可供观赏。国家二级保护野生植物。

P20. 桫椤科 Cyatheaceae

常为树状蕨类，有时为灌木状，茎杆粗壮，直立。叶大型，多数，簇生于茎干顶端，成对称的树冠；叶柄宿存或早落，被鳞片或有毛；叶片通常为二至三回羽状，或四回羽状，被多细胞的毛，或有鳞片混生。叶脉通常分离，单一或分叉。

孢子囊群圆形；生于隆起的囊托上；生于小脉背上；囊群盖形状多样，圆球形或鳞片状；孢子囊卵形，具有一个完整而斜生的环带；孢子四面体形。城南森林公园有 1 属，1 种。

桫椤属 Alsophila R. Br.

乔木状或灌木状，主茎短而不露出地面或稍高出地面，先端被鳞片。叶大型，叶柄平滑或有刺及疣突，其基部鳞片坚硬。叶片一回羽状至多回羽裂；羽轴上通常背柔毛，偶无毛。叶脉分离，偶有略网结，小脉单一或二至三叉。孢子囊群圆形，背生于叶脉上，囊托凸出；囊群盖圆球形，全部或部分包被着孢子囊群，或无囊群盖。城南森林公园有 1 种。

* 桫椤

Alsophila spinulosa (Wall. ex Hook.) R. Tryon

大型树状陆生蕨，高 3~8 m 或更高。树干呈圆形，不分枝。叶簇生于顶端，形成凤尾；叶柄长 30~50 cm，连同叶轴和羽轴有刺状突起；叶片大，长可达 3 m，三回羽状深裂；羽片 17~20 对，互生，基部一对缩短，长矩圆形，二回羽状深裂；小羽片 18~20 对，羽状深裂；裂片 18~20 对，镰状披针形，边缘有齿。孢子囊群生于裂片下面小脉分叉处，囊群盖近球形。

城南森林公园生态步道有栽培。见于中国华南、西南地区。南亚、东南亚也有分布。桫椤树形高大挺拔，树冠犹如巨伞，具有很高的园艺观赏价值。

本种的叶柄、叶轴和羽轴有刺状突起，与中国产的桫椤属其他种容易区分。

P22. 碗蕨科 Dennstaedtiaceae

土生、中型草本。根状茎横走，被灰白色针状刚毛，无鳞片。叶同型，叶片一至四回羽状细裂，叶轴上面有一纵沟，两侧为圆形，小羽片或末回裂片偏斜，基部不对称，下侧楔形，上侧截形，多少为耳形凸出；叶脉分离，羽状分枝。叶为草质或厚纸质。孢子囊群圆形，小，囊群盖碗形或杯形。

城南森林公园有 2 属，3 种。

1. 蕨属 Pteridium Scopoli

土生草本。根状茎粗大如指，绳索状，长而横走，黑褐色，密被浅锈黄色柔毛，无鳞片。叶远生，有长柄；叶片大，通常卵形或卵状三角形，三回羽状；羽片近对生或互生，有柄，基部一对羽片较大，三角形。叶脉分离，侧脉二叉。叶为革质或纸质，上面无毛或偶有疏毛，下面多少被毛。孢子囊群沿叶边成线形分布，着生于叶边内的一条连接脉上；囊群盖双层，外层为假盖。

城南森林公园有 1 种。

毛轴蕨

Pteridium revolutum (Blume) Nakai

植株高达 1 m 或更高。叶远生；柄长 35~50 cm；叶片阔三角形或卵状三角形，渐尖头，长 30~80 cm，

宽 30~50 cm，三回羽状；羽片 4~6 对，对生，斜展，具柄，长圆形，先端渐尖，长 20~30 cm，柄长 2~3 cm,二回羽状;小羽片12~18 对,对生或互生,无柄,与羽轴合生，深羽裂几乎达小羽轴；裂片约 20 对；裂片下面被灰白色或浅棕色密毛；叶轴、羽轴及小羽轴的沟内密被灰白色或浅棕色柔毛，老时渐稀疏。

见于城南森林公园东门岭、水南村；生于山地阳坡林下。分布于中国华南、华中、西南及台湾和陕西等地。广泛分布于亚洲热带及亚热带地区。嫩叶可食，称蕨菜，根状茎提取的淀粉称蕨粉，供食用；根状茎的纤维可制绳缆；全株均可入药。

本种与蕨 Pteridium aquilinum var. latiusculum (Desv.) Underw. ex Heller 近似，不同在于本种的叶轴、羽轴及小羽轴的下面和上面的纵沟内均密被柔毛。

2. 鳞盖蕨属 Microlepia Presl

根状茎横走。叶柄被毛，上面有纵的浅沟；叶片长圆形至长圆状卵形，一至四回羽状复叶，小羽片或裂片偏斜，基部上侧的比下侧的大，常与羽轴或叶轴并行，通常被淡灰色刚毛或软毛，尤以叶轴和羽轴为多；叶脉分离，羽状分枝。孢子囊群圆形，近边生，着生于小脉顶端；囊群盖为半杯形或肾圆形。

城南森林公园有 2 种。

1. 边缘鳞盖蕨

Microlepia marginata (Hook.) C. Chr.

多年生草本，高 40~60 cm。根状茎长而横走，密被锈色长柔毛。叶柄长 20~30 cm，近光滑；叶远生，叶片长圆三角形，一回羽状；羽片 20~25 对，上部互生，接近，近镰刀状，边缘缺裂至浅裂，小裂片三角形。侧脉明显，在裂片上为羽状，2~3 对，到达边缘以内。叶纸质，叶轴密被锈色开展的硬毛，叶面也多少有毛。孢子囊群圆形；囊群盖杯形，距叶缘较远。

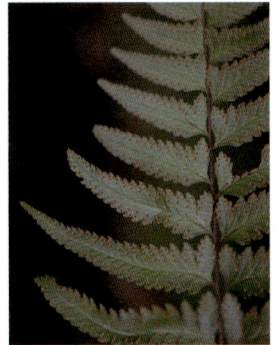

见于水南村；生于林下或沟边。分布于中国华南、华东、华中和西南地区。日本、越南、印度及尼泊尔也有分布。

2. 粗毛鳞盖蕨
Microlepia strigosa (Thunb.) Presl

多年生草本，高达 1 m。根茎密被灰棕色长针状毛。叶远生；柄长 50 cm，下部被灰棕色长针状毛，易脱落，有粗糙的斑痕；叶长圆形，二回羽状；羽片 25~35 对，近互生，有短柄，线状披针形；小羽片 25~28 对，接近，无柄，近菱形；叶脉下面隆起，上面明显；叶轴及羽轴下面密被褐色短毛，上面光滑；叶片上面光滑，叶背沿各细脉疏被灰棕色短硬毛。孢子囊群小形，每小羽片有 8~9 枚，位于裂片基部；囊群盖杯形。

见于锦城公园、水南村；生于林下、路旁。分布于中国浙江、台湾、福建、四川及云南东南部。日本、菲律宾、印度尼西亚、斯里兰卡、泰国及喜马拉雅地区和太平洋群岛也有分布。

P23. 鳞始蕨科 Lindsaeaceae

中形陆生或附生植物。根状茎短而横走，或长而蔓生，被钻形的狭鳞片。叶常同型，有柄，羽状分裂。叶脉常分离。孢子囊群为叶缘生的汇生囊群，生于在 2 至多条细脉的结合线上，或单独生于脉顶，位于叶边或边内；囊群盖为两层，里层为膜质，外层即为绿色叶边；孢子囊为水龙骨型；孢子四面形、两面形或长圆形。

城南森林公园有 2 属，2 种。

1. 鳞始蕨属 Lindsaea Dryand.ex Sm.

根状茎横走，被钻状的狭鳞片，向上部被钻状毛。叶近生或远生，叶柄基部不具关节；叶为一回或二回羽状，羽片或小羽片为对开式，或扇形；叶

脉分离或少有稀疏联结。孢子囊群沿上缘及外缘着生，联结 2 至多条细脉顶端而为线形，或少有顶生 1 条细脉上而为圆形；囊群盖为线形、横长圆形或圆形，向叶边开口。

城南森林公园有 1 种。

团叶陵齿蕨
Lindsaea orbiculata (Lam.) Mett.

多年生草本，高达 40 cm。根状茎先端密被红棕色的小鳞片。叶近生，草质；柄长 5~11 cm，栗色，光滑；叶片线状披针形，一回羽状，下部常二回羽状；羽片 20~28 对，下部各对羽片对生，远离，中上部的互生而接近，有短柄；在着生孢子囊群的羽片边缘有不整齐的齿牙，在不育的羽片边缘有尖齿牙；在二回羽状植株上，其基部一对或数对羽片伸出成线形，长可达 5 cm。叶轴有四棱。孢子囊群常连续不断成长线形。

其基部一对或数对羽片伸出成线形，长可达5 cm。叶轴有四棱。孢子囊群常连续不断成长线形。

见于城南森林公园纪念碑至山腰、生态长廊；生于山坡或路旁。分布于中国华南和西南地区。亚洲热带地区及澳大利亚都有分布。

2. 乌蕨属 Odontosoria Fée

陆生草本。根状茎短而横走，密被深褐色的钻状鳞片。叶近生，光滑，三至五回羽状，末回小羽片楔形或线形；叶脉分离。孢子囊群近叶缘着生，顶生脉端；囊群盖卵形，在基部及两侧的下部着生，向叶缘开口；孢子囊有细柄；孢子长圆形或球状长圆形。

城南森林公园有 1 种。

乌蕨

Odontosoria chusana (L.) Ching

[*Stenoloma chusanum* Ching]

多年生草本，高 30~70 cm。根状茎密被钻状鳞片。叶近生，有长柄，光滑；叶片披针形，长 20~40 cm，宽 5~12 cm，四回羽状；羽片 15~20对，互生，密接；一回小羽片在一回羽状的顶部下有 10~15 对，近菱形；二回（或末回）小羽片小，三角状披针形或倒披针形，先端截形，有齿牙，基部楔形，下延。孢子囊群边缘着生，每裂片上一枚或二枚，顶生 1~2 条细脉上。

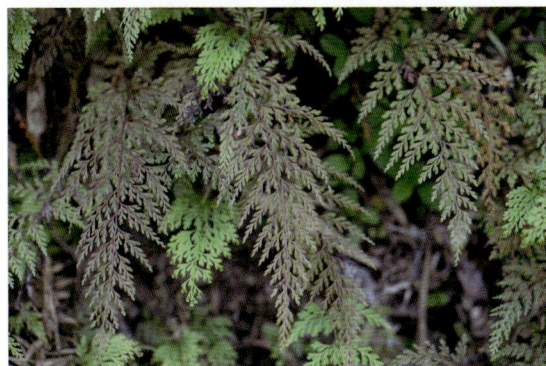

见于城南森林公园纪念碑至山腰、生态长廊、水南村、龙井村，常见；生于山坡或路旁。分布于中国华南、华中和西南地区。亚洲热带地区各地以及日本、菲律宾等地也有分布。

P27. 凤尾蕨科 Pteridaceae

陆生草本，中型或大型草本。根状茎长而横走、短而直立或斜升，密被狭长而厚的鳞片。叶一型，少为二型或近二型，疏生或簇生，有柄；叶片长圆形或卵状三角形，罕为五角形，一回羽状或二至三回羽裂，偶为单叶或三叉，罕为掌状，光滑，稀被毛；叶脉分离，稀为网状。孢子囊群线形，沿叶缘生于连接小脉顶端的一条边脉上，有由反折变质的叶边所形成的线形、膜质的宿存假盖，除叶边顶端或缺刻外，连续不断；孢子为四面型，稀为两面型。

城南森林公园有 2 属，9 种。

1. 栗蕨属 Histiopteris (Agardh) J. Sm.

陆生草本。根状茎粗长而横走，密被披针形、厚质的栗色鳞片。叶疏生，大型，无限生长；叶柄长，圆形，栗红色，有光泽，光滑；羽轴与叶柄同色；叶片三角形，二至三回羽状，羽片对生，通常无柄，且基部有托叶状的小羽片 1 对；小羽片也同样对生。叶脉网状，不具内藏小脉。孢子囊群沿叶边成线形分布；生于叶缘内的一条连接脉上，有由反折变质的干膜质叶边变成的狭线形的外盖（假盖），不具内盖；孢子为两面型，长圆形到肾形。

城南森林公园有 1 种。

栗蕨

Histiopteris incisa (Thunb.) J. Sm.

中大型陆生蕨类，高 1~2 m。根状茎长而横走，密被栗褐色鳞片。叶大，远生，直立或半蔓生；柄长约 1 m，栗红色，基部具微细疣状突起而略粗糙，

向上平滑；叶片三角形，二至三回羽状；裂片 6~9 对，对生，彼此远分开，通常 2 对较大，长圆形或长圆披针形，长约 1.5~4 cm，钝头或短渐尖，基部小羽轴多少合生，两侧略膨大；第二对距基部一对 10 cm 以上，和基部一对同形，向上各对羽片均略变小；叶脉网状。孢子囊群条形。

见于城南森林公园生态长廊、正门至生态步道；生于石头旁、路边。分布于中国华南和西南地区。其他泛热带地区也有分布。

2. 凤尾蕨属 Pteris L.

陆生草本。根状茎直立或斜升，被狭披针形或线形、棕色或褐色鳞片。叶簇生，叶柄上有纵沟；叶片一回羽状或为篦齿状的二至三回羽裂，或三叉分枝，基部羽片（有时下部几对）的下侧常分叉，各叉与羽片同形但较小，很少为单叶或掌状分裂而顶生羽片常与侧生羽片同形；羽轴或主脉上面有深纵沟，沟两旁有狭边；叶脉分离，单一或二叉，或仅沿羽轴两侧联结成 1 列狭长的网眼。孢子囊群线形，沿叶缘连续延伸，通常仅裂片先端及缺刻不育；囊群盖为反卷的膜质叶缘形成。

城南森林公园有 8 种。

1. 刺齿半边旗

Pteris dispar Kze.

植株高 30~70 cm。根状茎斜升，先端及叶柄基部被黑褐色鳞片。叶簇生，近二型；柄长 15~35 cm，与叶轴均为栗色；叶片卵状长圆形，二回羽状深裂；顶生羽片披针形，篦齿状深羽裂几乎达叶轴，裂片 12~15 对，对生；侧生羽片 5~8 对，与顶生羽片同形；能育叶顶生羽片的裂片宽约 3~5 mm，彼此接近，基部不显著下延；羽轴基部栗色；裂片的不育边缘有长尖刺状的锯齿；叶干后草质，绿色或暗绿色，无毛。孢子囊群沿叶缘着生。

见于葛布村至龙底坑；生于林下、路旁。分布

于中国华南、华中和西南地区。越南、马来西亚、菲律宾和日本也有分布。

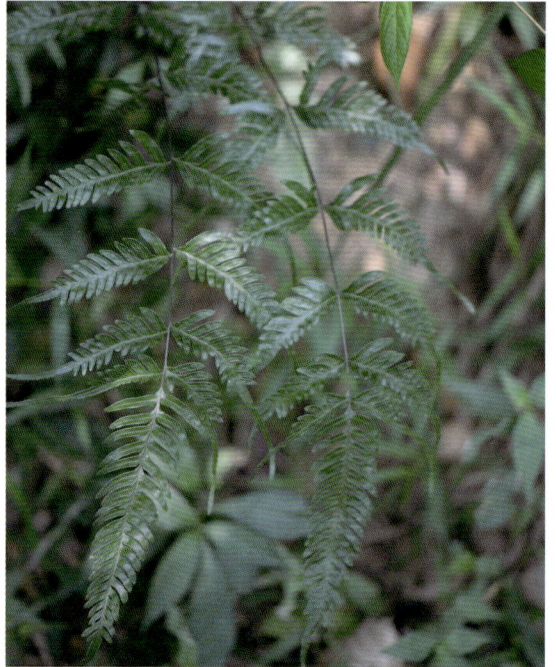

2. 剑叶凤尾蕨（井边茜）

Pteris ensiformis Burm. f.

植株高 30~50 cm。根状茎细长，斜升，被黑褐色鳞片。叶簇生，二型；柄长 10~30 cm；不育叶较短，下部羽状，三角形，具 2~3 对对生的无柄小羽片，密接；能育叶的羽片疏离，通常为 2~3 叉，中央的分叉最长，顶生羽片基部不下延，下部两对羽片有时为羽状，小羽片 2~3 对，向上，狭线形，

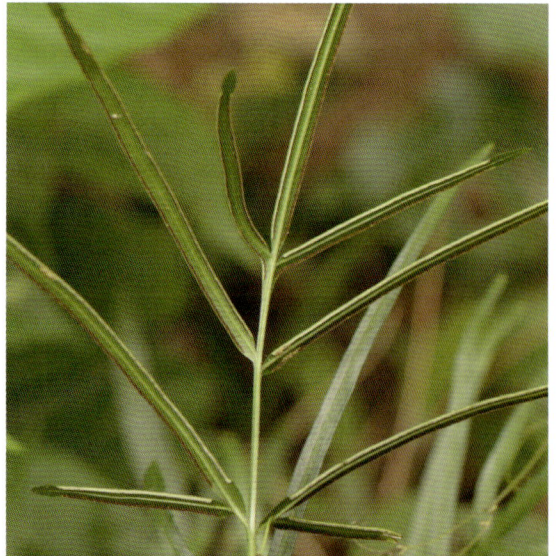

先端渐尖，基部下侧下延，先端不育的叶缘有密尖齿；侧脉密接，通常分叉。

见于城南森林公园南门、水南村；生于疏林下或路边。分布于中国华南、华中和西南地区。日本、老挝等东亚和东南亚国家也有分布。

3. 傅氏凤尾蕨（金钗凤尾蕨）

Pteris fauriei Hieron.

中型草本，高 50~70 cm。根状茎短，先端密被鳞片。叶簇生；叶片卵形至卵状三角形，二回深羽裂，或基部三回深羽裂；侧生羽片近对生，顶端呈长尾状，基部渐狭，篦齿状深羽裂达羽轴两侧的狭翅；裂片 20~30 对，互生或对生，斜展，镰刀状阔披针形，通常下侧的裂片比上侧的略长，基部一对或下部数对缩短，全缘。孢子囊群线形，沿裂片边缘延伸。

见于城南森林公园正门附近；生于林缘、路旁。分布于中国华南、华中和西南地区。越南北部及日本也有分布。

本种与狭眼凤尾蕨 *Pteris biaurita* L. 近似，不同在于后者叶脉在羽轴两侧各形成 1 列狭长、与羽轴平行的网眼。

4. 林下凤尾蕨

Pteris grevilleana Wall. ex Agardh

植株高 20~45 cm。根状茎短而直立，先端被黑褐色鳞片。叶簇生，同型；能育叶的柄比不育叶的柄长 2 倍以上，长 20~30 cm，栗褐色，光滑，顶部有狭翅；叶片阔卵状三角形，长 10~15 cm，宽 8~12 cm，二回深羽裂；顶生羽片阔披针形，长 8~12 cm，先端尾状，基部下延，与其下一对侧生羽片略汇合，两侧篦齿状羽裂几乎达羽轴；能育羽片与不育羽片相似。叶干后坚草质，暗绿色，无毛；叶轴栗褐色，上部两侧有狭翅。

见于葛布村至山腰；生于疏林下。分布于中国广东、海南、广西、台湾、云南。日本、越南、泰国、印度、尼泊尔、不丹、马来西亚、菲律宾及印度尼西亚也有分布。

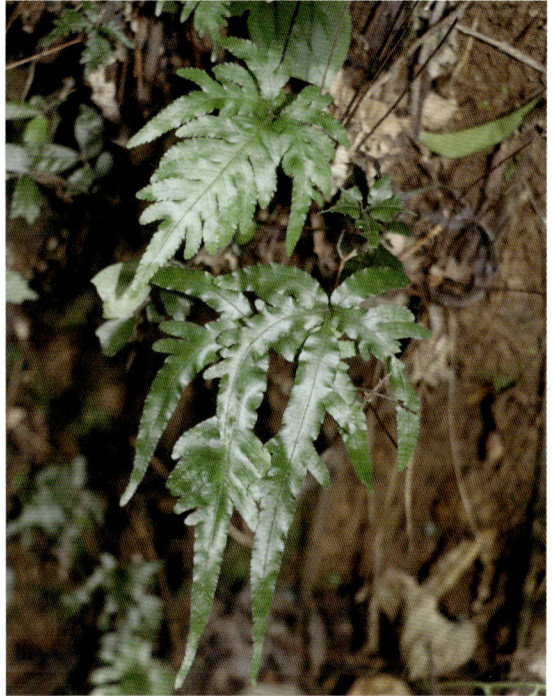

5. 线羽凤尾蕨（三角眼凤尾蕨）

Pteris linearis Poir.

植株高约 1 m。根状茎短而直立，先端被黑褐色鳞片。叶簇生；柄约与叶片等长，基部棕色，向上与叶轴为禾秆色，光滑；叶片长圆状卵形，长 50~70 cm，宽 20~30 cm，二回深羽裂，或基部三回深羽裂；侧生羽片 5~15 对，对生，略斜向上，披针形，长 15~28 cm，先端长尾尖，篦齿状深羽裂达羽轴两侧的阔翅；裂片 25~35 对，互生；羽轴下面隆起；侧脉两面均明显并隆起，相邻裂片基部相对的两小脉直达缺刻底部或附近，在缺刻底部开口或相交成一高尖三角形，或有时沿羽轴两侧联结成一列不连续的三角形网眼。

见于锦山公园；生于坡地。分布于中国华南和西南地区。也广泛分布于亚洲热带地区和马达加斯加。

本种与狭眼凤尾蕨 *Pteris biaurita* L. 近似，不同在于后者叶脉在羽轴两侧各形成 1 列狭长、与羽轴平行的网眼。

6. 井栏边草

Pteris multifida Poir.

植株高 25~50 cm。根状茎短而直立，先端被黑褐色鳞片。叶二型，密而簇生；不育叶卵状长圆形，一回羽状，羽片通常 3 对，对生，叶缘有不整齐的尖锯齿并有软骨质的边；能育叶有较长的柄，羽片 4~6 对，狭线形；其上部几对的羽片基部长下延，在叶轴两侧形成宽 3~4 mm 的翅；侧脉明显，稀疏，单一或分叉；叶干后草质，暗绿色，无毛。

见于城南森林公园纪念碑附近；生于林下。分布于中国华南、西南、华中和华北地区。越南、菲律宾、日本也有分布。全草入药，能清热利湿、解毒、凉血止血、收敛、止痢。

7. 半边旗

Pteris semipinnata L.

中小型草本，高 35~90 cm。根状茎长而横走。叶簇生，近一型；叶片长圆披针形，二回半边深裂；顶生羽片阔披针形至长三角形，先端尾状，篦齿状深羽裂几乎达叶轴，裂片 6~12 对，对生；侧生羽片 4~7 对，开展，先端长尾头，基部偏斜，两侧极不对称，上侧仅有一条阔翅，很少分裂，下侧篦齿状深羽裂几乎达羽轴；能育叶顶生羽片的裂片宽约 7 mm，彼此以阔的间隔分开，间隔宽 3~5 mm，基部显著下延。不育裂片的叶有尖锯齿，能育裂片仅顶端有一尖刺或具尖锯齿。

见于城南森林公园正门附近、水南村、龙井村，较常见；生于疏林下或路旁。分布于中国华南、西南和华中地区。日本、菲律宾、越南等东亚和东南亚国家也有分布。

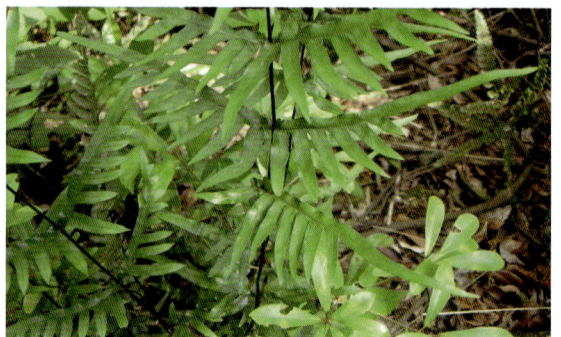

本种与刺齿半边旗 *Pteris dispar* Kunze 近似，不同在于本种能育叶顶生羽片的裂片较宽，彼此以阔的间隔分开，基部显著下延。

8. 蜈蚣草
Pteris vittata L.

根状茎直立，短而粗健，粗 2~2.5 cm，木质，密被蓬松的黄褐色鳞片。叶簇生；柄坚硬，长 10~30 cm 或更长，基部粗约 3 mm；叶片倒披针状长圆形，长 20~90 cm 或更长，宽 5~25 cm 或更宽，一回羽状；顶生羽片与侧生羽片同形，侧生羽片多数，30~50 对，几无柄，不与叶轴合生，线形，向下羽片渐短，基部羽片耳形，中部的长 6~15 cm，渐尖头，基部浅心形，两侧稍耳形，不育的叶缘有细锯齿。孢子囊群线形，着生于羽片边缘的边脉上；囊群盖同形，灰白色。

见于城南森林公园纪念碑附近；生于石隙或墙壁上。广布于我国热带和亚热带，以秦岭南坡为其在我国分布的北方界线。旧大陆热带和亚热带地区广布。

P31. 铁线蕨科 Adiantaceae

陆生或石生中小型蕨类。根状茎直立或横走，被披针形鳞片。叶一型，螺旋状簇生、二列散生或聚生；叶柄黑色或红棕色，有光泽，通常细圆，坚硬如铁丝；叶片多为一至三回以上的羽状复叶或一至三回二叉掌状分枝，少为团扇形的单叶，多光滑无毛；叶轴、各回羽轴和小羽柄均与叶柄同色同形；末回小羽片的形状不一，卵形、扇形、团扇形或对开式，边缘有锯齿。孢子囊群生小脉顶端，有反折的叶缘覆盖。

城南森林公园有 1 属，1 种。

铁线蕨属 Adiantum L.

属的形态特征与同科。

城南森林公园有 1 种。

扇叶铁线蕨
Adiantum flabellulatum L.

高 20~45 cm。根状茎短而直立。叶簇生，叶柄亮紫黑色；叶片扇形，长 10~25 cm，二至三回不对称的二叉分枝，通常中央的羽片较长；小羽片 8~15 对，互生，平展，具短柄，能育羽片为对开式的半圆形，能育部分具浅缺刻，裂片全缘，不育部分具细锯齿。孢子囊群每羽片 2~5 枚，横生于裂片上缘和外缘，以缺刻分开。

见于葛布村、水南村，较常见；生于林下、坡地。分布于中国华南、华中、华东和西南地区。日本、越南、缅甸、印度、斯里兰卡及马来群岛均有分布。本种全草入药，可清热解毒、舒筋活络、消肿止痛。此外，它是酸性土的指示植物。

P36. 蹄盖蕨科 Athyriaceae

土生蕨类。根状茎细长而横走，或粗长横卧，被棕色、披针形鳞片；叶多簇生，少有远生或近生；叶片通常草质或纸质，罕为革质，单叶或一至四回羽裂；小羽片或末回裂片有锯齿或缺刻；各回羽轴有纵沟；叶脉分离或网状。孢子囊群圆形、线形、马蹄形或椭圆形，具盖或无盖；孢子椭圆形。城南森林公园有 3 属，4 种。

1. 短肠蕨属 Allantodia R. Br.

中型至大型陆生植物。根状茎粗大，直立或斜升，稍被鳞片。叶常簇生；叶片多为阔卵形、矩圆形或三角形，少为阔披针形，一至三回羽裂；羽片常披针形，末回小羽片椭圆形或披针形；叶脉常分离。叶为草纸或纸质，少有革质，一般光滑，有时叶轴、羽轴和中肋下面有少数钻形或披针形鳞片，少见有刺状突起，各回羽轴及主脉上的纵沟彼此互通。孢子囊群线形、矩圆形或卵形，大多单生于小脉上侧。

城南森林公园有 2 种。

1. 膨大短肠蕨（毛柄短肠蕨）

Allantodia dilatata (Blume) Ching

常绿大型草本，高 1~2 m 或更高。根状茎横走、横卧至斜升或直立，先端密被鳞片。叶疏生至簇生；能育叶长可达 3 m；叶柄粗壮，长 30~90 cm，直径达 1 cm，基部黑褐色，密被与根状茎上相同的鳞片，并有易脱落的褐色、卷曲的短柔毛，向上绿禾秆色或绿褐色，渐变光滑；叶片三角形，顶端羽裂渐尖，向下二回羽状；羽片互生，有柄，披针形。孢子囊群线形，在小羽片的裂片上有 5~8 对。

见于水南村、葛布村，较常见；生于林下或沟边。分布于中国华南及西南地区。东南亚至日本南部也有分布。

2. 淡绿短肠蕨

Allantodia virescens (Kunze.) Ching

常绿中型草本。根状茎横走至横卧，黑色，先端密被鳞片；鳞片披针形，黑褐色，厚膜质。叶近生或远生；能育叶长达 20~40 cm，基部黑褐色并疏被残存的黑褐色鳞片，向上禾秆色或绿禾秆色，变光滑，上面有浅沟。叶片三角形，长 30~60 cm，基部宽 25~40 cm，二回羽状；小羽片羽状浅裂至半裂，顶部尾状羽裂渐尖；叶脉上面不明显，下面可见。叶干后纸质，通常呈草绿色，两面均光滑。孢子囊群矩圆形，短而直，在小羽片的裂片上达 5 对。

见于水南村；生于林下阴湿处。广布于长江以南各地。越南和日本也有分布。

2. 假蹄盖蕨属 Athyriopsis Ching

根状茎细长横走，疏生棕色披针形或卵形鳞片。叶远生至近生，二列，有时簇生；叶片长三角形、椭圆形或披针形，二回羽状深裂；羽片披针形；叶脉分离或羽状。叶干后草质或近膜质，绿色；叶轴、羽片中脉两面通常有或密或疏、略卷曲、多细胞节状柔毛；叶轴及羽片中脉上面均有纵沟。孢子囊群线形或椭圆形，单生于小脉上侧。

城南森林公园有 1 种。

毛轴假蹄盖蕨（毛叶假蹄盖蕨）

Athyriopsis petersenii (Kunz) Ching

多年生常绿植物。根状茎细长，横走，深褐色，先端密被红褐色阔披针形鳞片；叶远生至近生；能育叶形态多样，最小的长仅 6 cm，宽 1 cm，大形的长可达 1 m 以上，宽达 25 cm；叶柄禾秆色，长 2~40 (~50) cm，基部常呈浅深褐色至深褐色；叶片多形，通常卵状阔披针形或矩圆阔披针形，有时卵形或狭三角形至三角形，长可达 50 cm，宽可达 25 cm。叶草质，干后绿色或灰绿色至浅黄绿色，上面色较深，通常上面沿叶轴、羽片中肋及叶脉有较短小的细尖节毛，下面沿叶轴、羽片中肋及叶脉通常有甚多红褐色或黄褐色至浅灰褐色的长节毛，脉间无毛或有灰白色细短节毛。孢子囊群短线形或线状矩圆形，罕呈弯钩形。

见于水南村附近；生于山谷林下。分布于中国秦岭以南各地。广布于亚洲至大洋洲热带、亚热带山地。

本种与假蹄盖蕨 Athyriopsis japonica (Thunb.) Chin 近似，不同在于后者羽片上面仅沿中肋有短节毛，下面沿中肋及裂片主脉疏生节状柔毛。

3. 双盖蕨属 Diplazium Sw.

根状茎直立或斜升，先端被披针形黑色鳞片。叶通常簇生或近生；叶柄长；叶片椭圆形，奇数一回羽状或间为三出复叶或披针形的单叶，或有时同一种兼有 3 种形态的能育叶；羽片通常 3~8 对，一型，几乎同大；主脉明显；小脉分叉，直达叶边，叶背通常明显，叶面往往不见。叶面光滑，叶背沿叶片及羽片中肋有极稀疏的线形小鳞片及单行细胞的细小节毛。囊群盖与孢子囊群均为线性。

城南森林公园有 1 种。

单叶双盖蕨

Diplazium subsinuatum (Wall. ex Hook. et Grew.) Tagawa

植株高 15~40 cm。根状茎细长横走，被黑色或褐色披针形鳞片。单叶远生；能育叶长达 40 cm；叶柄长 8~15 cm，基部被褐色鳞片；叶片披针形或线状披针形，长 10~25 cm，宽 2~3 cm，两端渐狭，边缘全缘或稍呈波状；中脉两面均明显，小脉斜展，每组 3~4 条，平行。孢子囊群线形，通常多分布于叶片上半部，沿小脉斜展。

见于水南村；生于林下坡上。分布于中国华南、华中和西南地区。其他东亚和东南亚国家也有分布。

P38. 金星蕨科 Thelypteridaceae

陆生植物。根状茎直立、斜升或横走，疏被鳞片。叶簇生、近生或远生，一型，罕近二型，多为长圆披针形或倒披针形，少为卵形或卵状三角形，通常二回羽裂，少有三至四回羽裂，罕为一回羽状；各回羽片基部对称，羽轴上面或凹陷成一纵沟，但不与叶轴上的沟互通，或圆形隆起，密生灰白色针状毛，羽片基部着生处下面常有一膨大的疣状气囊体；叶脉分离或联结。孢子囊群圆形。

城南森林公园有 3 属，4 种。

1. 毛蕨属 Cyclosorus Link

常为中型的陆生草本。根状茎常横走。叶疏生或近生，少有簇生，有柄；叶长圆形、三角状长圆披针形或倒披针形，顶端渐尖，通常突然收缩成羽裂的尾状羽片，二回羽裂，罕为一回羽状；侧生羽片通常 10~30 对或较少，狭披针形或线状披针形，下部羽片往往向下逐渐缩短，或变成耳形或瘤状，有时退化成气囊体，二回羽裂；裂片多数，呈篦齿状排列。

城南森林公园有 2 种。

1. 渐尖毛蕨

Cyclosorus acuminatus (Houtt.) Nakai

植株高 70~80 cm。根状茎长而横走。叶二列，远生；叶柄长 30~42 cm，无鳞片；叶片长圆状披针形，长 40~45 cm，中部宽 14~17 cm，先端尾状渐尖并羽裂，基部不变狭，二回羽裂；羽片 13~18 对，有极短柄，斜展或斜上；裂片 18~24 对。叶脉下面隆起，清晰，侧脉斜上，每裂片 7~9 对，基部一对出自主脉基部，其先端交接成钝三角形网眼，第二对和第三对的上侧一脉伸达透明膜质连线。叶坚纸质，除羽轴下面疏被针状毛外，羽片上面被极短的糙毛。

见于城南森林公园生态长廊；生于坡地林下。分布于中国长江以南各地，东到台湾，西到陕西南部。日本和印度也有分布。

2. 华南毛蕨

Cyclosorus parasiticus (L.) Farwell.

植株高 40~60 cm。根状茎横走。叶近生；叶片长圆披针形，长 35~50 cm，先端羽裂，尾状渐尖头，基部不变狭，二回羽裂；羽片 12~16 对，无柄，中部以下的对生，向上的互生，中部羽片羽裂达 1/2 或稍深；裂片 20~25 对，斜展，彼此接近，基部上侧一片特长；叶脉两面可见，侧脉斜上，基部一对出自主脉基部以上，其先端交接成一钝三角形网眼。孢子囊群圆形，每裂片 3~4 对。

见于城南森林公园纪念碑至山腰、锦山公园、正门至生态步道，常见；生于林下或路边。见于中国华南、华中、华东和西南地区。日本、韩国、尼泊尔、缅甸、印度、斯里兰卡、越南、泰国、印度尼西亚、菲律宾均有分布。

本种与渐尖毛蕨 Cyclosorus acuminatus (Houtt.) Nakai 近似，不同在于后者叶片近革质，近无毛，裂片缺刻下有侧脉 2 又 1/2 对。

2. 金星蕨属 Parathelypteris (H. Ito) Ching

中、小型陆生植物。根状茎细长横走、斜升或直立。叶远生、近生或簇生；叶柄禾秆色或栗色，多少有光泽；叶片卵状长圆形、长圆状披针形或披针形，先端渐尖并羽裂，二回羽状深裂；侧生羽片狭披针形至线状披针形，下部羽片不缩短或一至数对羽片明显缩短，甚至退化成小耳状，羽状深裂；叶草质或纸质，两面多少被柔毛或针状毛。孢子囊群圆形，位于主脉和叶边之间或稍近叶边；囊群盖圆肾形，少为马蹄形。

城南森林公园有 1 种。

金星蕨

Parathelypteris glanduligera (Kunze.) Ching

根状茎长而横走，光滑，先端被少量披针形鳞片。叶近生；叶片披针形或阔披针形，长

18~30 cm，宽 7~13 cm，先端渐尖并羽裂，向基部不变狭；二回羽状深裂；羽片约 15 对，平展或斜上，互生或下部的近对生，无柄，长 4~7 cm，宽 1~1.5 cm，先端渐尖，基部对称，截形，羽裂几乎达羽轴；裂片 15~20 对或更多，开展。叶草质，光滑或疏被短毛。孢子囊群小，圆形，每裂片 4~5 对；囊群盖圆肾形，被刚毛，早落。

见于水南村；生于林下阴湿处。广布于中国长江以南各地。韩国、日本、越南、印度北部也有分布。

3. 新月蕨属 Pronephrium Presl.

土生、中型蕨类植物。叶远生或近生；叶片通常为奇数一回羽状，少为单叶或三出，羽片大，通常 3~12 对，顶生羽片分离，同侧生羽片同形，基部一对羽片不缩短或稍缩短，披针形，近无柄或有短柄，全缘或有粗锯齿；侧脉多对，斜展，并行；叶脉为新月蕨形，自每对小脉交结点发出的外行小脉或为连续或为断续，顶端有 1 小水囊。孢子囊群圆形，顶部常有刚毛。

城南森林公园有 1 种。

三羽新月蕨

Pronephrium triphyllum (Sw.) Holtt.

植株高 20~50 cm。根状茎横走。叶疏生或近生，一型或近二型；叶柄基部疏被鳞片，通体密被钩状短毛；叶片卵状三角形，长尾头，基部圆形，三出，侧生羽片一对，罕有 2 对，斜向上，对生，长圆披针形；顶生羽片远较大，披针形，长 15~20 cm，边缘全缘或呈浅波状。能育叶略高出于不育叶，有较长的柄，羽片较狭。孢子囊群生于小脉上，无盖。

见于水南村；生于林下阴湿处。分布于中国华南和西南地区。东亚和东南亚地区广泛分布。

P39. 铁角蕨科 Aspleniaceae

小型至中型蕨类，附生、石生或攀缘。根茎横走或直立，被褐色或深棕色、披针形小鳞片。叶柄草质，常为栗色并有光泽，或为淡绿色或青灰色；基部不以关节着生，上面有纵沟；叶形变异极大，单一（披针形、心脏形或圆形）、深羽裂或经常为一至四回羽状细裂；末回小羽片或裂片多为斜方形或不等边四边形，基部不对称；叶脉分离或网结，无内藏小脉。孢子囊群线形，有时近椭圆形，沿小脉上侧着生，有囊群盖。

城南森林公园有 1 属、2 种。

铁角蕨属 Asplenium L.

根状茎直立，多石生或附生。单叶或一至四回羽状，各回羽轴上面有纵沟，羽片或小羽片往往沿纵沟两侧有下延的狭翅，末回小羽片或裂片基部不对称；叶脉分离，斜向上，小脉不达叶边，叶轴顶端有时有一芽孢。孢子囊群通常线形，有时近椭圆形，沿小脉上侧着生，有囊群盖；孢子两侧对称，椭圆形，周壁具褶皱。

城南森林公园有 2 种。

1. 狭翅铁角蕨

Asplenium wrightii Eaton ex Hook.

植株高达 1 m。根状茎短而直立，粗 0.7~1.2 cm，密被褐棕色披针形、厚膜质鳞片。叶簇生，叶柄长 20~32 cm，基部粗 4~7 mm，淡绿色，基部有时为栗褐色，略有光泽；叶片椭圆形，长 30~80 cm，宽 16~28 cm，一回羽状；羽片 16~24 对，边缘有明显的粗锯齿或重锯齿；叶脉羽状，下面略隆起，斜向上，不达叶边。孢子囊群线形，长约 1 cm，褐棕色，斜向上；生于上侧一脉，沿主脉两侧排列整齐；囊群盖线形，灰棕色，全缘。

见于水南村、葛布村；生于林下溪沟边岩石上。分布于中国长江以南地区。日本、韩国、越南也有分布。

2. 倒挂铁角蕨

Asplenium normale D. Don

植株高 15~40 cm。根状茎直立或斜生，黑色，密被披针形鳞片。叶簇生，叶柄长 5~15 (21) cm，栗褐或紫黑色，略四棱形，有光泽；叶片披针形，长 12~24 (28) cm，中部宽 2~3.2 (3.6) cm，一回羽状；羽片 20~30 (44) 对，互生，无柄，三角状椭圆形，基部不对称，内缘全缘，余部均有粗锯齿；叶脉羽状，纤细，小脉单一或 2 叉，极斜上，不达叶边。孢子囊群椭圆形，伸达叶缘；囊群盖椭圆形，膜质，全缘，开向主脉。

见于水南村；生于密林下或溪沟旁石上。分布于中国长江以南地区。尼泊尔、印度、斯里兰卡等也有分布。

P42. 乌毛蕨科 Blechnaceae

土生或附生草本，或为亚乔木状。根状茎横走或直立，有网状中柱，被具细密筛孔的全缘、红棕色鳞片。叶一型或二型；叶片一至二回羽裂，罕为单叶，厚纸质至革质，无毛或常被小鳞片。叶脉分离或网状，如为分离则小脉单一或分叉平行，如为网状则小脉常沿主脉两侧各形成 1~3 行多角形网眼，无内藏小脉，网眼外的小脉分离，直达叶缘。孢子囊群为线形汇生囊群，或椭圆形，着生于与主脉平行的小脉上或网眼外侧的小脉上，靠近主脉。

城南森林公园有 3 属，3 种。

1. 乌毛蕨属 Blechnum L.

土生。根状茎通常粗短，直立，有复杂的网状中柱，被鳞片；鳞片狭披针形，全缘，质厚，深棕色。叶簇生，一型，叶柄粗硬；叶片通常革质，无毛，一回羽状，羽片线状披针形，两边平行，全缘或具锯齿。主脉粗壮，上面有纵沟，下面隆起，小脉分离，平行，单一或二叉。孢子囊群线形，连续，少有中断，紧靠主脉并与之平行，着生于主脉两侧的不甚明显的 1 条纵脉上，仅羽片先端（或有时基部）不育；孢子椭圆形。

城南森林公园有 1 种。

乌毛蕨

Blechnum oritentale L.

植株高 0.5~2 m。根状茎直立，先端及叶柄下部密被棕色、狭披针形鳞片。叶簇生，叶柄粗硬，基部往往为黑褐色，无毛；叶片卵状披针形，长达 1 m 左右，宽 20~60 cm，一回羽状；羽片多数，二型，互生，无柄，下部羽片不育，极度缩小为圆耳形，中上羽片可育，线形或线状披针形，长 10~30 cm，宽 5~18 mm，基部圆楔形，与叶轴合生，全缘或呈微波状。叶脉上面明显，主脉两面均隆起，

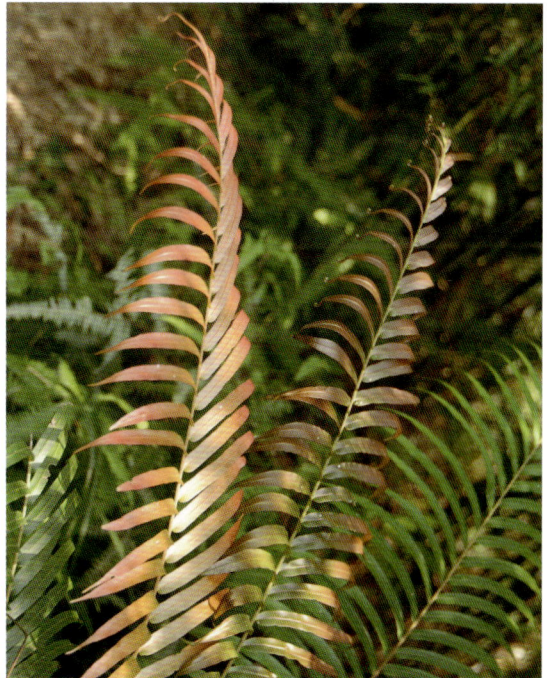

小脉分离，单一或二叉。孢子囊群线形，连续，与主脉平行。

城南森林公园各地常见；生于山坡、灌丛、水沟旁。分布于中国华南、华东、华中、西南各地。日本、澳大利亚及太平洋等地也有分布。为常见的酸性土指示植物；幼叶可食，含有丰富的维生素；根状茎可药用，有清热解毒、活血散淤、健脾胃的功效；嫩叶红色，可供观赏。

2. 苏铁蕨属 Brainea J. Sm.

土生，大型草本。根状茎短而粗壮，木质，与叶柄基部同被红棕色至褐棕色线形鳞片。叶簇生，有柄；叶片椭圆状披针形，一回羽状；侧生羽片多对，无柄或略具短柄，狭披针形至线状披针形，先端渐尖，基部为不对称的心脏形，略扩大呈圆耳状，边缘有细密锯齿或呈褶皱状，通常向内反卷。叶脉明显沿主脉两侧各形成 1 行三角形至多角形的网眼，其余小脉分离，单一或分叉。叶革质，叶轴上面有纵沟。孢子囊群沿小脉汇生，无囊群盖。

城南森林公园有 1 种。

苏铁蕨

Brainea insignis (Hook.) J. Sm.

植株高达 1.5 m。主轴直立或斜上，顶部与叶柄基部均密被鳞片；鳞片线形，长达 3 cm，红棕色或褐棕色。叶簇生；叶柄长 10~30 cm，棕禾秆色；叶片椭圆披针形，长 50~100 cm，一回羽状；羽片 30~50 对，对生或互生，线状披针形至狭披针形，近无柄，边缘有细密锯齿，下部羽片略缩短，中部羽片最长，达 15 cm，宽 7~11 mm，羽片基部紧靠叶轴；叶脉两面均明显，沿主脉两侧各有 1 行三角形或多角形网眼，其余小脉分离。孢子囊群沿主脉两侧的小脉着生。

见于葛布村至山顶；生于近山顶的斜坡向阳处。分布于中国华南地区以及福建、台湾、云南。亚洲热带地区有分布。树形美观，观赏价值极高；茎可入药，有清凉解毒、止血散瘀的功效。国家二级保护野生植物。

3. 狗脊属 Woodwardia Sm.

土生，大型草本。根状茎短而粗壮，有网状中柱，密被棕色、厚膜质、披针形大鳞片。叶簇生，有柄；叶片椭圆形，二回深羽裂，侧生羽片多对，披针形，深羽裂，裂片边缘有细锯齿。叶脉部分为网状，部分分离，即沿羽轴及主脉两侧各有 1 行狭长网眼，其外侧还有 1~2 行多角形网眼，无内藏小脉，其余小脉分离，直达叶边。孢子囊群粗线形或椭圆形，不连续，呈单行并行于主脉两侧，着生于靠近主脉的网眼的外侧小脉上。

城南森林公园有 1 种。

狗脊

Woodwardia japonica (L. f.) Sm.

植株高 0.6~1.2 m。根茎粗壮，横卧，暗褐色，与叶柄基部密被全缘、深棕色、披针形或线状披针形鳞片。叶近生，叶柄暗棕色，坚硬；叶片长卵形，

二回羽裂，顶生羽片卵状披针形或长三角状披针形；叶脉明显，两面均隆起，在羽轴及主脉两侧各有 1 行狭长网眼，其外侧尚有若干不整齐的多角形网眼，其余小脉分离，单一或分叉，直达叶边。孢子囊群线形，着生主脉两侧窄长网眼上，不连续，单行排列；囊群盖同形，开向主脉或羽轴，宿存。

见于城南森林公园纪念碑至山腰、科普步道、龙井村；生于疏林下。分布于中国长江流域以南各地。日本、韩国、越南也有分布。为常见的酸性土指示植物；根状茎可入药，能镇痛、利尿、强筋骨；根状茎富含淀粉，可供食用或酿酒。

P45. 鳞毛蕨科 Dryopteridaceae

小型或大型草本植物，土生、石生或附生。根状茎直立、斜生或横走，有网状中柱，密被鳞片；鳞片基部着生，全缘或有锯齿。叶簇生或散生，有柄；叶片一至五回羽状，极少单叶；羽片一型或二型，被披针形或钻形鳞片或被毛，各回羽轴上有沟；叶脉分离、羽状或网结，网眼内有或无游离小脉。孢子囊群长圆形或有时可满布可育叶背面，顶生或近顶生于小脉顶端，具囊群盖，少无盖，盖圆形或肾形。

城南森林公园有 2 属，5 种。

1. 复叶耳蕨属 Arachniodes Blume

陆生，中型草本植物。根状茎粗壮，长而横走，连同叶轴基部被棕色、褐色至黑色鳞片。叶远生或近生，大都为三至四回羽状；羽片有柄，基部一对羽片较大，通常为三角形或长圆形，基部一片小羽片照例伸长，偶有缩短，一至三回小羽片均为上先出，末回小羽片为菱形、斜方形、镰刀形、近披针形或长圆形，顶端常为刺尖头，边缘具芒刺状锯齿；叶脉羽状，分离。孢子囊群顶生或近顶生于小脉上，圆形；囊群盖圆肾形，膜质，以后脱落。

城南森林公园有 2 种。

1. 刺头复叶耳蕨

Arachniodes aristata (G. Forst) Tindale
[*A. exilis* (Hance) Ching]

植株高 50~70 cm。叶柄长 28~36 cm，基部密被红棕色、披针形，顶部毛髯状鳞片，向上疏被同样鳞片；叶片五角形或卵状五角形，长 22~34 cm，宽 14~24 cm，三回羽状，顶部有一片具柄的羽状羽片，与其下侧生羽片同形；侧生羽片 4~6 对，有柄，基部 1 对长三角形，长 12~15 cm，基

部宽 8~12 cm，二回羽状；末回小羽片 16~20 对，互生，边缘浅裂或有粗锯齿，顶端具芒刺。孢子囊群每小羽片 5~8 对，略近中脉。

见于水南村；生于山地林下阴湿处。分布于中国华南、华东、华中地区，以及云南、贵州、山东。日本、韩国、菲律宾、马来西亚等也有分布。羽片坚挺而细裂，适于盆栽或庭院观赏。

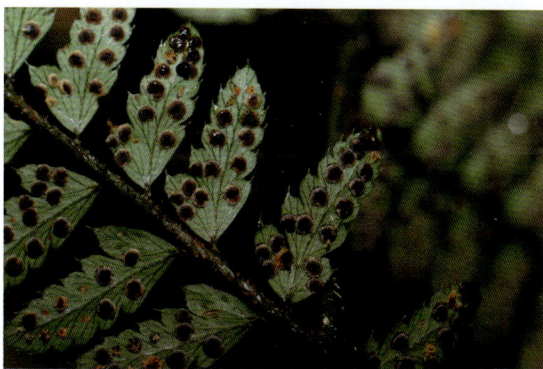

2. 中华复叶耳蕨

Arachniodes chinensis (Ros.) Ching

植株高 40~65 cm。叶柄长 14~30 cm，基部密被褐棕色、线状钻形，顶部毛髯状鳞片，向上疏被同样鳞片。叶片卵状三角形，长 26~35 cm，宽 17~20 cm，顶部略狭缩呈长三角形，基部近圆形，二回羽状或三回羽状；侧生羽片 8 对，基部一对较大，长 10~18 cm，基部宽 4~8 cm；小羽片约 25 对，互生，有短柄，披针形，略呈镰刀状；末回小羽片或裂片 9 对，长圆形，急尖头，上部边缘具骤尖锯齿。孢子囊群每小羽片 5~8 对，成熟后彼此汇合，满布小羽片下面。

见于水南村；生于山坡杂木林下。分布于中国长江以南各地。日本、越南、泰国、马来西亚、印度尼西亚也有分布。全株可入药，有清热解毒、消肿散瘀、止血的功效。

本种与刺头复叶耳蕨 *Arachniodes aristata* (G. Forst) Tindale 近似，区别在于后者顶部有一片具柄的羽状羽片，与其下侧生羽片同形。

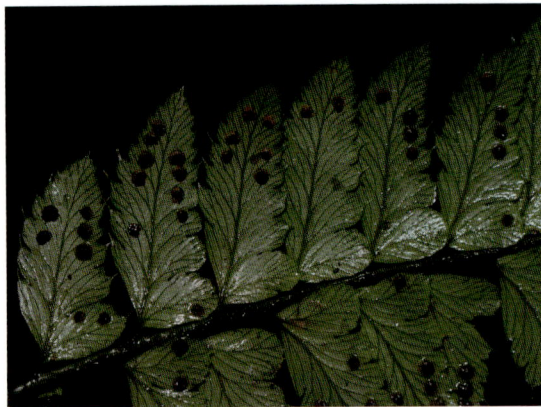

2. 鳞毛蕨属 Dryopteris Adanson

陆生中型蕨类。根状茎粗短，直立或斜升，顶端密被鳞片；鳞片卵形、阔披针形、卵状披针形或披针形，红棕色、褐棕色或黑色，有光泽。叶簇生，螺旋状排列，有柄；叶片阔披针形、长圆形、三角状卵形，有时五角形，一回羽状或二至四回羽状或四回羽裂；末回羽片基部圆形对称，边缘通常有锯齿；叶脉分离，羽状，单一或二至三叉，不达叶边，先端往往有明显的膨大水囊。孢子囊群圆形，生于叶脉背部，罕有生于叶脉顶部，通常有囊群盖。

城南森林公园有 3 种。

1. 阔鳞鳞毛蕨

Dryopteris championii (Benth.) C. Chr.

植株高 50~80 cm。根状茎横卧或斜升，顶端及叶柄基部密被披针形、棕色、全缘鳞片。叶簇生，叶柄长 30~40 cm；叶片卵状披针形，长 40~60 cm，宽

20~30 cm，二回羽状；羽片 10~15 对，基部近对生、略收缩，上部互生、斜向叶尖；小羽片 10~13 对，披针形，长 2~3 cm，基部浅心形至阔楔形，具短柄，边缘羽状浅裂至羽状深裂，裂片圆钝头，顶端具尖齿；侧脉羽状，在叶片下面明显可见。叶轴密被边缘有细齿的棕色鳞片。孢子囊群大，在小羽片中脉两侧或裂片两侧各一行着生。

见于城南森林公园纪念碑至山腰、锦山公园、正门至生态步道；生于路边、石头旁或山坡林下。分布于中国长江以南各地，以及山东、河南。日本、韩国也有分布。根茎可入药，有清热解毒、平喘、止血敛疮、驱虫的功效。

2. 黑足鳞毛蕨

Dryopteris fuscipes C. Chr.

植株高 50~80 cm。根状茎横卧或斜升，直径

约 3 cm。叶簇生，叶柄长约 20~40 cm，基部黑色，密被披针形、棕色鳞片；叶柄上部至叶轴的鳞片较短小和稀疏，顶端渐尖或毛状，边缘全缘；叶片卵状披针形或三角状卵形，长 30~40 cm，宽 15~25 cm，二回羽状；羽片 10~15 对，披针形，基部羽片稍宽，上部略短狭；小羽片 10~12 对，三角状卵形，顶端钝圆，边缘有浅齿；侧脉羽状，上面不显，下面略可见。孢子囊群大，在小羽片中脉两侧各一行，略近中脉着生。

见于水南村、锦山公园；生于路旁或山坡林缘。分布于中国长江以南各地。日本、韩国、越南也有分布。全草可入药，有清热解毒、生肌敛疮的功效。

本种与阔鳞鳞毛蕨 Dryopteris championii (Benth.) C. Chr. 近似，不同在于前者叶柄基部黑色，叶轴鳞片稀疏，全缘。

3. 华南鳞毛蕨

Dryopteris tenuicula C. G. Matthew et Christ

植株高 40~50 cm。根状茎斜升，粗 2~2.5 cm；叶簇生，叶柄长 20~25 cm，基部密被狭披针形、黑色鳞片，上部鳞片稀疏；叶片卵状披针形，长 30~40 cm，宽 20~25 cm，二回羽状；羽片 10~12 对，长 9~12 cm，宽 3~4 cm，几无柄；小羽片 8~10 对，长圆状披针形，长 2~3 cm，宽 0.7~1 cm，顶端短尖，基部宽楔形或近截形，基部羽片的基部小羽片明显缩短；侧脉羽状，上面不显，下面略可见。孢子囊群着生于小羽片中脉两侧中裂片边缘上，略靠近边缘着生。

见于水南村；生于山坡林下或林缘。分布于中国广东、广西、四川、贵州、浙江、湖南。日本、朝鲜也有分布。

P50. 肾蕨科 Nephrolepidaceae

中型草本，土生或附生，少有攀缘。根状茎短而直立，并有细瘦的匍匐枝，生有小块茎，二者均被鳞片；鳞片盾状着生，向边缘色变淡而较薄，往往有睫毛。叶一型，叶片狭长，披针形或椭圆披针形，一回羽状；羽片多数，基部不对称，无柄，以关节着生于叶轴，全缘或多少具缺刻；叶脉分离，侧脉羽状，几乎达叶边，小脉先端具明显的水囊，上面往往有 1 个白色的石灰质小鳞片。孢子囊群单一，圆形，偶有两侧汇合，顶生于每组叶脉的上侧一小脉。

城南森林公园有 1 属，1 种。

肾蕨属 Nephrolepis Schott

土生或附生。根状茎通常短而直立，并有细瘦的匍匐枝，生有小块茎，二者均被鳞片；鳞片腹部着生，边缘较薄且颜色较浅，常有睫毛。叶狭长，有柄，一回羽状；羽片多数，披针形或镰刀形，无柄，以关节着生于叶轴上，基部常不对称，上侧多少为耳形突起或有 1 个小耳片，边缘有疏圆齿或矮钝的疏锯齿；主脉明显，侧脉羽状，二至三叉，几达叶边，小脉先端具明显的水囊。孢子囊群圆形，生于叶脉上侧一小脉顶端，成为 1 列，接近叶边。

城南森林公园有 1 种。

* 肾蕨（石黄皮）

Nephrolepis auriculata (L.) Trimen
[*N. cordifolia* (L.) C. Presl]

附生或土生。根状茎直立，下生匍匐茎，长达 30 cm，生有小块茎，被鳞片。叶簇生，柄长 6~11 cm，暗褐色；叶片线状披针形或狭披针形，长 30~70 cm，宽 3~5 cm，先端短尖，一回羽状；

羽片约 45~120 对，互生，披针形，先端钝圆或有时急尖，基部心脏形，通常不对称，叶缘有疏浅钝锯齿；叶脉明显，侧脉纤细，几乎达叶边，顶端具纺锤形水囊。孢子囊群肾形，成 1 行位于主脉两侧，接近叶边，囊群盖肾形，褐棕色。

城南森林公园正门附近有栽培。广泛分布于中国各地。日本、韩国、菲律宾、越南等也有分布。块茎富含淀粉，可食；全草和块茎可入药；株形观赏价值较高，可用于园林造景或室内装饰。

P52. 骨碎补科 Davalliaceae

中型草本，附生，少有土生。根状茎横走或少为直立，有网状中柱，通常密被鳞片，鳞片以伏贴的阔腹部盾状着生，罕为基部着生。叶远生，叶柄基部以关节着生于根状茎上；叶片通常为三角形，二至四回羽状分裂，羽片不以关节着生于叶轴；叶脉分离。叶草质至坚革质，无毛或很少被鳞片及毛。孢子囊群为叶缘内生或叶背生，着生于小脉顶端；囊群盖为半管形、杯形、圆形、半圆形或肾形，基部着生或同时多少以两侧着生，仅口部开向叶边。

城南森林公园有 1 属，1 种。

阴石蕨属 Humata Cav.

附生，小型。根状茎长而横走，有网状中柱，密被鳞片；鳞片腹部盾状伏生，向上渐狭，但不为钻形，边缘不具或稍具睫毛。叶远生，叶柄基部以关节着生于根状茎上；叶片一型或近二型，常为三角形，多回羽裂，少为披针形的单叶；叶脉分离，小脉通常特别粗大。叶革质，光滑或稍被鳞片。孢子囊群生于小脉顶端，通常近于叶缘；囊群盖圆形或半圆状阔肾形，革质，仅以基部或有时也以两侧的下部着生于叶面。

城南森林公园有 1 种。

杯盖阴石蕨（白毛蛇）

Humata griffithiana (Hook.) C. Chr.
[*H. tyermanii* T. Moore]

植株高达 40 cm。根状茎长而横走，粗约 6 mm，密被蓬松、淡棕色、线状披针形鳞片。叶远生，柄长 10~15 cm；叶片三角状卵形，长 16~25 cm，宽 14~18 cm，自基部、中部至顶部分别为四回、三回和二回羽裂；羽片 10~15 对，互生，基部 1 对长 8.5~11 cm，宽 4~8 cm，长三角形，有短柄，三回深羽裂；一回小羽片约 10 对，互生，上先出，有柄，羽轴上侧的较短；叶脉不甚明显，侧脉单一或分叉，几乎达叶边。孢子囊群生于裂片上侧小脉顶端，每裂片 1~3 枚。

见于东门岭、城南森林公园纪念碑至山腰；生于路旁或林中树干上。分布于中国华南、华东、西南、湖南。越南、老挝、印度也有分布。叶形飘逸，株型紧凑，根状茎形态特殊，可用作观叶或观形植物；根状茎药用，具有清热解毒、祛风除湿、活血通络的功效。

P56. 水龙骨科 Polypodiaceae

中型或小型蕨类，通常附生，少为土生。根状茎长而横走，有网状中柱，通常有厚壁组织，被鳞片；鳞片盾状着生，通常具粗筛孔，全缘或有锯齿。叶一型或二型，以关节着生于根状茎上，单叶，全缘，或分裂，或羽状，无毛或被星状毛；叶脉网状，少为分离，网眼内通常有分叉的内藏小脉，小脉顶端具水囊。孢子囊群通常为圆形、近圆形、椭圆形或线形，有时布满能育叶片下面，无盖而有隔丝。

城南森林公园有 3 属，4 种。

1. 瓦韦属 Lepisorus (J. Sm.) Ching

附生蕨类。根状茎粗壮，横走，密被鳞片；鳞片卵圆形，卵状披针形或钻状披针形，黑褐色，不透明或粗筛孔状透明，全缘或具长短不一的锯齿。叶一型，单叶，叶柄通常较短；叶片多为披针形，少为狭披针形或近带状，边缘全缘或呈波状，干后通常反卷；主脉明显，侧脉经常不见，小脉连接成网，网眼内有不分叉或分叉的内藏小脉。孢子囊群大，圆形或椭圆形，通常彼此远离，少为密接，在主脉和叶缘之间排成一行；孢子囊近梨形，有长柄。

城南森林公园有 1 种。

瓦韦

Lepisorus thunbergianus (Kaulf.) Ching

植株高约 8~20 cm。根状茎横走，密被披针形鳞片；鳞片褐棕色，大部分不透明，仅叶边 1~2 行网眼透明，具锯齿。叶柄长 1~3 cm，禾秆色；叶片线状披针形，或狭披针形，中部最宽 0.5~1.3 cm，渐尖头，基部渐变狭并下延，干后黄绿色至淡黄绿色，或淡绿色至褐色，纸质。主脉上下均隆起，小脉不见。孢子囊群圆形或椭圆形，彼此相距较近，成熟后扩展几乎密接，幼时被圆形、褐棕色的隔丝覆盖。

见于葛布村；附生于山坡林下树干上。分布于中国长江以南各地。日本、朝鲜、菲律宾也有分布。叶可入药；植株有较高的观赏价值，适于点缀假山石盆景或作小型盆栽。

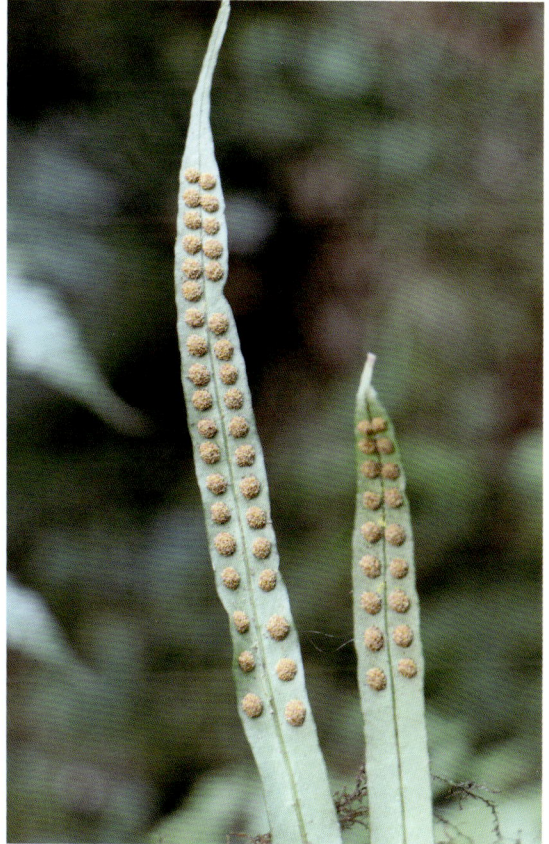

2. 星蕨属 Microsorium Link

中型或大型附生草本，稀为土生。根状茎粗壮，横走，肉质，被鳞片；鳞片棕褐色，阔卵形至披针形，具粗筛孔。叶远生或近生，叶柄基部有关节；叶为单叶，披针形，少为戟形或羽状深裂；叶脉网状，小脉连接成不整齐的网眼，内藏小脉分叉，顶端有一个水囊；叶草质至革质，无毛或很少被毛，不被鳞片。孢子囊群圆形，着生于网脉连接处，通常在中脉与叶边间不规则散生，少有在中脉两侧排成不规则的 1~2 行。

城南森林公园有 1 种。

江南星蕨（大星蕨、福氏星蕨）
Microsorium fortunei (T. Moore) Ching

植株高 30~100 cm，附生。根状茎长而横走，顶部被鳞片；鳞片棕褐色，卵状三角形，顶端锐尖，基部圆形，有疏齿，盾状着生。叶远生，相距约 1.5 cm，叶柄长 5~20 cm；叶片线状披针形至披针形，长 25~60 cm，宽 1.5~7 cm，顶端长渐尖，基部渐狭，下延叶柄并形成狭翅，全缘；中脉两面明显隆起，侧脉不明显，小脉网状，略可见，内藏小脉分叉。孢子囊群大，圆形，沿中脉两侧排列成较整齐的一行或有时为不规则的两行，靠近中脉。

见于水南村；生于林下溪边岩石上或树干上。分布于中国长江以南各地，北可达秦岭南坡。马来西亚、不丹、缅甸、越南和日本也有分布。全草供药用，有清热解毒、利尿除湿、消肿止痛的功效；园林观赏。

3. 石韦属 Pyrrosia Mirbel

根状茎长而横走，或短而横卧，密被鳞片；鳞

片盾状着生。叶一型或二型，通常有柄，基部以关节与根状茎连接，下部疏被鳞片，向上通常被疏毛；叶片通常线形至披针形，或长卵形，全缘；主脉明显，侧脉斜展，小脉连接成各式网眼，有内藏小脉。孢子囊群近圆形，着生于内藏小脉顶端，成熟时多少汇合，在主脉两侧排成 1 至多行，无囊群盖。

城南森林公园有 2 种。

1. 相近石韦（相异石韦）
Pyrrosia assimilis (Baker) Ching

植株高 5~15 (20) cm。根状茎长而横走，密被线状披针形鳞片；鳞片边缘睫毛状，中部近黑褐色。叶一型，近生，无柄；叶片线形，长 6~20 (26) cm，上半部通常较宽达 2~10 mm，钝圆头，向下直到与根状茎连接处几不变狭而呈带状；干后淡棕色，纸质，上面疏被星状毛，下面密被茸毛状长臂星状毛。主脉粗壮，在下面明显隆起，在上面稍凹陷，侧脉与小脉均不显。孢子囊群聚生于叶片上半部，无盖，幼时被星状毛覆盖，成熟时扩散并汇合而布满叶片下面。

见于水南村；附生于山坡林下岩石上。分布于中国华南、华中、西南地区及浙江、福建。叶可入药，有清热、镇惊、利尿、止血的功效。

本种和石韦 *Pyrrosia lingua* (Thunb.) Farwell 的区别在于，前者叶无柄或仅具有短而不明显的柄，叶片基部渐下延。

2. 石韦（尾头石韦、尾叶石韦）

Pyrrosia lingua (Thunb.) Farwell

植株高 10~30 cm。根状茎长而横走，密被披针形、淡棕色鳞片。叶远生，近二型，干后厚革质；不育叶近长圆形，下部 1/3 处为最宽，向上渐狭，基部楔形，长 6~15 cm，宽 1.5~5 cm，全缘；能育叶约长过不育叶 1/3；主脉下面稍隆起，侧脉在下面明显隆起，小脉不显。孢子囊群近椭圆形，在侧脉间整齐成多行排列，布满整个叶片下面，或聚生于叶片的大上半部，成熟后孢子囊开裂外露呈砖红色。

见于水南村；附生于林下树干上或山坡岩石上。分布于中国长江以南各地及甘肃、西藏。印度、越南、朝鲜和日本也有分布。全草药用，能清湿热、治刀伤、烫伤、脱力虚损。

P57. 槲蕨科 Drynariaceae

大中型附生植物。根状茎横生，粗壮，肉质，密被深棕色至褐棕色鳞片；鳞片通常大，狭长，基部盾状着生，不透明。叶近生或疏生，基部不以关节着生于根状茎上，一型或二型，一回羽状或羽状深羽裂；二型叶中能育叶大而有柄，羽片或裂片以关节着生于叶轴；不育叶短而基生，槲斗状；叶脉一至三回，明显，联结成大小四方形的网眼。孢子囊群或大或小；生于小网眼内的分离小脉上或交结点上，或孢子囊群多少沿叶脉扩展成长形或生于两脉间，不具囊群盖，也无隔丝。

城南森林公园有 1 属，1 种。

槲蕨属 Drynaria (Bory) J. Sm.

叶二型，偶有一型；不育叶短而基生，无柄或有短柄，叶形如槲叶，为坚硬的干膜质或硬革质，枯棕色，全缘，波状至羽状分裂；能育叶绿色，有柄，通常具叶片下延的狭翅，有毛或有小鳞片，羽状或深羽裂；叶脉明显隆起，连接四方形网眼，有内藏小脉。孢子囊群着生于叶脉交叉处，圆形，无囊群盖。

城南森林公园有 1 种。

槲蕨

Drynaria roosii Nakaike
[*D. fortunei* (Kunze) J. Sm.]

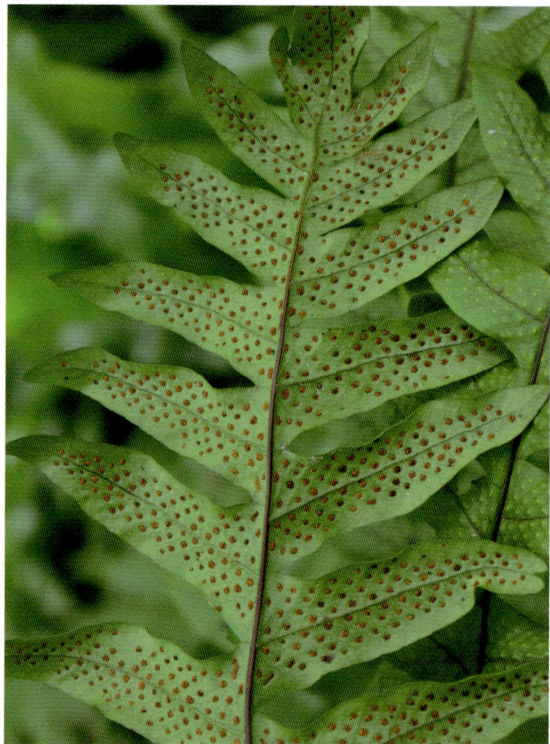

植株高 25~40 cm。根状茎横走，直径 1~2 cm，密被盾状着生、边缘有齿的鳞片。叶二型，基生不育叶圆形，长 3~9 cm，宽 2~7 cm，浅裂至叶片宽度的 1/3，边缘全缘，黄绿色或枯棕色。能育叶叶柄长 4~7（13）cm，具明显的狭翅；叶片长 20~45 cm，宽 10~15（20）cm，深羽裂；裂片 7~13 对，互生，披针形，长 6~10 cm，边缘有不明显的疏钝齿；叶脉两面均明显。孢子囊群圆形，椭圆形，满布于叶片背面，沿裂片中肋两侧各排列成 2~4 行。

见于东门岭、城南森林公园纪念碑至山腰；附生于树干或石上。分布于中国长江以南各地。越南、老挝、柬埔寨、泰国、印度也有分布。本种植物的根状茎在许多地区作"骨碎补"用，治跌打损伤、腰膝酸痛。

裸子植物 Gymnosperms

G4. 松科 Pinaceae

常绿或落叶乔木，稀为灌木状。枝仅有长枝，或兼有短枝，大枝常轮生。叶条形或针形；条形叶扁平，稀呈四棱形，在长枝上螺旋状散生，在短枝上簇生；针形叶多 2~5 针成一束，着生于极度退化的短枝顶端，基部包有叶鞘。花单性，雌雄同株；雄球花腋生或单生枝顶，或多数集生于短枝顶端，具多数螺旋状着生的雄蕊；雌球花由多数螺旋状着生的珠鳞与苞鳞所组成。球果直立或下垂，成熟时张开；种鳞的腹面基部有 2 粒种子，种子通常上端具膜翅。

城南森林公园有 1 属，2 种。

松属 Pinus L.

常绿乔木，稀为灌木；冬芽卵圆形。枝轮生。叶二型，鳞叶单生，螺旋状着生，扁平条形至膜质苞片状；针叶螺旋状着生，辐射伸展，常 2 针、3 针或 5 针一束，着生于不发育的短枝顶端，腹面两侧具气孔线。花单性，雌雄同株；雄球花生于新枝下部的苞片腋部，多数聚集成穗状花序状，无梗，斜展或下垂；雌球花单生或 2~4 个生于新枝近顶端，直立或下垂。球果翌年秋季成熟，熟时种鳞通常张开，种子散出，发育的种鳞具 2 粒种子。

城南森林公园有 2 种。

1. * 湿地松

Pinus elliottii Engelm.

乔木，高达 20 m 或更高。树皮灰褐色或暗红褐色，纵裂成鳞块状。针叶 2~3 针一束，长 18~25 cm，稀达 30 cm，刚硬，深绿色，有气孔线，边缘有锯齿。球果圆锥形或窄卵圆形，长 6.5~13 cm，径 3~5 cm，有梗，种鳞张开后径 5~7 cm，成熟后至翌年夏季脱落；种鳞的鳞盾近斜方形，肥厚，有锐横脊，鳞脐瘤状，宽 5~6 mm；种子卵圆形，微具 3 棱，长约 6 mm，黑色，有

灰色斑点，种翅长 0.8~3.3 cm，易脱落。

城南森林公园正门附近有栽培。分布于中国华东、华中地区以及广东、广西。树姿挺秀而苍劲，叶荫浓，适应性和抗逆性强，可用于庭院或造林树种。

2. 马尾松

Pinus massoniana Lamb.

常绿乔木，高达 20 m 或更高。枝平展或斜展，树皮裂成不规则的鳞状块片。针叶 2（3）针一束，长 12~20 cm，细柔，两面有气孔线。雄球花淡红褐色，圆柱形，弯垂，长 1~1.5 cm，聚生于新枝下部苞腋，穗状，长 6~15 cm；雌球花单生或 2~4 个聚生于新枝近顶端，淡紫红色。球果卵圆形或圆锥状卵圆形，长 4~7 cm，径 2.5~4 cm，有短梗，下垂，成熟前绿色，熟时栗褐色，陆续脱落。花期 4~5 月，球果翌年 10~12 月成熟。

见于东门岭、龙井村，常见；生于山地疏林中。分布于中国长江流域以南以及河南、陕西。越南及非洲南部也有分布。枝叶含松油脂及松香，可入药或工业用；松节油可用于加工树脂，合成香料，生产杀虫剂。

本种和湿地松 *Pinus elliottii* Engelm. 的区别在

于本种针叶普遍为两针一束，较软，而湿地松两针、三针均有，较刚硬。

G5. 杉科 Taxodiaceae

常绿或落叶乔木，树干端直，大枝轮生或近轮生。叶同型或二型，螺旋状排列，散生，很少交叉对生，披针形、钻形、鳞状或条形。球花单性，雌雄同株，球花的雄蕊和珠鳞均螺旋状着生，很少交叉对生；雄球花小，单生或簇生于枝顶，或排成圆锥花序状，或生于叶腋；雌球花顶生或生于去年生枝近枝顶。球果当年成熟，熟时张开，种鳞（或苞鳞）扁平或盾形，木质或革质，螺旋状着生或交叉对生，种子扁平或三棱形。

城南森林公园有 3 属，2 种，1 变种。

1. 柳杉属 Cryptomeria D. Don

常绿乔木，树皮红褐色，裂成长条片脱落。枝近轮生，平展或斜上伸展。叶螺旋状排列，钻形，先端尖，两侧略扁，有气孔线，基部下延。雌雄同株；雄球花单生小枝上部叶腋，常密集成短穗状花序状，无梗，雄蕊多数；雌球花近球形，无梗，单生枝顶，珠鳞螺旋状排列，苞鳞与珠鳞合生，仅先端分离。球果近球形，种鳞不脱落，木质，盾形，上部肥大，上部边缘有 3~7 裂齿；种子不规则扁椭圆形或扁三角状椭圆形，边缘有极窄的翅。

城南森林公园有 1 变种。

* 柳杉（长叶孔雀松）

Cryptomeria japonica (Thunb. ex L. f)D. Don var. **sinensis Miq.**

乔木，高达 40 m。树皮红棕色，纤维状，裂成长条片脱落。大枝近轮生，平展或斜展；小枝细长，常下垂，绿色。叶钻形，略向内弯曲，四边有气孔线，长 1~1.5 cm。雄球花单生叶腋，长椭圆形，长约 7 mm，集于小枝上部，成短穗状花序状；雌球花顶生于短枝上。球果圆球形或扁球形，径 1~2 cm；种子褐色，近椭圆形，扁平，边缘有窄翅。花期 4 月，球果 10 月成熟。

城南森林公园纪念碑至山腰有栽培。分布于中国华东、华中、西南地区以及广东、广西。树形圆整高大，树姿雄伟，是优良的绿化和环保树种；材质轻软，纹理直，耐腐力强，可供房屋建筑、家具及造纸原料等用材。

2. 杉木属 Cunninghamia R. Br.

常绿乔木，枝轮生或不规则轮生。叶螺旋状着生，披针形或条状披针形，基部下延，边缘有细锯齿，上下两面均有气孔线。雌雄同株，雄球花多数簇生枝顶，雄蕊多数，螺旋状着生，花药 3 枚，下垂；雌球花单生或 2~3 个集生枝顶，球形或长圆球形，苞鳞与珠鳞的下部合生，螺旋状排列。球果近球形或卵圆形；种鳞很小，着生于苞鳞的腹面中下部与苞鳞合生，上部分离、三裂，发育种鳞的腹面着生 3 粒种子；种子扁平，边缘有窄翅。

城南森林公园有 1 种。

* 杉木（刺杉、沙树、沙木）

Cunninghamia lanceolata (Lamb.) Hook.

乔木，高达 30 m。树皮灰褐色，裂成长条片脱落，内皮淡红色。叶在主枝上辐射伸展，在侧枝扭转成二列状，披针形或条状披针形，长 2~6 cm，宽 3~5 mm，沿中脉两侧各有 1 条白粉气孔带。雄球花圆锥状，长 0.5~1.5 cm，有短梗，通常 40 余个簇生枝顶；雌球花单生或 2~3（4）个集生，绿色。球果卵圆形，长 2.5~5 cm，径 3~4 cm；苞鳞熟时革质，三角状卵形，先端有坚硬的刺状尖头；种子扁平。花期 4 月，球果 10 月下旬成熟。

城南森林公园纪念碑至山腰、龙井村有栽培。分布于中国长江流域、秦岭以南地区。越南也有分布。木材黄白色，供建筑、桥梁、造船、家具及木纤维工业原料等用，为重要的速生用材树种。

3. 台湾杉属 Taiwania Hayata

常绿乔木，大枝平展，小枝细长，下垂。叶二型，螺旋状排列，鳞状钻形，向上斜弯，先端尖或钝，基部下延。雌雄同株；雄球花数个簇生于小枝顶端，雄蕊多数、螺旋状排列；雌球花单生小枝顶端，直立，苞鳞退化。球果小，种鳞革质，扁平，鳞背尖头的下方有明显或不明显的圆形腺点，露出部分有气孔线，发育种鳞各有 2 粒种子；种子扁平，两侧有窄翅，上下两端有凹缺。

城南森林公园有 1 种。

* 台湾杉（秃杉、土杉、台杉）
Taiwania cryptomerioides Hayata
[*T. flousiana* Gaussen]

乔木，高达 60 m。枝平展，树冠广圆形。老树的叶钻形、腹背隆起，背脊和先端向内弯曲，四面均有气孔线，两面每边 8~10 条；幼树及萌生枝上的叶扁平四棱钻形，微向内弯曲，先端锐尖，长达 2.2 cm，宽约 2 mm。雄球花 2~5 个簇生枝顶；雌球花球形。球果卵圆形或短圆柱形，上部边缘膜质，先端中央有突起的小尖头；种子长椭圆形或长椭圆状倒卵形，连翅长约 6 mm，径约 4.5 mm。球果 10~11 月成熟。

城南森林公园纪念碑至山腰有栽培。分布于中国西南地区及台湾、湖北。木材易于加工，可用于建筑、制造家具、桥梁和船只建造以及造纸；也可用于园林绿化。

G6. 柏科 Cupressaceae

常绿乔木或灌木。叶交叉对生或 3~4 片轮生，稀螺旋状着生，鳞形或刺形。球花单性，雌雄同株或异株，单生枝顶或叶腋；雄球花具 3~8 对交叉对生的雄蕊；雌球花有 3~16 枚交叉对生或 3~4 片轮生的珠鳞，苞鳞与珠鳞完全合生。球果圆球形、卵圆形或圆柱形；种鳞扁平或盾形，熟时张开，或肉质合生呈浆果状，发育种鳞有 1 至多粒种子；种子周围具窄翅或无翅，或上端有一长一短之翅。

城南森林公园有 1 属，1 种。

刺柏属 Juniperus Tourn. ex L.

小枝近圆柱形或四棱形。叶全为刺形，三叶轮生，基部有关节，不下延生长，披针形或近条形，上面平或凹下，有 1 或 2 条气孔带，下面隆起具纵脊。雌雄同株或异株，球花单生叶腋；雄球花卵圆形或矩圆形；雌球花近圆球形，有 3 枚轮生的珠鳞，胚珠 3 枚，生于珠鳞之间。球果浆果状，近球形；种鳞 3 枚，合生，肉质；种子通常 3 粒，卵圆形，具棱脊，无翅。

城南森林公园有 1 种。

* 龙柏（铺地龙柏）
Juniperus chinensis L. 'Kaizuca'

乔木，高达 20 m。树皮灰褐色，纵裂，裂成不规则的薄片。叶二型，刺形及鳞形；鳞叶三叶轮生，近披针形，先端微渐尖，长 2.5~5 mm，背面近中部有椭圆形微凹的腺体；刺叶三叶交互轮生，斜展，疏松，披针形，先端渐尖，上面微凹，有两条白粉带。雌雄异株，雄球花黄色，椭圆形。球果近圆球形，径 6~8 mm，熟时暗褐色，被白粉或白粉脱落，有 1~4 粒种子；种子卵圆形，扁。

城南森林公园纪念碑附近有栽培。广泛栽培于中国长江流域、淮河流域、华北及广东、广西等地。树形优美，枝叶碧绿青翠，可用作庭院或公园绿化树种。

G7. 罗汉松科 Podocarpaceae

常绿乔木或灌木。叶条形、披针形、椭圆形、钻形、鳞形，或退化成叶状枝，螺旋状散生、近对生或交叉对生。球花单性，雌雄异株，稀同株；雄球花穗状，单生或簇生于叶腋，或生于枝顶，雄蕊多数，螺旋状排列；雌球花单生于叶腋或苞腋，或生于枝顶，稀穗状，具多数至少数螺旋状着生的苞片，有梗或无梗。种子核果状或坚果状，全部或部分为肉质或较薄而干的假种皮所包，或苞片与轴愈合发育成肉质种托，有梗或无梗，子叶 2 枚。

城南森林公园有 2 属，2 种，1 变种。

1. 竹柏属 Nageia Gaertn.

常绿乔木，雌雄异株，稀同株。叶螺旋状排列或交叉对生，叶片长椭圆披针形至宽椭圆形，具多数并列细脉，无明显主脉，树脂道多数。雌球花单生于叶腋或苞腋，或生于枝顶。种子核果状，种托稍厚于种柄，或有时呈肉质。

城南森林公园有 1 种。

* 竹柏（大果竹柏、罗汉柴、窄叶竹柏）
Nageia nagi (Thunb.) Kuntze

乔木，高达 20 m，树皮近于平滑，红褐色或暗紫红色，成小块薄片脱落。叶对生，革质，

卵形至披针状椭圆形，无中脉，长 3.5~9 cm，宽 1.5~2.5 cm，上部渐窄，基部楔形或宽楔形。雄球花穗状圆柱形，单生叶腋，常呈分枝状，长 1.8~2.5 cm，总梗粗短，基部有少数三角状苞片；雌球花单生叶腋，稀成对腋生，基部有数枚苞片，花后苞片不肥大成肉质种托。种子圆球形，成熟时假种皮暗紫色，有白粉。花期 3~4 月，种子 10 月成熟。

城南森林公园纪念碑至山腰有栽培。分布于中国华南、华东、华中地区以及四川。根、茎、叶及种子含有多种化学成分，可以舒筋活血，治疗腰肌劳损、止血接骨等；枝叶青翠而有光泽，树冠浓郁，是优良的风景树。

2. 罗汉松属 Podocarpus L'Hér. ex Pers.

常绿乔木或灌木。叶条形、披针形、椭圆状卵形或鳞形，螺旋状排列，近对生或交叉对生。雌雄异株，雄球花穗状，单生或簇生于叶腋，或成分枝状，基部有少数螺旋状排列的苞片，雄蕊多数，螺旋状排列；雌球花常单生于叶腋或苞腋，有梗或无梗，基部有数枚苞片，最上部有 1 套被生 1 枚倒生胚珠，套被与珠被合生，花后套被增厚成肉质假种皮。种子核果状，为肉质假种皮所包，生于肉质或非肉质的种托上。

城南森林公园有 1 种，1 变种。

1.* 罗汉松（土杉、罗汉杉）
Podocarpus macrophyllus (Thunb.) D. Don

乔木，高达 20 m。树皮灰色或灰褐色，浅纵裂，成薄片状脱落。叶螺旋状着生，条状披针形，微弯，长 7~12 cm，宽 7~10 mm，先端尖，基部楔形，正面深绿色，有光泽，中脉显著隆起，背面白色、灰绿色或淡绿色。雄球花穗状、腋生，常 3~5 个簇生于极短的总梗上，长 3~5 cm，基部有数枚三角状苞片；雌球花单生叶腋。种子卵圆形，径约 1 cm，熟时肉质假种皮紫黑色，有白粉，种托肉质

圆柱形,红色或紫红色,柄长 1~1.5 cm。花期 4~5 月,种子 8~9 月成熟。

城南森林公园生态长廊有栽培。分布于中国华东、华中、西南地区以及广东、广西。日本也有分布。树形古雅,可用于庭院观赏;根皮可入药,活血止痛,治跌打损伤。

2.* 短叶罗汉松（小叶罗汉松、小罗汉松、短叶土杉）

Podocarpus macrophyllus (Thunb.) D. Don var. **maki** Endl.

小乔木或成灌木状,枝条直立至向上斜展小枝无毛。叶短而密生,长 2.5~7 cm,宽 4~7 mm,先端钝或短渐尖。

城南森林公园纪念碑至山腰有栽培。中国华东、华中、西南地区以及广东、广西有栽培。原产日本。

G9. 红豆杉科 Taxaceae

常绿乔木或灌木。叶条形或披针形,螺旋状排列或交叉对生,下面沿中脉两侧各有 1 条气孔带。球花单性,雌雄异株,稀同株;雄球花单生叶腋或苞腋,或组成穗状花序集生于枝顶,雄蕊多数;雌

球花单生或成对生于叶腋或苞片腋部,有梗或无梗,基部具多数覆瓦状排列或交叉对生的苞片,胚珠 1 枚,直立,生于花轴顶端或侧生于短轴顶端的苞腋。种子核果状或坚果状,有梗或无梗,为肉质假种皮所包;子叶 2 枚。

城南森林公园有 1 属,1 变种。

红豆杉属 Taxus L.

小枝不规则互生,基部有多数或少数宿存的芽鳞。叶条形,螺旋状着生,叶片背面有两条淡灰色、灰绿色或淡黄色的气孔带。雌雄异株,球花单生叶腋,基部具覆瓦状排列的苞片;雄球花圆球形,有梗,雄蕊 6~14 枚;雌球花几无梗,胚珠直立,基部托以圆盘状的珠托,受精后珠托发育成肉质、杯状、红色的假种皮。种子坚果状,当年成熟,生于杯状肉质的假种皮中,成熟时肉质假种皮红色,有短梗或几无梗。

城南森林公园有 1 变种。

* 南方红豆杉（血柏、红叶水杉、美丽红豆杉）

Taxus wallichiana Zucc. var. **mairei** (Lemée et Lévl.) L. K. Fu et Nan Li

常绿乔木,树皮淡灰色,纵裂成长条薄片;芽

鳞顶端钝或稍尖，脱落或部分宿存于小枝基部。叶2列，近镰刀形，长 1.5~4.5 cm，背面中脉带上无乳头角质突起，或有时有零星分布，或与气孔带邻近的中脉两边有 1 至数条乳头状角质突起，颜色与气孔带不同，淡绿色，边带宽而明显。种子倒卵圆形或柱状长卵形，长 7~8 mm，通常上部较宽，生于红色、肉质、杯状假种皮中。

锦山公园乌龟山、城南森林公园生态步道有栽培。分布于中国华东、华中、西南地区以及广东、广西、陕西、甘肃。种子可入药；树形优美，可用于庭院观赏。

G11. 买麻藤科 Gnetaceae

常绿木质大藤本，稀为灌木或乔木；茎节膨大呈关节状。单叶对生，有叶柄，无托叶；叶片革质或半革质，平展具羽状叶脉，小脉极细密呈纤维状。花单性，雌雄异株，稀同株；雄球花穗单生，或数穗组成顶生及腋生聚伞花序，着生在小枝上，每轮总苞有雄花 20~80，紧密排列成 2~4 轮；雌球花穗单生，或数穗组成聚伞圆锥花序，通常侧生于老枝上，每轮总苞有雌花 4~12。种子核果状，包于红色或橘红色肉质假种皮中，肉质。

城南森林公园有 1 属，1 种。

买麻藤属 Gnetum L.

属的形态特征同科。

城南森林公园有 1 种。

罗浮买麻藤

Gnetum lofuense C. Y. Cheng

藤本。茎枝圆形，较粗大，皮紫棕色，皮孔不显著。叶片薄或稍带革质，矩圆形或矩圆状卵形，长 10~18 cm，宽 5~8 cm，先端短渐尖，基部近圆形或宽楔形，叶柄长 8~10 mm；侧脉 9~11 对，明显，由中脉近平展伸出。雄球花穗有 9~11 轮环状总苞；雌球花序的每一花穗有 10~15 轮环状总苞。种子长圆状椭圆形，长约 2.5 cm，顶端微呈急尖状，无柄。种子成熟期 8~10 月。

见于水南村、葛布村水坝；生于山谷疏林中或路旁。分布于中国华南、华中和西南地区。叶色青翠，果多且大，为良好的垂直绿化植物，可配植于花架、走廊、墙栏等地观赏；种子可食用和榨油。

本种与小叶买麻藤 Gnetum parvifolium (Warb.) C. Y. Cheng ex Chun 相近，区别在于前者叶大而质薄，侧脉平伸与主脉近于成垂直角度，种子较大。

被子植物 Angiosperms

1. 木兰科 Magnoliaceae

乔木或灌木，常绿或落叶。叶互生、簇生或近轮生，单叶不分裂，罕分裂。花顶生、腋生，罕成为2~3朵的聚伞花序。花被片通常花瓣状6~9(45)；雄蕊多数，子房上位，心皮多数，离生，罕合生，胚小、胚乳丰富。果为聚合果，种子外种皮常为红色。

城南森林公园有3属、6种。

1. 鹅掌楸属 Liriodendron L.

落叶乔木，树皮灰白色，纵裂，小块状脱落。冬芽卵形，幼叶在芽中对折，向下弯垂。叶互生，具长柄，托叶与叶柄离生，叶片先端平截或微凹，近基部具1对或2列侧裂。花单生于枝顶，与叶同时开放，两性，花被片9~17枚，3片1轮，近相等。聚合果纺锤状，成熟心皮木质，种皮与内果皮愈合，顶端延伸成翅状，成熟时自花托脱落。

城南森林公园有1种。

* 鹅掌楸（马褂木）

Liriodendron chinense (Hemsl.) Sarg

乔木，高达30m或更高，小枝灰色或灰褐色。叶马褂状，长4~18cm，近基部每边具1侧裂片，先端具2浅裂，下面苍白色。花杯状，花被片9枚，外轮3片绿色，萼片状，向外弯垂，内两轮6片，直立，花瓣状，倒卵形。聚合果长7~9cm，具翅的小坚果长约6mm，顶端钝或钝尖，具种子1~2粒。花期5月，果期9~10月。

城南森林公园正门附近有栽培。分布于中国华中、西南地区以及广西、陕西、浙江。越南也有分布。树干挺直、叶形奇特，可作园林观赏植物或行道树；木材纹理直、易加工，可供建筑、家具用材。

2. 含笑属 Michelia L.

常绿乔木或灌木。单叶，互生，革质，全缘；托叶膜质，盔帽状。花两性，通常芳香，花被片6~21片，3或6片一轮，近相似，或很少外轮远较小。聚合果为离心皮果，常因部分蓇葖不发育形成疏松的穗状聚合果；成熟蓇葖革质或木质，全部宿存于果轴，无柄或有短柄，背缝开裂或腹背为2瓣裂。种子2至数粒，红色或褐色。

城南森林公园有4种。

1. * 乐昌含笑

Michelia chapensis Dandy

乔木，高15~30m。树皮灰色至深褐色；小枝无毛或嫩时节上被灰色微柔毛。叶薄革质，倒卵形，狭倒卵形或长圆状倒卵形，先端骤狭短渐尖，或短渐尖，尖头钝，基部楔形或阔楔形，上面深绿色，有光泽。花梗长4~10mm，被平伏灰色微柔毛，具2~5苞片脱落痕；花被片淡黄色，6片，芳香，排成2轮。聚合果长约10cm，果梗长约2cm；蓇葖长圆体形或卵圆形。花期3~4月，果期8~9月。

城南森林公园纪念碑至山腰有栽培。分布于中国广东、广西、江西、湖南。越南也有分布。树干挺拔，树荫浓郁，可孤植或丛植于园林中，亦可作行道树。

2. * 灰毛含笑（金叶含笑、亮叶含笑、长柱含笑）

Michelia foveolata Merr. ex Dandy

乔木，高达30m，胸径达80cm。树皮淡灰或深灰色；芽、幼枝、叶柄、叶背、花梗、密被红褐色短茸毛。叶厚革质，长圆状椭圆形，椭圆状卵形或阔披针形，长17~23cm，宽6~11cm，先端渐尖或短渐尖，基部阔楔形。花被片9~12片，淡黄绿色，基部带紫色，外轮3片倒卵形。聚合果长7~20cm；蓇葖长圆状椭圆体形，长1~2.5cm。花期3~5月，果期9~10月。

城南森林公园纪念碑至山腰有栽培。分布于中国广东、广西、湖南、湖北、江西、贵州、云南。越南北部也有分布。花朵密集，花色洁白，花香浓郁，可作园林观赏植物。

3. *醉香含笑（火力楠、展毛含笑）

Michelia macclurei Dandy

乔木，高可达 30 m。树皮灰白色，光滑，不开裂；芽、嫩枝、叶柄、托叶及花梗均被紧贴而有光泽的红褐色短茸毛。叶革质，倒卵形、椭圆状倒卵形、菱形或长圆状椭圆形，长 7~14 cm，宽 5~7 cm，先端短急尖或渐尖，上面初被短柔毛，后脱落无毛。花蕾内有时包裹不同节上 2~3 小花蕾，形成 2~3 朵的聚伞花序；花被片白色，通常 9 片，匙状倒卵形或倒披针形。聚合果长 3~7 cm，蓇葖长圆体形、倒卵状长圆体形或倒卵圆形。花期 3~4 月，果期 9~11 月。

东门岭有栽培。分布于中国华南地区。越南也有分布。树冠宽广，整齐壮观，可用作庭院和行道树种；花芳香、可提取香精油。

4. 深山含笑（莫夫人含笑花、光叶白兰）

Michelia maudiae Dunn

乔木，高达 20 m。叶革质，长圆状椭圆形，很少卵状椭圆形，长 7~18 cm，宽 3.5~8.5 cm，先端骤狭短渐尖或短渐尖而尖头钝，基部楔形；叶柄长 1~3 cm，无托叶痕。花梗绿色具 3 环状苞片脱落痕，佛焰苞状苞片淡褐色，薄革质，长约 3 cm。花芳香，

花被片 9 片，白色，基部稍呈淡红色。聚合果长 7~5 cm，蓇葖长圆体形、倒卵圆形、卵圆形、顶端圆钝或具短突尖头。花期 2~3 月，果期 9~10 月。

见于东门岭；生于密林中。分布于中国广东、广西、浙江、福建、湖南、贵州。树形美观，可用作庭院观赏和四旁绿化树种；木材纹理直，结构细，易加工，供材用；植株适应性强，病虫害少，可用作速生常绿阔叶树种。

3. 观光木属 Tsoongiodendron Chun

常绿乔木。叶互生，全缘；托叶与叶柄贴生，具托叶痕。花两性，单生于叶腋，花被片 9 片，3 片 1 轮，同形，外轮的最大，向内渐小。聚合果大，成熟时木质，各心皮的拱面在中部纵长分裂成两个厚木质的果瓣，果瓣近基部横裂，单独或几个聚合成厚块，自中轴脱落；种子垂悬于丝状、延长、有弹性的假珠柄上，外种皮肉质，红色，内果皮脆壳质。

城南森林公园有 1 种。

* 观光木

Tsoongiodendron odorum Chun
[*Michelia odora* (Chun) Nooteboom et B. L. Chen]

常绿大乔木。小枝、芽、叶和花梗均被黄棕色糙伏毛。叶片厚膜质，倒卵状椭圆形，中上部较宽，长 8~17 cm，宽 3.5~7 cm，顶端急尖或钝，基部楔形。花蕾的佛焰苞状苞片一侧开裂，被柔毛，花梗长约 6 mm，芳香；花被片象牙黄色，带有紫红色小斑点。聚合果长椭圆体形，外果皮绿色，有苍白色孔，干时深棕色，具显著的黄色斑点。花期 3 月，果期 10~12 月。

城南森林公园纪念碑至山顶、生态长廊有栽培。分布于中国华南、江西、福建、云南。树干挺直，枝叶稠密，供庭院观赏及行道树种；花可提取芳香油；种子可榨油；材用。

3. 五味子科 Schisandraceae

木质藤本。单叶互生，常具透明腺点；叶柄细长，无托叶。花单性，雌雄异株或同株，常单生于叶腋，有时数朵聚生于新枝叶腋或短枝上；花被片 6~24 枚，2 至多轮，相似，外轮及内轮较小，中轮最大，不成萼片状；雄花具多数雄蕊，稀 4~5 枚，离生、部分或全部合生成肉质雄蕊群；雌花具 12~300 单雌蕊，离生，聚生于短肉质花托上。聚合果球形或长穗状。种子 1~5 粒，稀较多。

城南森林公园有 1 属，1 种。

南五味子属 Kadsura Kaempf. ex Juss.

木质藤本。叶纸质，稀革质，全缘或有锯齿，有油腺点。花单性同株，有时异株，单生或 2~4 朵聚生于叶腋，花被片 7~24 枚；雄蕊 13~80 枚，分离或连合成球状的蕊柱，药隔圆形或棒状；心皮 20~300 枚，彼此分离，每心皮有胚珠 2~5 粒，很少达 11 粒。聚合果球状或卵状椭圆体形。

城南森林公园有 1 种。

南五味子（冷饭团）
Kadsura longipedunculata Finet et Gagnep.

常绿藤本，各部无毛。叶长圆状披针形、倒卵状披针形或卵状长圆形，长 5~13 cm，宽 2~6 cm，先端渐尖或尖，基部狭楔形或宽楔形，边缘有疏齿，侧脉每边 5~7 条。花单生于叶腋，雌雄异株；雄花花被片白色或淡黄色，8~17 片，中轮最大 1 片；雌花花被片与雄花相似，雌蕊群椭圆体形或球形，直径约 10 mm。聚合果球形，径 1.5~3.5 cm。花期 6~9 月，果期 9~12 月。

见于葛布村；生于山坡林中。分布于中国华南、华东地区以及湖南、湖北、四川、云南。全株均可入药，有收敛固涩、益气生津、补肾宁心的功效；枝叶繁茂，果鲜艳，可用作庭院、公园垂直绿化树种；茎、叶、果实可提取芳香油。

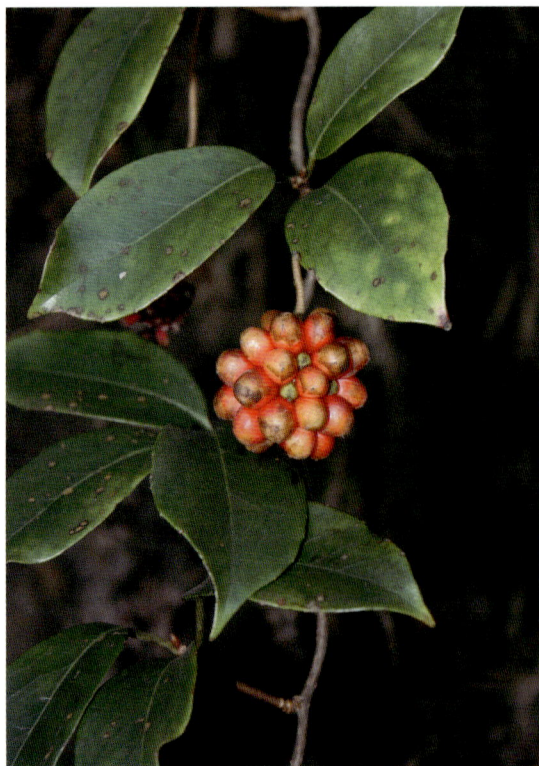

8. 番荔枝科 Annonaceae

乔木，直立或攀缘灌木。单叶互生，全缘，有叶柄，无托叶。花通常两性，少数单性，辐射对称，绿色、黄色、黄白色或红色，单生，或几朵至多朵组成团伞花序、圆锥花序、聚伞花序，或簇生、顶生、与叶对生、腋生或腋外生，或生于老枝上；成熟心皮离生，少数合生成一肉质的聚合浆果。果通常不开裂，少数呈蓇葖状开裂，常有果柄；种子通常有假种皮。

城南森林公园有 1 属，2 种。

瓜馥木属 Fissistigma Griff.

攀缘灌木。单叶互生；侧脉明显，斜升至叶缘。花单生或多朵集成密伞花序、团伞花序和圆锥花序；萼片 3 枚，小，基部合生，被毛；花瓣 6 片，排成 2 轮，镊合状排列，外轮稍大于内轮，外轮的通常扁平三角形或外面扁平而内面凸起。成熟心皮卵圆状或圆球状或长圆状，被短柔毛或茸毛，有柄。

城南森林公园有 2 种。

1. 瓜馥木（毛瓜馥木、降香藤、山龙眼藤）
Fissistigma oldhamii (Hemsl.) Merr.

攀缘灌木，长约 8 m，小枝被黄褐色柔毛。叶革质，倒卵状椭圆形或长圆形，长 6~12.5 cm，宽 2~5 cm，顶端圆形或微凹，有时急尖，基部阔楔形或圆形；叶面无毛，叶背被短柔毛，后几无毛；侧脉每边 16~20 条，上面扁平，下面凸起；叶柄长约 1 cm，被短柔毛。花 1~3 朵集成密伞花序。果圆球状，密被黄棕色茸毛。花期 4~9 月，果期 7 月到翌年 2 月。

见于水南村；生于疏林、山谷灌木丛中。分布于中国华南、华中、华东地区以及云南。越南也有分布。根可药用，治跌打损伤和关节炎；花可提制花油或浸膏；种子油供工业用油和调制化妆品；果成熟时味甜，可食用。

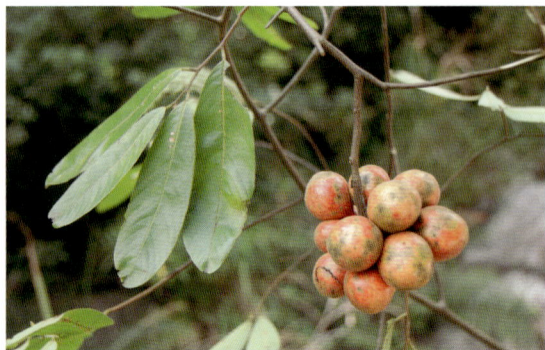

2. 香港瓜馥木 （山龙眼藤、打鼓藤、大酒饼子）

Fissistigma uonicum (Dunn.) Merr.

攀缘灌木，除果实和叶背被稀疏柔毛外无毛。叶纸质，长圆形，长 4~20 cm，宽 1~5 cm，顶端急尖，叶背淡黄色，干后呈红黄色；侧脉在叶面稍凸起，在叶背凸起。花黄色，有香气，1~2 朵聚生于叶腋，萼片卵圆形；外轮花瓣比内轮花瓣长，无毛。果圆球状，直径约 4 cm，成熟时黑色，被短柔毛。花期 3~6 月，果期 6~12 月。

见于葛布村；生于山地沟谷林中。分布于中国华南地区以及湖南、福建。叶可制酒饼药；果味甜，可食。

本 种 与 瓜 馥 木 *Fissistigma oldhamii* (Hemsl.) Merr. 近似，不同在于后者小枝被黄褐色柔毛，叶革质。

11. 樟科 Lauraceae

乔木或灌木，常绿或落叶，树皮通常具芳香。叶互生、对生、近对生或轮生，具柄，通常革质。花序常排成圆锥状、总状或小头状，或为假伞形花序；花通常小，白色或绿白色，有时黄色，有时淡红色而花后转红色，通常芳香，花被片开花时平展或常闭合；花两性或由于败育而成单性，雌雄同株或异株。果为核果，稀为浆果，外果皮常为肉质，有时由增大的花被筒所包藏。

城南森林公园有 7 属，14 种。

1. 樟属 Cinnamomum Trew

常绿乔木或灌木。树皮、小枝和叶具芳香。叶互生、近对生或对生，有时聚生于枝顶，革质，离基三出脉或三出脉，亦有羽状脉。花小或中等大，黄色或白色，两性，稀为杂性，组成腋生或近顶生、顶生的圆锥花序；花被筒短，杯状或钟状，花被裂片 6 枚，近等大，花后完全脱落。浆果肉质，果托杯状、钟状或圆锥状。

城南森林公园有 3 种。

1. 阴香 （小桂皮、山肉桂、桂树）

Cinnamomum burmannii (Nees et T. Nees) Blume

乔木，高达 10 余米。树皮光滑，灰褐色至黑褐色，内皮红色，味似肉桂。枝条纤细，绿色或褐绿色，具纵向细条纹，无毛。叶互生或近对生，稀对生，卵圆形、长圆形至披针形，长 5.5~10.5 cm，先端短渐尖，基部宽楔形，革质，上面绿色，光亮。花绿白色；花梗纤细，被灰白微柔毛。果卵球形。花期 8~11 月，果期主要在冬末及春季。

见于城南森林公园纪念碑、正门附近至山顶；生于疏林、密林或灌丛中，或路旁等处。分布于中国华南地区以及湖南、云南、福建。南亚及东南亚也有分布。皮、叶、根可药用，可提取芳香油；树皮作肉桂皮代用品；种子可榨油；树姿优美整齐，枝叶终年常绿，可用作庭院及行道树种；木材纹理通直，能耐腐，适于建筑、枕木、家具等用材。

2. 樟 （小叶樟、香樟）

Cinnamomum camphora (L.) Presl

常绿大乔木，高可达 20 m 或更高。枝、叶及木材均有樟脑气味；树皮黄褐色，有不规则的纵裂。叶互生，卵状椭圆形，长 6~12 cm，宽 2.5~5.5 cm，先端急尖，基部宽楔形至近圆形，边缘全缘，具离基三出脉。圆锥花序腋生；花绿白色或带黄色；花被外面无毛或被微柔毛，内面密被短柔毛。果卵球形或近球形，紫黑色。花期 4~5 月，果期 8~11 月。

见于城南森林公园纪念碑至半山腰、葛布村；生于山坡、村旁，也见有栽培。分布于中国南方及西南各地。越南、朝鲜、日本也有分布。为南方常见绿化树种；木材又为造船、橱箱和建筑等用材；

根、果、枝和叶可药用，有祛风散寒、强心镇痉和杀虫的功效；根、枝、叶可提取樟脑和樟油，供医药及香料工业用。

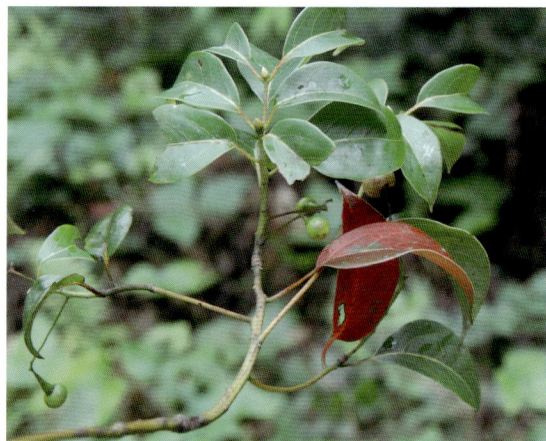

2. 厚壳桂属 Cryptocarya R. Br.

常绿乔木或灌木。叶互生，很少近对生，通常具羽状脉，很少离基三出脉。芽鳞少数，叶状。花两性，小，组成腋生或近顶生通常短的圆锥花序。花被筒陀螺形或卵形，宿存，花后顶端收缩，花被裂片 6 枚，近相等或稍不相等，早落。果核果状，球形，椭圆形或长圆形，全部包藏于肉质或硬化的增大的花被筒内，顶端有一小开口，外面平滑或有多数纵棱。

城南森林公园有 1 种。

黄果厚壳桂（长果厚壳桂、生虫树）
Cryptocarya concinna Hance

乔木，高达 15 m 或更高。树皮淡褐色，枝条灰褐色，幼枝被黄褐色茸毛。叶互生，椭圆状长圆形或长圆形，长 3~10 cm，先端钝、近急尖或短渐尖。圆锥花序腋生及顶生，被短柔毛，向上多分枝；花被两面被短柔毛，花被筒近钟形。果长椭圆形，幼时深绿色，有纵棱 12 条。花期 3~5 月，果期 6~12 月。

3. 黄樟（香樟、蒲香树、大叶樟）
Cinnamomum parthenoxylon (Jack) Meisn.

常绿大乔木，高 10~20 m。树皮深纵裂，小片剥落，厚约 3~5 mm，内皮带红色，具有樟脑气味。叶互生，常为椭圆状卵形或长椭圆状卵形，长 6~12 cm，宽 3~6 cm，在花枝上的稍小，先端通常急尖或短渐尖，基部楔形或阔楔形，具羽状脉。圆锥花序于枝条上部腋生或近顶生，花小，绿带黄色，花梗纤细；花被外面无毛，内面被短柔毛。果球形，黑色，果托狭长倒锥形。花期 3~5 月，果期 4~10 月。

见于东门岭；生于常绿阔叶林或灌木丛中。分布于中国华南地区及福建、江西、湖南、贵州、四川、云南。巴基斯坦、印度、印度尼西亚也有分布。树姿秀丽，四季常绿，生长较快，可用于造林或庭院绿化；枝叶可提供樟脑和樟油，用于工业医药、化工行业；木材为珍贵用材。

本种与樟 *Cinnamomum camphora* (L.) Presl 近似，不同在于后者的叶脉为离基三出脉。

见于葛布村；生于谷地或缓坡林中。分布于中国广东、广西、江西、台湾。越南也有分布。材质硬且韧，易于加工，可作家具或建筑用材。

3. 山胡椒属 Lindera Thunb.

常绿或落叶乔、灌木，具香气。叶互生，全缘或三裂，具羽状脉、三出脉或离基三出脉。花单性，雌雄异株，黄色或绿黄色；伞形花序在叶腋单生或在腋生短枝上 2 至多数簇生，总花梗有或无，总苞片 4 枚，交互对生；花被片 6 枚，有时为 7~9 枚，近等大或外轮稍大，通常脱落。果圆形或椭圆形，为浆果或核果，幼果绿色，熟时红色，后变紫黑色。

城南森林公园有 2 种。

1. 香叶树

Lindera communis Hemsl.

常绿灌木或小乔木，树皮淡褐色。叶互生，通常披针形、卵形或椭圆形，先端渐尖、急尖、骤尖或有时近尾尖，基部宽楔形或近圆形，薄革质至厚革质。伞形花序具 5~8 朵花，单生或 2 枚生于叶腋内短枝上，总梗极短，总苞片 4 枚，早落；雄花黄色；雌花黄色或黄白色。果卵形，有时略小而近球形，无毛，成熟时红色。花期 3~4 月，果期 9~10 月。

见于水南村；生于山坡林缘。分布于中国秦岭与黄河流域以南各地。中南半岛也有分布。枝叶可入药，有解毒消肿、散瘀止痛的功效；果皮可提芳香油。

2. 山胡椒（香叶子、野胡椒）

Lindera glauca (Siebold et Zucc.) Blume

落叶灌木或小乔木，高可达 8 m。树皮平滑，灰色或灰白色。叶互生，宽椭圆形、椭圆形、倒卵形到狭倒卵形，长 4~9 cm，上面深绿色，下面淡绿色，被白色柔毛，纸质，具羽状脉。伞形花序腋生，

总梗短或不明显；雄花花被片黄色，椭圆形；雌花花被片黄色，椭圆或倒卵形。果梗长 1~1.5 cm。花期 3~4 月，果期 7~8 月。

见于龙井村；生于山坡林缘、路旁。广泛分布于中国广东、广西、湖南、湖北、山东、河南、江苏、安徽、浙江、江西、福建、台湾、四川、甘肃、陕西、山西等地。朝鲜、日本、越南也有分布。全株均可入药，有祛风、解毒、镇痛止血的功效；叶、果皮可提芳香油。

4. 木姜子属 Litsea Lam.

落叶或常绿，乔木或灌木。叶互生，很少对生或轮生，羽状脉。花单性，雌雄异株，排成伞形花序，或为伞形花序式的聚伞花序或圆锥花序，单生或簇生于叶腋；苞片 4~6 片，交互对生；裂片通常 6 片，排成 2 轮，每轮 3 片；雄花：能育雄蕊 9 或 12 枚，很少较多，每轮 3 个，外 2 轮通常无腺体，第 3 轮和最内轮若存在时两侧有腺体 2 枚；雌花：退化雄蕊与雄花中的雄蕊数目相同；子房上位，花柱显著。果着生于多少增大的浅盘状或深杯状果托上。

城南森林公园有 2 种。

1. 潺槁木姜子（潺槁树）

Litsea glutinosa (Lour.) C. B. Rob.

常绿小乔木或乔木，高 3~15 m。小枝灰褐色，幼时有灰黄色茸毛。叶互生，倒卵形、倒卵状长圆形或椭圆状披针形，长 6~10 (25) cm，宽 5~11 cm，先端钝或圆，基部楔形，钝或近圆，革质，具羽状脉。伞形花序生于小枝上部叶腋，单生或几个生于短枝，有花数朵，花梗被灰黄色茸毛；花被不完全或缺；能育雄蕊通常 15 或更多，花丝长，有灰色柔毛；雌花中子房近于圆形，无毛，花柱粗大，柱头漏斗形。果球形，直径约 7 mm，果梗长 5~6 mm，先端略增大。花期 5~6 月，果期 9~10 月。

见于水南村、城南森林公园南门；生于山地林

缘、疏林或灌丛中。分布于中国华南、福建及云南。越南、菲律宾、印度也有分布。根皮和叶可入药，有清湿热、消肿毒的功效；木材黄褐色，稍坚硬，耐腐，可供家具用材。

2. 黄椿木姜子（黄心槁、鸡椿木姜子）

LitsLitsea variabilis Hemsl.

常绿灌木或乔木，高达 15 m。树皮灰色，灰褐色或黑褐色。小枝纤细，有微柔毛或近于无。叶对生或近对生，也兼有互生，形状多变化，常为椭圆形或倒卵形，长 5~7 cm，有时更长，宽 2~4.5 cm，先端渐尖，钝或略圆，基部楔形或宽楔形，革质，羽状脉，侧脉每边 5~6 条，纤细，在叶片上面平，在下面突起，网脉在下面较明显；叶柄长 8~10 mm。伞形花序常 3~8 个集生叶腋，极少单生，每一雄花序有花 3 朵；花梗极短，花被裂片 6~8 枚，匙形，外面中肋有柔毛；雄蕊通常 9~12 枚。果球形，直径 7~8 mm，熟时黑色。花期 5~11 月，果期 9 月至翌年 5 月。

见于城南森林公园正门附近；生于疏林中。分布于中国广东、广西。越南、老挝也有分布。材质坚硬，不易开裂，且不受虫蛀，可供家具、建筑用材。

本种与潺槁木姜子 *Litsea glutinosa* (Lour.) C. B. Rob. 近似，不同在于后者叶互生，叶较宽，花被裂片不完全或缺，雄蕊通常 15~30 枚。

5. 润楠属 Machilus Nees

常绿乔木或灌木。芽常具覆瓦状排列的鳞片。叶互生，全缘，具羽状脉。圆锥花序顶生或近顶生，花密而近无总梗或疏松而具长总梗；花两性，花被筒短；花被裂片 6，排成 2 轮，近等大或外轮的较小；能育雄蕊 9 枚，排成 3 轮；子房无柄，柱头小或盘状或头状。果肉质，球形或少有椭圆形，果下有宿存反曲的花被裂片；果梗不增粗或略微增粗。

城南森林公园有 3 种。

1. 浙江润楠

Machilus chekiangensis S. K. Lee

乔木。枝褐色，散布纵裂的唇形皮孔。叶常聚生小枝枝梢，倒披针形，长 6.5~13 cm，宽 2~3.6 cm，先端尾状渐尖，基部渐狭，革质或薄革质；中脉在上面稍凹下，下面突起，侧脉每边 10~12 条，小脉纤细；叶柄纤细，长 8~15 mm。果序生当年生枝基部，纤细，长 7~9 cm，有灰白色小柔毛，自中部或上部分枝，总梗长 3~5.5 cm。嫩果球形，绿色，直径约 6 mm，干时带黑色；果梗稍纤细，长约 5 mm。花期 4~5 月，果期 6~7 月。

见于葛布村；生于山地疏林中。分布于中国华

南、华东区地及湖南。枝、叶含芳香油，是食品或化妆品的香料来源之一，也可药用；树干可材用。

2. 华润楠

Machilus chinensis (Champ. ex Benth.) Hemsl.

乔木，高约 8~11 m，无毛。叶倒卵状长椭圆形至长椭圆状倒披针形，长 5~8 (10) cm，宽 2~4 cm，先端钝或短渐尖，基部狭，革质，侧脉不明显，每边约 8 条；叶柄长 6~14 mm。圆锥花序顶生，2~4 个聚集，长约 3.5 cm；花白色，花梗长约 3 mm；

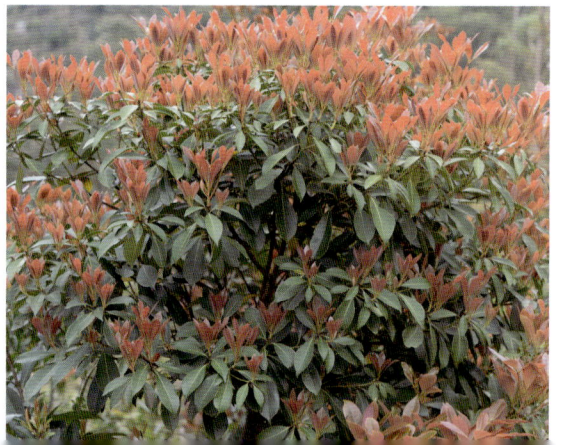

花被裂片长椭圆状披针形，外面有小柔毛；子房球形。果球形，直径 8~10 mm。花期 11 月，果期翌年 2 月。

　　见于城南森林公园正门附近；生于山坡疏林中。分布于中国华南地区。越南也有分布。树干通直挺拔，树姿优美，春季叶片红色绚丽，可作景观绿化树种；木材坚硬，可作家具等用。

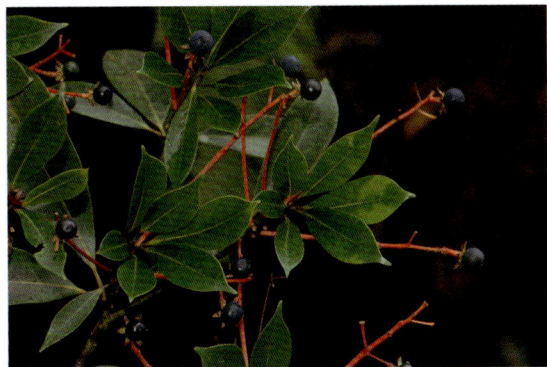

3. 黄心树（芳槁润楠）

Machilus gamblei King ex Hook. f.

　　乔木，高达 8 m 或更高。小枝圆柱形，稍细弱，当年生枝密被薄而纤细的黄灰色绢毛，被毛很迟脱落。叶长椭圆形、倒卵形至倒披针形，长 6~11 cm，宽 1.5~3.8 cm，先端钝急尖或短渐尖，基部急短尖，薄革质；侧脉每边 7~8 条，网脉极纤细；叶柄长 1~2 cm，有绢毛。圆锥花序生在嫩枝的下部，长 4~8 cm，密被绢状毛；花少数，稀疏，白色或淡黄色，花梗线状，长约 5 mm。果序长 6.5~13 cm，稍纤细，果球形，黑色。花期 3~4 月，果期 5~7 月。

　　见于水南村、葛布村至龙底坑；生于山坡疏林或路旁。分布于中国华南、西南地区。

　　本种与浙江润楠 **Machilus chekiangensis** S. K. Lee 近似，不同在于前者小枝或嫩枝被绢毛。

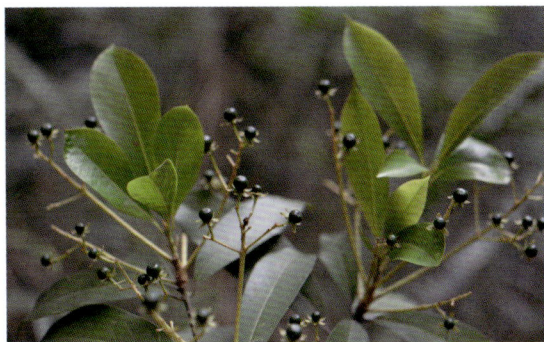

6. 新木姜子属 Neolitsea Merr.

　　常绿乔木或灌木。叶互生或簇生成轮生状，很少近对生，具离基三出脉，少数为羽状脉或近离基三出脉。花单性，雌雄异株，伞形花序单生或簇生，无总梗或有短总梗；苞片大，交互对生，迟落；花被裂片 4，外轮 2 片，内轮 2 片；雄花：能育雄蕊 6 枚，排成 3 轮，每轮 2 枚；雌花：退化雄蕊 6 枚，棍棒状。果着生于稍扩大的盘状或内陷的果托上，果梗通常略增粗。

　　城南森林公园有 2 种。

1. 鸭公树（大香籽、大叶樟、青胶木）

Neolitsea chuii Merr.

　　乔木，高 8~18 m。小枝黄绿色，除花序外，其他各部均无毛。叶互生或聚生枝顶呈轮生状，椭圆形至长圆状椭圆形或卵状椭圆形，长 8~16 cm，宽 2.7~9 cm，先端渐尖，革质，具离基三出脉，侧脉每边 3~5 条；叶柄长 2~4 cm。伞形花序腋生或侧生，多个密集；总梗极短或无；每一花序有花 5~6 朵，花梗长 4~5 mm，花被裂片 4，卵形或长圆形。果椭圆形或近球形，长约 1 cm。花期 9~10 月，果期 12 月。

见于东门岭、葛布村；生于山坡疏林中。分布于中国华南地区及湖南、江西、福建、云南。果核含油量高，可供制肥皂及润滑油等用。

2. 显脉新木姜子
Neolitsea phanerophlebia Merr.

小乔木，高达 10 m。树皮灰色或暗灰色，小枝黄褐色或紫褐色，密被近锈色短柔毛。叶轮生或散生，长圆形至长圆状椭圆形，长 6~13 cm，宽 2~4.5 cm，先端渐尖，基部急尖或钝，纸质至薄革质，具离基三出脉，侧脉每边 3~4 条；叶柄长 1~2 cm，密被近锈色的短柔毛。伞形花序 2~4 个丛生于叶腋，无总梗；每一花序有花 5~6 朵，花被裂片 4，卵形或卵圆形，长约 3 mm。果近球形，

直径 5~9 mm，无毛，成熟时紫黑色。花期 10~11 月，果期 7~8 月。

见于水南村；生于山地疏林中。分布于中国广东、广西、湖南、江西。

7. 檫木属 Sassafras Trew

落叶乔木。顶芽大，具近圆形的鳞片，鳞片外面密被绢毛。叶互生，聚集于枝顶，坚纸质，具羽状脉或离基三出脉，不分裂或 2~3 浅裂。花通常雌雄异株；总状花序（假伞形花序）顶生，少花，疏松，下垂，具梗；苞片线形至丝状，花被黄色，花被筒短，裂片 6，排成二轮。果为核果，卵球形，深蓝色，基部有浅杯状的果托，果梗伸长，上端渐增粗，无

毛。种子长圆形，先端有尖头。

城南森林公园有 1 种。

*檫木（半风樟、鹅脚板、花楸树）
Sassafras tzumu (Hemsl.) Hemsl.

落叶乔木，高可达 35 m，胸径达 2.5 m。树皮幼时黄绿色，平滑，老时变灰褐色，呈不规则纵裂。叶互生，聚集于枝顶，卵形或倒卵形，长 9~18 cm，宽 6~10 cm，先端渐尖，基部楔形，全缘或 2~3 浅裂，裂片先端略钝，坚纸质。花黄色，长约 4 mm，雌雄异株；花梗纤细，长 4.5~6 mm，密被棕褐色柔毛。果为核果，卵球形，成熟时蓝黑色而带有白蜡粉，着生于浅杯状的果托上。种子长圆形，先端有尖头。花期 3~4 月，果期 5~9 月。

城南森林公园生态长廊有栽培。分布于中国广东、广西、浙江、江苏、安徽、江西、福建、湖南、湖北、四川、贵州及云南等地。根、树皮及叶可入药，有活血散瘀、祛风去湿的功效；材质优良，可用于造船、水车及上等家具。

15. 毛茛科 Ranunculaceae

多年生或一年生草本，少有灌木或木质藤本。叶通常互生或基生，少数对生，单叶或复叶，通常掌状分裂，无托叶；叶脉掌状，偶尔羽状。花两性，少有单性，单生或组成聚伞花序或总状花序；萼片 4~5 枚，呈花瓣状，有颜色；花瓣存在或不存在；心皮分生，少有合生。果实为蓇葖果或瘦果，少数为蒴果或浆果。种子有小的胚和丰富胚乳。

城南森林公园有 1 属，1 种。

铁线莲属 Clematis L.

多年生木质或草质藤本，或为直立灌木或草本。叶对生，或与花簇生，偶尔茎下部叶互生，三出复叶至二回羽状复叶或二回三出复叶，少数为单叶；叶片或小叶片全缘。花两性，稀单性；花排成聚伞花序或为总状、圆锥状聚伞花序，有时花单生或 1 枚至数朵与叶簇生；雄蕊多数；退化雄蕊有时存在。果为瘦果，宿存花柱伸长呈羽毛状，或不伸长而呈喙状。

城南森林公园有 1 种。

柱果铁线莲
Clematis uncinata Champ. ex Benth.

藤本，干时常带黑色，除花柱有羽状毛及萼片外面边缘有短柔毛外，其余光滑。茎圆柱形，

有纵条纹。一至二回羽状复叶，有 5~15 小叶；小叶片纸质或薄革质，宽卵形、卵形、长圆状卵形至卵状披针形，长 3~13 cm，宽 1.5~7 cm，顶端渐尖至锐尖，偶有微凹，基部圆形或宽楔形。圆锥状聚伞花序腋生或顶生，多花；萼片 4 枚，开展，白色；雄蕊无毛。瘦果圆柱状钻形，干后变黑，长 5~8 mm，宿存花柱长 1~2 cm。花期 6~7 月，果期 7~9 月。

见于水南村；生于山坡林中。分布于中国华南、华东、西南、华北及湖南。越南和日本也有分布。根入药，能祛风除湿、舒筋活络、镇痛，治风湿性关节痛、牙痛等；叶外用治外伤出血。

21. 木通科 Lardizabalaceae

木质匐本，很少为直立灌木。茎缠绕或攀缘，木质部有宽大的髓射线；冬芽大，有 2 至多枚覆瓦状排列的外鳞片。叶互生，掌状或三出复叶，很少为羽状复叶，无托叶；叶柄和小柄两端膨大为节状。花辐射对称，单性，雌雄同株或异株。果为肉质的蓇葖果或浆果。种子多数，或仅 1 枚，卵形或肾形，种皮脆壳质。

城南森林公园有 1 属，1 种。

木通属 Akebia Decne.

落叶或半常绿木质缠绕藤本。冬芽具多枚宿存的鳞片。掌状复叶互生或在短枝上簇生，具长柄，通常有小叶 3 或 5 片；小叶全缘或边缘波状。花单性，雌雄同株同序，多朵组成腋生的总状花序，有时花序伞房状；雄花较小而数多，生于花序上部；雌花远较雄花大，1 至数朵生于花序总轴基部；萼片常 3 枚，花瓣状，紫红色，有时为绿白色。肉质蓇葖果长圆状圆柱形，成熟时沿腹缝开裂。种子多数，卵形，排成多行，藏于果肉中。

城南森林公园有 1 种。

木通（海风藤）
Akebia quinata (Houtt.) Decne

落叶木质藤本。茎纤细，圆柱形，缠绕，茎上有圆形、小而凸起的皮孔；芽鳞片覆瓦状排列，淡红褐色。掌状复叶互生或在短枝上的簇生，通常有小叶 5 片，偶有 3~4 片或 6~7 片；叶柄纤细，长 4.5~10 cm；小叶纸质，倒卵形或倒卵状椭圆形；小叶柄纤细。伞房花序式的总状花序腋生，着生于缩短的侧枝上，基部为芽鳞片所包托；花略芳香。果孪生或单生，长圆形或椭圆形。种子多数，卵状长圆形，有光泽。花期 4~5 月，果期 6~8 月。

见于葛布村；生于山地灌木丛、林缘。分布于中国长江流域的各地。日本和朝鲜也有分布。茎、根和果实药用，可治风湿关节炎和腰痛；果熟后味甜可食；种子可制肥皂。

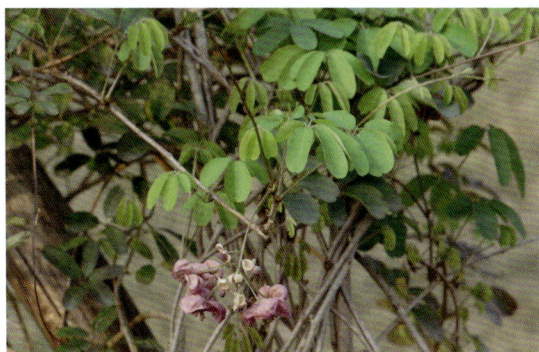

23. 防己科 Menispermaceae

攀缘或缠绕藤本，稀直立灌木或小乔木。叶螺旋状排列，单叶，稀复叶，常具掌状脉，较少羽状脉；叶柄两端肿胀。花排成聚伞花序，或由聚伞花序再作圆锥花序式、总状花序式或伞形花序式排列，极少退化为单花；苞片通常小，稀叶状；花通常小而不鲜艳。果为核果，外果皮革质或膜质，中果皮通常肉质，内果皮骨质或有时木质。种子通常弯，种皮薄，有或无胚乳。

城南森林公园有 3 属，3 种。

1. 轮环藤属 Cyclea Arn. ex Wight

藤本。叶具掌状脉，叶柄通常长而盾状着生。聚伞圆锥花序通常狭窄，很少阔大而疏松，腋生、顶生或生于老茎上；苞片小；雄花：萼片通常 4~5 枚，很少 6，通常合生而具 4~5 裂片；花瓣 4~5 枚，通常合生。核果倒卵状球形或近圆球形，常稍扁，花柱残迹近基生；果核骨质。种子有胚乳。

城南森林公园有 1 种。

粉叶轮环藤

Cyclea hypoglauca (Schauer) Diels

藤本。老茎木质，小枝纤细，除叶腋有簇毛外无毛。叶纸质，阔卵状三角形至卵形，长 2.5~7 cm，宽 1.5~4.5 cm；掌状脉 5~7 条，纤细。花序腋生，雄花序为间断的穗状花序状，花序轴常不分枝或有时基部有短小分枝，纤细而无毛；苞片小，披针形；花瓣 2 枚，不等大，大的与萼片近等长。核果红色，无毛；果核长约 3.5 mm。

见于东门岭；生于林缘和山地灌丛。分布于中国广东、海南。越南北部也有分布。

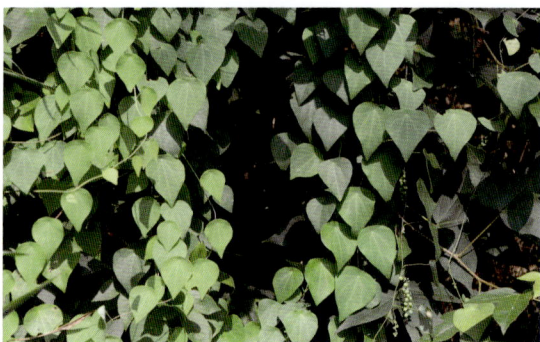

2. 细圆藤属 *Pericampylus* Miers

木质藤本。叶非盾状或稍呈盾状，具掌状脉。聚伞花序腋生，单生或 2~3 个簇生；雄花：萼片 9 枚，排成 3 轮，最外轮小，苞片状，中轮和内轮大而凹，覆瓦状排列；花瓣 6 枚，楔形或菱状倒卵形，两侧边缘内卷，抱着花丝。核果扁球形，花柱残迹近基生；果核骨质，阔倒卵状近圆形。种子弯成马蹄形，有胚乳。

城南森林公园有 1 种。

细圆藤

Pericampylus glaucus (Lam.) Merr.

木质大藤本。小枝被灰黄色茸毛，常长而下垂，老枝无毛，有直线纹。叶纸质至薄革质，三角状卵形至三角状近圆形，很少卵状椭圆形，长 3.5~8 cm，顶端钝或圆，很少短尖，有小凸尖，基部近截平至心形；掌状脉 5 条。聚伞花序伞房状，长 2~10 cm；花瓣 6 枚，楔形或有时匙形，长 0.5~0.7 mm，边缘内卷。核果红色或紫色。花期夏季，果期秋季。

见于东门岭、葛布村、龙井村；生于林中、林缘和灌丛中。分布于中国长江流域以南各地。亚洲东南部也有分布。细长的枝条可作为编织藤器的原料。

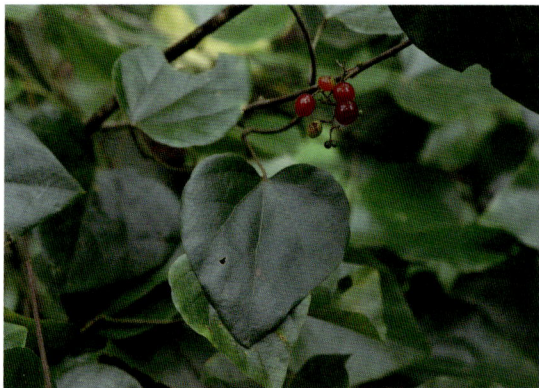

3. 千金藤属 *Stephania* Lour.

草质或木质藤本，有或无块根。叶片纸质，很少膜质或近革质，三角形、三角状近圆形或三角状近卵形；叶脉掌状。花序腋生或生于腋生、无叶或具小型叶的短枝上，通常为伞形聚伞花序。雄花：花被辐射对称；萼片 2 轮，很少 1 轮；花瓣 1 轮，3~4 枚。雌花：花被辐射对称，萼片和花瓣各 1 轮，每轮 3~4 片。核果近球形，两侧稍扁，红色或橙红色。

城南森林公园有 1 种。

粪箕笃

Stephania longa Lour.

草质藤本，除花序外全株无毛。枝纤细，有条纹。叶纸质，三角状卵形，长 3~9 cm，宽 2~6 cm，顶端钝。复伞形聚伞花序腋生，雄花序较纤细，被短硬毛。雄花：萼片 8 枚，偶有 6 枚，排成 2 轮；花瓣 4 或有时 3 枚，绿黄色。雌花：萼片和花瓣均 4 片。核果红色；果核背部有 2 行小横肋，每行约 9~10 条。花期春末夏初，果期秋季。

见于东门岭、水南村附近；生于灌丛或林缘。分布于中国华南、华东、西南地区。全草药用，有清热解毒、利尿消肿之效。

28．胡椒科 Piperaceae

草本、灌木或攀缘藤本，稀为乔木，常有香气。单叶互生，少有对生或轮生，基部两侧常不对称，具掌状脉或羽状脉；托叶多少贴生于叶柄上或否，或无托叶。花小，两性、单性雌雄异株或间有杂性；苞片小，花被无；雄蕊 1~10 枚；雌蕊由 2~5 心皮所组成，连合。浆果小，具肉质、薄或干燥的果皮。

城南森林公园有 1 属，1 种。

胡椒属 Piper L.

灌木或攀缘藤本，稀草本或小乔木。茎、枝有膨大的节，揉之有香气。叶互生，全缘；托叶多少贴生于叶柄上，早落。花单性，雌雄异株，或稀有两性或杂性，聚集成与叶对生或稀有顶生的穗状花序；苞片离生；雄蕊 2~6 枚。浆果倒卵形、卵形或球形，红色或黄色，无柄或具短柄。

城南森林公园有 1 种。

山蒟

Piper hancei Maxim.

攀缘藤本，除花序轴和苞片柄外，余均无毛；茎、枝具细纵纹，节上生根。叶纸质或近革质，卵状披针形或椭圆形，稀披针形，长 6~12 cm，宽 2.5~4.5 cm，顶端短尖或渐尖，基部渐狭或楔形，有时钝，常相等或有时略不等；叶脉 5~7 条，网状脉通常明显；叶柄长 5~12 mm。花单性，聚集成与叶对生的穗状花序。雄花序长 6~10 cm，直径约 2 mm，花序轴被毛；苞片近形，直径约 0.8 mm，近无柄或具短柄；雌花序长约 3 cm，于果期延长。浆果球形，熟时黄色。花期 3~8 月。

见于水南村附近；生于疏林中，攀缘于石上。分布于中国广东、广西、福建、浙江、贵州、湖南、云南。茎和叶药用，可治风湿、咳嗽、感冒等。

本种与华南胡椒 *Piper austrosinense* Y. C. Tseng 相似，但后者下部叶阔卵形或卵形，基部心形，花序较短，果嵌生于花序轴中而不同。

30. 金粟兰科 Chloranthaceae

草本、灌木或小乔木。单叶对生，具羽状脉，边缘有锯齿；叶柄基部常合生；托叶小。花小，两性或单性，排成穗状花序、头状花序或圆锥花序，无花被或在雌花中有浅杯状 3 齿裂的花被（萼管）；两性花具雄蕊 1 枚或 3 枚，着生于子房的一侧；单性花中雄花多数，雄蕊 1 枚；雌花少数。核果卵形或球形，外果皮多少肉质，内果皮硬。种子有丰富的胚乳。

城南森林公园有 1 属，1 种。

草珊瑚属 Sarcandra Gardn.

半灌木，无毛。叶对生，常多对，椭圆形、卵状椭圆形或椭圆状披针形，边缘具锯齿，齿尖有一腺体；叶柄短，基部合生；托叶小。穗状花序顶生，通常分枝，多少成圆锥花序状；花两性，无花被亦无花梗；苞片 1 枚，三角形，宿存；雄蕊 1 枚，肉质；子房卵形，含 1 粒下垂的直生胚珠。核果球形或卵形。

城南森林公园有 1 种。

草珊瑚

Sarcandra glabra (Thunb.) Nakai

常绿亚灌木，茎与枝均有膨大的节，无毛。叶革质，椭圆形、卵形至卵状披针形，长 6~17 cm，宽 2~6 cm，顶端渐尖，基部尖或楔形，边缘具粗锐锯齿，两面无毛；叶柄长 0.5~1.5 cm，基部合生成鞘状；托叶钻形。穗状花序顶生，通常分枝，多少成圆锥花序状，连总花梗长 1.5~4 cm。核果球形，直径 3~4 mm，熟时亮红色。花期 6~7 月，果期 8~10 月。

见于葛布村；生于山坡、沟谷林下阴湿处。分布于中国华南、华东、华中、西南地区。亚洲东部及东南部也有分布。全株供药用，有清热解毒、祛风活血、消肿止痛、抗菌消炎的功效；可作阴生观赏植物。

33. 紫堇科 Fumariaceae

一年生或多年生草本，直立或匍匐，有根茎或块茎；茎单生或丛生。叶深裂成一至二回三出复叶或二回三出分裂。花白色、蓝色、黄色或紫色，排成总状花序；萼片 2 枚，细小，鳞片状；花瓣 4 枚，外面 2 片大小不等，前面 1 片平展，后面 1 片基部微膨大或有距，里面 2 片，顶部分离或连合，背部具鸡冠状突起及爪；子房 1 室。蒴果卵形、长圆形或线形，分裂成 2 枚果瓣。种子细小，假种皮有或无。

城南森林公园有 1 属，1 种。

紫堇属 Corydalis DC.

一年生或多年生草本，或草本状半灌木。叶基生或茎生。茎生叶 1 至多数，稀无叶，互生或稀对生，叶片一至多回羽状分裂或掌状分裂或三出，极稀全缘。花排列成顶生、腋生或对叶生的总状花序；苞片分裂或全缘；花瓣 4 枚，紫色、蓝色、黄色、玫瑰色或稀白色。果多蒴果，形状多样，线形、长

圆形或卵形。种子肾形或近圆形，黑色或棕褐色。

城南森林公园有 1 种。

台湾黄堇（北越紫堇）
Corydalis balansae Prain

一年生或多年生丛生草本，高 20~50 cm，主根圆锥形。茎具棱，疏散分枝。基生叶早枯，通常不明显。下部茎生叶约长 15~30 cm，具长柄，叶片上面绿色，下面苍白色，二回羽状全裂，一回羽片约 3~5 对，具短柄，二回羽片常 1~2 对，卵圆形，长 2~2.5 cm，宽 1.2~2 cm。总状花序多花而疏离；花黄色至黄白色，近平展；外花瓣勺状，具龙骨状突起；上花瓣长 1.5~2 cm；距短囊状。蒴果线状长圆形，约长 3 cm，具 1 列种子。种子黑亮，扁圆形。

见于水南村；生于林下路旁。分布于中国华南、华东、西南地区及湖南。日本、越南及老挝也有分布。全草药用，有清热祛火之功效。

36. 白花菜科 Capparidaceae

草本、灌木或乔木，常为木质藤木。叶互生，很少对生，具单叶或掌状复叶；托叶刺状，细小或不存在。花排成总状或圆锥花序，或 2~10 朵排成一列，顶生或腋生；萼片 4~8 枚，常为 4 片，排成 2 轮；花瓣 4~8 枚，常为 4 片，与萼片互生，分离，有时无花瓣。果为浆果或半裂蒴果。种子 1 至多数，肾形至多角形。

城南森林公园有 1 属，1 种。

槌果藤属 Capparis L.

常绿直立或攀缘灌木，或小乔木。叶为单叶，具叶柄，很少无柄，螺旋状着生；叶片全缘，草质至革质；托叶刺状。花排成总状、伞房状、亚伞形或圆锥花序；萼片 4 枚，2 轮，外轮质地常较厚；花瓣 4 枚，覆瓦状排列。浆果球形或伸长，通常不开裂。种子 1 至多数，肾形至近多角形。

城南森林公园有 1 种。

尖叶槌果藤
Capparis acutifolia Sweet

攀缘灌木。小枝圆柱形，干后浅黄绿色，有刺或无刺。叶硬草质或亚革质，干后呈淡黄绿色，长圆状披针形，顶端渐尖。花蕾长圆形，长 5~6 mm，直径约 4 mm。花（1）2~4 朵排成一短纵列，腋上生，少有花单出腋生；萼片长 5~7 mm，宽 3~4 mm；花瓣长圆形。果成熟后鲜红色，近球形或椭圆形。种子 1 至数粒。花期 4~5 月，果期 8 月至翌年 2 月。

见于葛布村至龙底坑；生于山坡灌丛或林中。分布于中国东南部至南部。越南也有分布。根供药用，有消炎解毒、镇痛、疗肺止咳的功效；可栽培供观赏。

39. 十字花科 Cruciferae

一年生或多年生草本，很少呈亚灌木状。根有时膨大成肥厚的块根。茎直立或铺散，有时茎短缩。叶有二型：基生叶呈旋叠状或莲座状；茎生叶通常互生；花多数聚集成一总状花序，顶生或腋生；花瓣 4 片，分离，成十字形排列，花瓣白色、黄色、粉红色、淡紫色、淡紫红色或紫色。果实为长角果或短角果。种子较小，1 至多数，表面光滑或具纹理。

城南森林公园有 2 属，2 种。

1. 荠属 Capsella Medik.

一年或二年生草本。茎直立，单一或从基部分枝。单叶，基生叶羽状分裂至全缘，有叶柄；茎上部叶无柄，叶边缘具弯缺牙齿至全缘，基部耳状，抱茎。总状花序伞房状，花疏生，果期延长；萼片近直立，长圆形；花瓣白色或带粉红色，匙形。短角果倒三角形或倒心状三角形。种子每室 6~12 个，

椭圆形，棕色。

城南森林公园有 1 种。

荠菜
Capsella bursa-pastoris (L.) Medick.

一年生或二年生草本，高 (7) 10~50 cm；茎直立，单一或从下部分枝，无毛、具单毛或分叉毛。基生叶呈莲座状，大头羽状分裂，顶端渐尖，浅裂、有不规则粗锯齿或近全缘；茎生叶窄披针形或披针形，长 5~6.5 mm，宽 2~15 mm，基部箭形，抱茎，边缘有缺刻或锯齿。总状花序顶生及腋生，果期延长达 20 cm；花瓣白色，卵形。短角果倒三角形或倒心状三角形。种子 2 行，长椭圆形，浅褐色。花、果期 4~6 月。

见于水南村；生于田边及路旁。分布几乎遍及中国各地。全世界温带地区广泛分布。全草入药，有清热、明目、利尿、消积等功效；茎叶作蔬菜食用；种子可榨油。

2. 焊菜属 Rorippa Scop.

一年生或多年生草本。植株无毛或具单毛。茎直立或铺散，多数有分枝。叶全缘，浅裂或羽状分裂。总状花序顶生；花小，黄色；萼片 4 枚，开展，长圆形或宽披针形；花瓣 4 枚或有时缺，倒卵形，基部较狭，稀具爪。果为细圆柱形长角果，也有呈椭圆形或球形短角果，直立或微弯。种子细小，多数。

城南森林公园有 1 种。

蔊菜（塘葛菜）
Rorippa indica (L.) Hiern

一年生或二年生直立草本，高 20~45 cm。植株无毛或具疏毛。叶互生，基生叶及茎下部叶具长柄；茎上部叶片宽披针形或匙形，边缘具疏齿。总状花序顶生或侧生；花小，多数，黄色；萼片 4 枚，

卵状长圆形；花瓣 4 枚，匙形，基部渐狭成短爪。长角果线状圆柱形，短而粗。种子每室 2 行，多数。花期 4~6 月，果期 6~8 月。

见于水南村；生于路旁较潮湿处。分布于中国华南、华东、华中、西南等地。东亚及南亚也有分布。全草入药，有解表健胃、止咳化痰、清热解毒等功效。

40. 堇菜科 Violaceae

多年生草本或小灌木，稀为一年生草本、攀缘灌木或小乔木。叶为单叶，通常互生，少数对生，全缘、有锯齿或分裂，有叶柄；托叶小或叶状。花两性或单性，少有杂性，单生或组成腋生或顶生的穗状、总状或圆锥状花序；花瓣下位，覆瓦状或旋转状。果实为沿室背弹裂的蒴果或为浆果状。种子无柄或具极短的种柄，种皮坚硬，有光泽，有时具翅。

城南森林公园有 1 属，1 种。

堇菜属 Viola L.

多年生草本，稀为二年生草本、半灌木。地上茎发达或缺少，有时具匍匐枝。叶为单叶，互生或基生，全缘、具齿或分裂；托叶呈叶状，宿存。花两性，两侧对称，单生；萼片 5 枚，略同形；花瓣

5 枚，常异型，下方 1 枚通常稍大且基部延伸成距。蒴果球形、长圆形或卵圆状，成熟时 3 瓣裂；果瓣舟状。种子倒卵状，种皮坚硬。

城南森林公园有 1 种。

长萼堇菜
Viola inconspicua Blume

多年生草本，无地上茎。根状茎垂直或斜生，长 1~2 cm。叶均基生，呈莲座状；叶片三角形、三角状卵形或戟形，先端渐尖或急尖，基部宽心形。花淡紫色，有暗色条纹；花梗细弱；萼片卵状披针形或披针形，长 4~7 mm，顶端渐尖，基部附属物伸长；花瓣长圆状倒卵形，长 7~9 mm。蒴果长圆形，长 8~10 mm，无毛。种子卵球形。果花期 3~11 月。

见于水南村；生于水沟旁。分布于中国华南、华中、华东、西南等地。缅甸、菲律宾、马来西亚也有分布。全草入药，能清热解毒。

53. 石竹科 Caryophyllaceae

一年生或多年生草本，稀亚灌木。茎节通常膨大，具关节。单叶对生，稀互生或轮生，全缘，基部多少连合；托叶膜质或缺。花辐射对称，排列成聚伞花序或聚伞圆锥花序，稀单生；花瓣 5 枚，瓣片全缘或分裂。果实为蒴果，长椭圆形、圆柱形、卵形或圆球形，果皮壳质、膜质或纸质，顶端齿裂或瓣裂，稀为浆果状、不规则开裂或为瘦果。种子弯生，肾形、卵形、圆盾形或圆形，微扁。

城南森林公园有 1 属，1 种。

鹅肠菜属 Myosoton Moench

二年生或多年生草本。茎下部匍匐，无毛，上

部直立，被腺毛。叶对生，卵形或宽卵形。花两性，白色，排列成顶生二歧聚伞花序；萼片 5 枚；花瓣 5 枚，2 深裂至基部；雄蕊 10 枚；子房 1 室。蒴果卵形，比萼片稍长，5 瓣裂至中部，裂瓣顶端再 2 齿裂。种子肾状圆形。

城南森林公园有 1 种。

鹅肠菜（牛繁缕）

Myosoton aquaticum (L.) Moench

二年生或多年生草本。茎上升，多分枝，长 50~80 cm，上部被腺毛。叶片卵形或宽卵形，长 2.5~5.5 cm，宽 1~3 cm，顶端急尖，基部稍心形，有时边缘具毛；叶柄长 5~15 mm。花梗细，长 1~2 cm，花后伸长并向下弯，密被腺毛；萼片卵状披针形或长卵形；花瓣白色。蒴果卵圆形，稍长于宿存萼。种子近肾形。花期 5~8 月，果期 6~9 月。

见于水南村；生于林缘路旁和水沟旁。分布于中国南北各地。北半球温带、亚热带以及北非也有分布。全草供药用；幼苗可作野菜和饲料。

56. 马齿苋科 Portulacaceae

一年生或多年生草本，稀半灌木。单叶互生或对生，全缘，常肉质；托叶干膜质或刚毛状或缺。花两性，腋生或顶生，单生或簇生，或成聚伞花序、总状花序、圆锥花序；萼片 2 枚；花瓣 4~5 片，稀更多，覆瓦状排列。蒴果近膜质，盖裂或 2~3 瓣裂，稀为坚果。种子肾形或球形，多数，稀为 2 粒。

城南森林公园有 1 属，1 种。

马齿苋属 Portulaca L.

一年生或多年生肉质草本，无毛或被疏柔毛。茎铺散，平卧或斜升。叶互生、近对生或在茎上部轮生，圆柱状或扁平；托叶为膜质鳞片状或毛状的附属物，稀完全退化。花顶生，单生或簇生，常具数片叶状总苞；萼片 2 枚，筒状；花瓣 4 或 5 枚，离生或下部连合，花开后黏液质，先落。蒴果盖裂。种子细小，多数，肾形或圆形，光亮。

城南森林公园有 1 种。

马齿苋

Portulaca oleracea L.

一年生草本，全株无毛。茎平卧或斜倚，伏地铺散，多分枝，圆柱形，长 10~15 cm，淡绿色或带暗红色。叶互生或近对生，扁平，肥厚，倒卵形，似马齿状，长 1~3 cm，宽 0.6~1.5 cm，顶端圆钝或平截，有时微凹，全缘。花无梗，直径 4~5 mm；花瓣 5 枚，稀 4 枚，黄色，倒卵形。蒴果卵球形，长约 5 mm，盖裂。种子细小，多数，偏斜球形。花期 5~8 月，果期 6~9 月。

见于城南森林公园正门附近；生于林缘路旁。分布于中国南北各地。全世界温带和热带地区也有分布。全草供药用，有清热利湿、解毒消肿、消炎、止渴的功效；种子药用可明目；嫩茎叶可作蔬菜，也是很好的饲料。

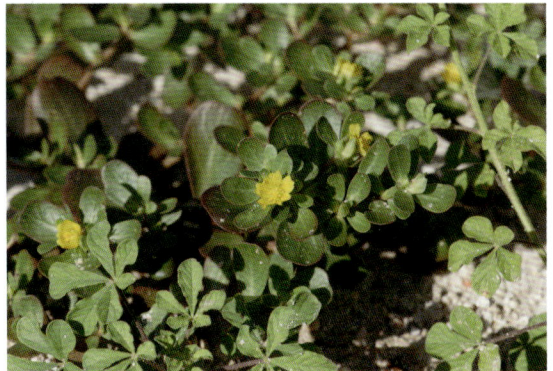

57. 蓼科 Polygonaceae

草本，稀为灌木或小乔木。茎直立、平卧、攀缘或缠绕。叶为单叶，互生，稀对生或轮生，边缘通常全缘，有时分裂。花序穗状、总状、头状或圆锥状，顶生或腋生；花较小，雌雄异株或雌雄同株；花梗通常具关节。瘦果卵形或椭圆形，具 3 棱或双凸镜状，极少具 4 棱，有时具翅或刺，包于宿存花被内或外露。

城南森林公园有 1 属，3 种。

蓼属 Polygonum L.

一年生或多年生草本，稀为半灌木或小灌木。茎直立、平卧或上升，无毛、被毛或具倒生钩刺，通常节部膨大。叶互生，形状多样，全缘，稀具裂片；托叶鞘膜质或草质，筒状。花序穗状、总状、头状或圆锥状，顶生或腋生，稀为花簇，生于叶腋；花两性稀单性，簇生，稀为单生；花被 5 深裂，稀 4 裂，宿存。瘦果卵形，包于宿存花被内或突出花被之外。

城南森林公园有 3 种。

1. 火炭母

Polygonum chinense L.

多年生草本，基部近木质。茎直立，高 70~100 cm，通常无毛，具纵棱，多分枝，斜上。叶卵形或长卵形，长 4~10 cm，宽 2~4 cm，顶端短渐尖，基部截形或宽心形，边缘全缘；托叶鞘膜质。花序头状，通常数个排成圆锥状，顶生或腋生；花被 5 深裂，白色或淡红色。瘦果宽卵形，具 3 棱，长 3~4 mm，黑色。花期 7~9 月，果期 8~10 月。

见于东门岭；生于山谷湿地边、路旁。分布于中国长江以南。日本、菲律宾、马来西亚、印度及喜马拉雅山也有分布。根状茎供药用，可清热解毒、散瘀消肿。

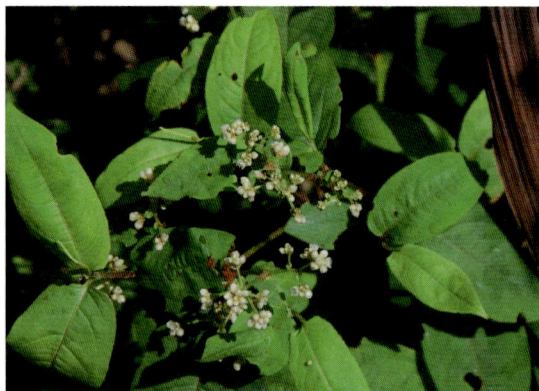

2. 水蓼

Polygonum hydropiper L.

一年生草本，高 40~70 cm。茎直立，多分枝，无毛，节部膨大。叶披针形或椭圆状披针形，长 4~8 cm，宽 0.5~2.5 cm，顶端渐尖，基部楔形，边缘全缘；叶柄长 4~8 mm；托叶鞘筒状，膜质，褐色。总状花序呈穗状，顶生或腋生，长 3~8 cm，通常下垂，花稀疏，下部间断；苞片漏斗状，长 2~3 mm，绿色，边缘膜质，疏生短缘毛。瘦果卵形，长 2~3 mm，双凸镜状或具 3 棱，密被小点，黑褐色。花期 5~9 月，果期 6~10 月。

见于葛布村；生于水沟边、山谷湿地边。分布于中国南北各地。朝鲜、日本、印度尼西亚、印度及欧洲、北美也有分布。全草入药，可消肿解毒、利尿、止痢。

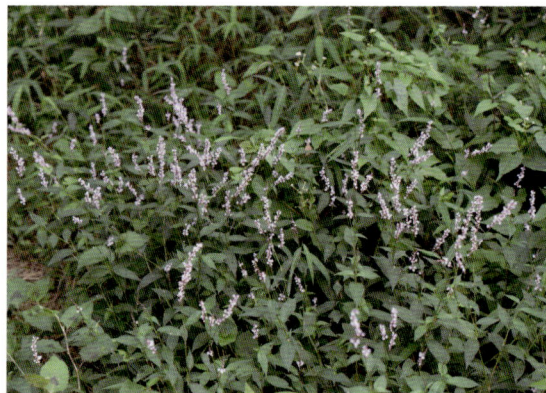

3. 杠板归

Polygonum perfoliatum L.

一年生草本。茎攀缘，多分枝，具纵棱，沿棱具稀疏的倒生皮刺。叶三角形，长 3~7 cm，宽 2~5 cm，顶端钝或微尖，基部截形或微心形，上面无毛，下面沿叶脉疏生皮刺；叶柄与叶片近等长，

具倒生皮刺；托叶鞘叶状，圆形或近圆形。总状花序呈短穗状，长 1~3 cm；苞片卵圆形；花被 5 深裂，白色或淡红色。瘦果球形，直径 3~4 mm，黑色。花期 6~8 月，果期 7~10 月。

见于葛布村；生于田边、路旁、山谷湿地。分布于中国华南、华东、华中、西南等地。朝鲜、日本、印度尼西亚、菲律宾、印度及俄罗斯（西伯利亚）也有分布。茎叶可药用，有清热止咳、止痛止痒的功效；也是优质畜禽饲用植物。

63. 苋科 Amaranthaceae

一年生或多年 草本，稀为攀缘藤本或灌木。叶互生或对生，全缘，少数有微齿，无托叶。花小，两性、单性或杂性，有时退化成不育花，花簇生在叶腋内，成疏散或密集的穗状花序、头状花序、总状花序或圆锥花序；苞片 1 枚，小苞片 2 枚，干膜质，绿色或着色；花被片 3~5 枚，覆瓦状排列。果实为胞果或小坚果，少数为浆果，果皮薄膜质。种子 1 个或多数，凸镜状或近肾形，光滑或有小疣点。

城南森林公园有 2 属，2 种。

1. 牛膝属 Achyranthes L.

草本或亚灌木。茎具节，枝对生。叶对生，有叶柄。穗状花序顶生或腋生，在花期直立，花期后反折、平展或下倾；花两性，单生在干膜质宿存苞片基部，并有 2 小苞片，小苞片有 1 长刺，两旁各有 1 短膜质翅；花被片 4~5 枚，干膜质，顶端芒尖；子房长椭圆形，1 室。胞果卵状矩圆形、卵形或近球形，有 1 枚种子和花被片及小苞片同脱落。种子矩圆形，凸镜状。

城南森林公园有 1 种。

土牛膝

Achyranthes aspera L.

多年生草本，高 20~120 cm。茎四棱形，有柔毛，节部稍膨大，分枝对生。叶片纸质，宽卵状倒卵形或椭圆状矩圆形，长 1.5~7 cm，宽 0.4~4 cm，顶端圆钝，具突尖，基部楔形或圆形，全缘或波状缘；叶柄长 5~15 mm，密生柔毛或近无毛。穗状花序顶生，直立；花长 3~4 mm，疏生。胞果卵形，长 2.5~3 mm。种子卵形，长约 2 mm，棕色。花期 6~8 月，果期 10 月。

见于水南村；生于山坡疏林或空旷地。分布于中国华南、华东、华中地区。印度、越南、菲律宾、

马来西亚等地有分布。根药用，有清热解毒、利尿之功效。

本种与牛膝 *Achyranthes bidentata* Blume 相似，不同在于后者叶片椭圆形或椭圆状披针形，少数倒披针形，顶端尾尖。

2. 莲子草属 Alternanthera Forsk.

匍匐或上升草本，茎多分枝。叶对生，全缘。花两性，排成有或无总花梗的头状花序，单生在苞片腋部；苞片及小苞片干膜质，宿存；花被片 5 枚，干膜质，常不等；雄蕊 2~5 枚；子房球形或卵形，胚珠 1 枚，垂生。胞果球形或卵形，不裂，边缘翅状。种子凸镜状。

城南森林公园有 1 种。

喜旱莲子草

Alternanthera philoxeroides (Mart.) Griseb.

多年生草本；茎基部匍匐，上部上升，管状，具不明显 4 棱，长 55~120 cm，具分枝。叶片矩圆形、矩圆状倒卵形或倒卵状披针形，长 2.5~5 cm，宽 7~20 mm，顶端急尖或圆钝，具短尖，基部渐狭，全缘；叶柄长 3~10 mm。花密生，成具总花梗的头状花序；苞片及小苞片白色，顶端渐尖，具 1 脉；花被片矩圆形，长 5~6 mm，白色，光亮。花期 5~10 月。

见于龙井村；生于水沟边或路旁。分布于中国广东、湖南、浙江、福建和江西等地，由栽培逸为野生。原产于巴西。全草入药，有清热利水、凉血解毒之功效；也可作饲料。

酸。茎细弱，多分枝，直立或下部匍匐。叶基生或茎上互生。花单生或数朵集为伞形花序状，腋生，总花梗淡红色，与叶近等长；花梗长 4~15 mm，果后延伸；花瓣 5 枚，黄色，长圆状倒卵形，长 6~8 mm，宽 4~5 mm。蒴果长圆柱形，长 1~2.5 cm，具 5 棱。种子长卵形，褐色或红棕色。花、果期 2~9 月。

见于水南村；生于山坡草地、路边、荒地阴湿处。中国大部分地区有分布。世界热带至温带大部分地区广布。全草入药，能解热利尿，消肿散淤；茎叶含草酸，可用以磨镜或擦铜器，使其具光泽；牛羊食其过多可中毒致死。

本种与黄花酢浆草 Oxalis pes-caprae L. 相似，不同在于后者小叶表面具紫色斑点，花瓣长约 2 cm。

69. 酢浆草科 Oxalidaceae

一年生或多年生草本，稀为灌木或乔木。根茎或鳞茎状块茎常肉质，或有地上茎。叶为指状或羽状复叶，或小叶萎缩而成单叶，基生或茎生；小叶在芽时或晚间背折而下垂，通常全缘。花两性，辐射对称，单花或组成近伞形花序或伞房花序，少有总状花序或聚伞花序；花瓣 5 枚，有时基部合生。果为开裂的蒴果或为肉质浆果。种子通常为肉质、干燥时产生弹力的外种皮。

城南森林公园有 1 属，2 种。

酢浆草属 Oxalis L.

一年生或多年生草本。根具肉质鳞茎状或块茎状地下根茎。茎匍匐或披散。叶互生或基生，指状复叶，通常有 3 小叶，小叶在闭光时闭合下垂。花基生或为聚伞花序式，总花梗腋生或基生；花黄色、红色、淡紫色或白色；萼片 5 枚，覆瓦状排列；花瓣 5 枚，覆瓦状排列。果为室背开裂的蒴果。种子具 2 瓣状的假种皮，种皮光滑。

城南森林公园有 2 种。

1. 酢浆草（酸味草）

Oxalis corniculata L.

草本，高 10~35 cm，全株被柔毛。全草味

2. 红花酢浆草

Oxalis corymbosa DC.

多年生直立草本。无地上茎，地下部分有球状鳞茎。叶基生；叶柄长 5~30 cm 或更长，被毛；小叶 3 枚，扁圆状倒心形，长 1~4 cm，宽 1.5~6 cm，

顶端凹入，两侧角圆形，基部宽楔形。总花梗基生，二歧聚伞花序，通常排列成伞形花序式；花梗、苞片、萼片均被毛；花梗长 5~25 mm；花瓣 5 枚，倒心形，长 1.5~2 cm，淡紫色至紫红色，基部颜色较深。花、果期 3~12 月。

见于水南村；生于山坡路旁、荒地。分布于中国华南、华东、华中及四川、河北等地，南方各地已逸为野生。原产于南美热带地区。全草入药，有散瘀消肿之效；其鳞茎极易分离，繁殖迅速，常为田野、耕地杂草。

72. 千屈菜科 Lythraceae

草本、灌木或乔木。枝通常四棱形，有时具棘状短枝。叶对生，稀轮生或互生，全缘，叶片下面有时具黑色腺点；托叶细小或缺。花两性，通常辐射对称；花瓣与萼裂片同数或无花瓣，花瓣如存在，则着生萼筒边缘。蒴果革质或膜质，2~6 室，稀 1 室，横裂、瓣裂或不规则开裂，稀不裂。种子多数，形状不一，有翅或无翅。

城南森林公园有 1 属，1 种。

紫薇属 Lagerstroemia L.

落叶或常绿灌木或乔木。叶对生、近对生或聚生于小枝的上部，全缘。花两性，排成顶生或腋生的圆锥花序；花梗在小苞片着生处具关节；花萼半球形或陀螺形，革质，常具棱或翅，5~9 裂；花瓣通常 6 枚，或与花萼裂片同数，基部有细长的爪，边缘波状或有皱纹。蒴果木质，基部有宿存的花萼包围，成熟时室背开裂。种子多数，顶端有翅。

城南森林公园有 1 种。

*紫薇

Lagerstroemia indica L.

落叶灌木或小乔木，高可达 7 m；树皮平滑，灰色或灰褐色；枝干多扭曲，小枝纤细，具 4 棱，略成翅状。叶互生或有时对生，椭圆形、阔矩圆形或倒卵形，顶端短尖或钝形，有时微凹，基部阔楔形或近圆形。花淡红色或紫色、白色，常组成 7~20 cm 的顶生圆锥花序；花梗长 3~15 mm；花瓣 6 枚，皱缩，长 12~20 mm。蒴果椭圆状球形或阔椭圆形，长 1~1.3 cm。种子有翅。花期 6~9 月，果期 9~12 月。

水南村有栽培。分布于中国华南、华中、华东等地。亚洲及热带地区也有分布。花色鲜艳美丽，花期长，现热带地区已广泛栽培为庭园观赏树，也可作盆景；木材坚硬、耐腐，可作农具、家具、建筑等用材；根和树皮煎剂可治咯血、便血。

81. 瑞香科 Thymelaeaceae

灌木或小乔木，稀为草本。茎通常具韧皮纤维。单叶互生或对生，边缘全缘，叶脉羽状，具短叶柄，无托叶。花两性或单性，雌雄同株或异株，排成头状、穗状、总状、圆锥或伞形花序，有时单生或簇生，顶生或腋生；花萼通常为花冠状，白色、黄色或淡绿色，稀红色或紫色；花瓣缺，或鳞片状。果为浆果、核果或坚果，稀为 2 瓣开裂的蒴果。种子下垂或倒生。

城南森林公园有 1 属, 1 种。

荛花属 Wikstroemia Endl.

灌木或小乔木。叶对生或少有互生。花两性或单性,花序短总状、穗状或头状,顶生稀为腋生,无苞片;萼筒管状、圆筒状或漏斗状,顶端通常 4 裂,很少为 5 裂,伸张;花瓣无;子房具柄或无柄,被毛、无毛或仅于顶部被毛,1 室,具 1 胚珠。核果干燥棒状或浆果状,萼筒凋落或在基部残存包果。种子有少量胚乳或无胚乳。

城南森林公园有 1 种。

了哥王

Wikstroemia indica (L.) C. A. Mey.

灌木,高 0.5~1.5 m。小枝红褐色,无毛。叶对生,纸质至近革质,倒卵形、长椭圆形或披针形,长 1.5~5 cm,宽 0.6~1.6 cm,先端钝或急尖,基部楔形,干时棕红色,无毛,侧脉细密;叶柄长约 1 mm。花黄绿色,数朵组成顶生头状总状花序,花序梗长 5~10 mm,无毛,花萼长 7~12 mm,近无毛,裂片 4 枚。核果椭圆形,长 6~9 mm,成熟时红色至暗紫色。花期 3~5 月,果期秋季。

见于锦山公园(乌龟山);生于林下或石头旁。分布于中国长江以南。越南、印度、菲律宾也有分布。全株可药用,有消炎止痛、拔毒、止痒的功效,植株有毒,应慎用;茎皮纤维可造纸。

83. 紫茉莉科 Nyctaginaceae

草本、灌木或乔木,或为具刺藤状灌木。单叶对生、互生或假轮生,常不等大,无托叶。花两性,稀单性或杂性,单生、簇生或成聚伞花序、伞形花序,常具苞片或小苞片,有的苞片色彩鲜艳;花被单层,常为花冠状,上部钟状或漏斗状,有时钟形,下部合生成管,顶端 5~10 裂,在芽内镊合状或摺扇状排列,宿存。掺花瘦果包在宿存花被内,有棱或槽,有时具翅,常具腺体。种子有胚乳。

城南森林公园有 1 属, 1 种。

叶子花属 Bougainvillea Comm. ex Juss.

灌木或小乔木,有时攀缘。枝有刺。叶互生,卵形或椭圆状披针形。花两性,通常 3 朵簇生枝端,外包 3 枚鲜艳的叶状苞片,红色、紫色或橘色,具网脉;花梗贴生苞片中脉上;花被合生成管状,通常绿色,顶端 5~6 裂,裂片短,玫瑰色或黄色。瘦果圆柱形或棍棒状,具 5 棱;种皮薄,胚弯。

城南森林公园有 1 种。

*叶子花

Bougainvillea spectabilis Willd.

藤状灌木。枝、叶密生柔毛;刺腋生、下弯。叶片椭圆形或卵形,基部圆形。花序腋生或顶生;苞片椭圆状卵形,基部圆形至心形,长 2.5~6.5 cm,宽 1.5~4 cm,暗红色或淡紫红色;花被管狭筒形,长 1.6~2.4 cm,绿色,密被柔毛,顶端 5~6 裂,裂片开展,黄色,长 3.5~5 mm。果实长 1~1.5 cm,密生毛。花期冬春间。

锦山公园有栽培。中国南方常见栽培供观赏。南方各地已逸为野生。原产于热带美洲。

84. 山龙眼科 Proteaceae

乔木或灌木,稀为多年生草本。叶互生,稀对生或轮生,全缘或各式分裂。花两性,稀单性,排成总状、穗状或头状花序,腋生或顶生,有时生于茎上;苞片小,通常早落,有时大,也有花后增大变木质,组成球果状,小苞片 1~2 枚或无,微小;花被片 4 枚,花蕾时花被管细长,顶端球形、卵球形或椭圆状。果为蓇葖果、坚果、核果或蒴果。种子 1~2 粒或多粒,有的具翅。

城南森林公园有 1 属, 1 种。

山龙眼属 Helicia Lour.

乔木或灌木。叶互生,稀近对生或近轮生,全缘或边缘具齿。总状花序腋生或生于枝上,稀近顶生。花两性,辐射对称;花梗通常双生,分离或下半部彼此贴生;苞片通常小,卵状披针形至钻形;小苞片微小;花被管花蕾时直立,细长,外卷。坚果不分裂,稀沿腹缝线不规则开裂,果皮常革质或树皮质。种子 1~2 粒,近球形或半球形,种皮膜质。

城南森林公园有 1 种。

小果山龙眼

Helicia cochinchinensis Lour.

乔木或灌木，高 4~20 m，树皮灰褐色或暗褐色；枝和叶均无毛。叶薄革质或纸质，长圆形、倒卵状椭圆形或披针形，长 5~12 cm，宽 2.5~4.5 cm，顶端短渐尖，具尖头或钝，基部楔形；侧脉 6~7 对，两面均明显；叶柄长 0.5~1.5 cm。总状花序腋生；花梗常双生，长 3~4 mm；苞片三角形，长约 1 mm；小苞片披针形。果椭圆状，长 1~1.5cm，直径约 1 cm，果皮干后薄革质，蓝黑色或黑色。花期 6~10 月，果期 11 月至翌年 3 月。

见于葛布村；生于山地林中。分布于中国华南、华东、西南等地。越南北部、日本也有分布。木材坚韧，适宜做小农具；种子可榨油，供制肥皂等。

本种与网脉山龙眼 *Helicia reticulata* W. T. Wang 近似，不同在于后者叶片较大，边缘具疏生锯齿或细齿，果椭圆状，较大，长 1.5~1.8 cm，直径约 1.5 cm。

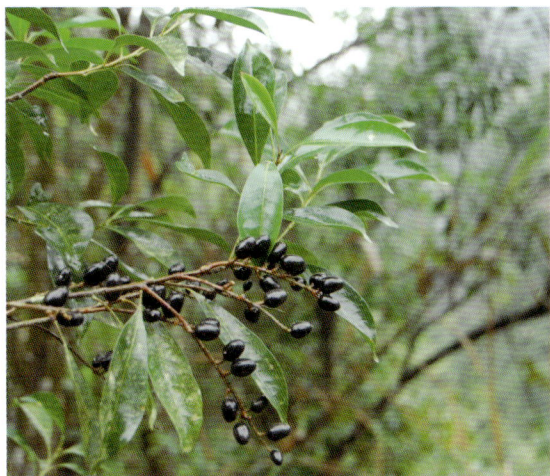

88. 海桐花科 Pittosporaceae

常绿乔木或灌木，偶有刺。叶互生，稀对生，多数革质，全缘，稀有齿或分裂，无托叶。花通常两性，有时杂性，辐射对称，稀为左右对称，花单生或为伞形花序、伞房花序或圆锥花序，有苞片及小苞片；萼片常分离，或略连合；花瓣分离或连合，白色、黄色、蓝色或红色。蒴果沿腹缝裂开，或为浆果。种子通常多数，常有黏质或油质包在外面，种皮薄。

城南森林公园有 1 属，1 种。

海桐花属 Pittosporum Banks ex Gaertn.

常绿乔木或灌木，有时呈侏儒状亚灌木，被毛或秃净。叶互生，常簇生于枝顶呈对生或假轮生状，全缘或有波状浅齿或皱褶，革质有时为膜质。花两性，稀为杂性，单生或排成伞形、伞房或圆锥花序，生于枝顶或枝顶叶腋；萼片 5 个，通常短小而离生；花瓣 5 个，分离或部分合生。蒴果椭圆形或圆球形，有时压扁，2~5 片裂开，果片木质或革质，内侧常有横条。种子有黏质或油状物包着。

城南森林公园有 1 种。

* 海桐

Pittosporum tobira (Thunb.) Ait.

常绿灌木或小乔木，高达 6 m，嫩枝被褐色柔毛，有皮孔。叶聚生于枝顶，二年生，革质，倒卵形或倒卵状披针形，长 4~9 cm，宽 1.5~4 cm，上面深绿色，先端圆形或钝，常微凹入或为微心形。伞形花序或伞房状伞形花序顶生或近顶生，密被黄褐色柔毛。花白色，有芳香，后变黄色；萼片卵形，被柔毛；花瓣倒披针形，离生。蒴果圆球形，有棱或呈三角形，直径约 1.2 mm。种子多数，长约 4 mm，多角形，红色。

城南森林公园正门附近有栽培。分布于长江以南滨海各地，内地多为栽培供观赏。日本及朝鲜也有分布。

103. 葫芦科 Cucurbitaceae

一年生或多年生草质或木质藤本，极稀为灌木；茎通常具纵沟纹，匍匐或借助卷须攀缘。卷须侧生叶柄基部，单一或二至多歧，稀无卷须。叶互生，无托叶，具叶柄；叶片不分裂，或掌状浅裂至深裂，稀为鸟足状复叶，边缘具锯齿或稀全缘，具掌状脉。花雌雄同株或异株，单生、簇生、或集成总状花序、圆锥花序或近伞形花序。果实大型至小型，常为肉质浆果状或果皮木质。种子常多数，稀少数至 1 枚。

城南森林公园有 1 属，1 种。

绞股蓝属 Gynostemma Blume

多年生攀缘草本，无毛或被短柔毛。叶互生，鸟足状，具 3~9 小叶，稀单叶，小叶片卵状披针形。卷须二歧，稀单一。花雌雄异株，组成腋生或顶生圆锥花序；花梗具关节，基部具小苞片。子房球形，花柱 3 枚，稀 2 枚；胚珠每室 2 枚。浆果球形，似豌豆大小，不开裂，或蒴果，顶端 3 裂，顶部具鳞脐状突起或 3 枚冠状物，具 2~3 枚种子。种子阔卵形、压扁、无翅，具乳突状突起或具小凸刺。

城南森林公园有 1 种。

绞股蓝

Gynostemma pentaphyllum (Thunb.) Makino

草质攀缘植物。茎细弱，具分枝，具纵棱及槽，无毛或疏被短柔毛。叶膜质或纸质，鸟足状，通常具 5~7 小叶，有时具 3~9 小叶，叶柄长 3~7 cm；小叶片卵状长圆形或披针形。花雌雄异株；雄花组成圆锥花序，花序轴纤细，多分枝；花冠淡绿色或白色，5 深裂，裂片卵状披针形。果实肉质，球形，直径 5~6 mm，成熟后黑色，光滑无毛，内含倒垂种子 2 粒。种子卵状心形，灰褐色或深褐色，顶端

钝。花期 3~11 月，果期 4~12 月。

见于城南森林公园生态长廊；生于山坡疏林、路旁灌丛中。分布于中国华南、华中、华东、西南及陕西南部地区。印度、尼泊尔、孟加拉国、斯里兰卡、缅甸、老挝、越南、马来西亚、印度尼西亚（爪哇）、新几内亚、朝鲜和日本也有分布。全草入药，有消炎解毒、止咳祛痰的功效。

104. 秋海棠科 Begoniaceae

多年生肉质草本，稀为亚灌木。茎直立或匍匐状，稀攀缘状或仅具根状茎、球茎或块茎。单叶互生，偶为复叶，边缘具齿或分裂，极稀全缘，通常基部偏斜，两侧不相等，具长柄；托叶早落。花单性，雌雄同株，偶异株，通常组成聚伞花序；花被片花瓣状。果为蒴果，有时呈浆果状，通常具不等大 3 翅，稀近等大，稀无翅而带棱。种子极多数。

城南森林公园有 1 属，1 种，1 变种。

秋海棠属 Begonia L.

多年生肉质草本，极稀亚灌木，具根状茎，根状茎球形、块状、圆柱状或伸长呈长圆柱状，直立或横生或匍匐。茎直立、匍匐、稀攀缘状或常短缩而无地上茎。单叶，稀掌状复叶，互生或全部基生；叶片常偏斜，基部两侧不相等，偶有全缘；叶柄常较长；托叶膜质，早落。花单性，多雌雄同株，极稀异株，（1）2~4 至数朵组成聚伞花序。果为蒴果，有时浆果状，常有不等大 3 翅。种子极多数，小。

城南森林公园有 1 种，1 变种。

1. 紫背天葵（观音菜）

Begonia fimbristipula Hance

多年生无茎草本。根状茎球状，直径 7~8 mm。叶均基生，具长柄；叶片两侧略不相等，

轮廓宽卵形，长 6~13 cm，宽 4.8~8.5 cm，先端急尖或渐尖状急尖，基部略偏斜，心形至深心形。花葶高 6~18 cm，无毛；花粉红色，数朵，二至三回二歧聚伞状花序；小苞片膜质，长圆形，长 3~4 mm，宽 1.5~2.5 mm，先端钝或急尖，无毛。蒴果下垂，果梗长约 1.5~2 mm，无毛，倒卵长圆形。种子极多数，小，淡褐色。花期 5 月，果期 6~7 月。

见于龙井村；生于疏林下石上。分布于中国华南、华东、西南等地。全草入药，有解毒、止咳、活血、消肿、补血之功效；有一定营养价值，可作为食用蔬菜。

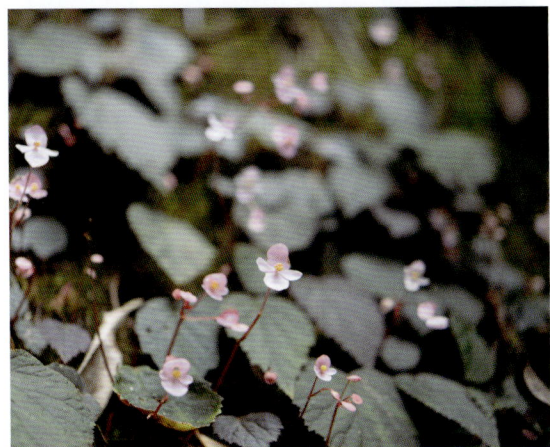

密被褐色茸毛；苞片大，被褐色茸毛。蒴果下垂，具 3 翅。花期夏季，果期 7~10 月。

见于葛布村；生于山谷林下阴湿处。分布于中国长江以南各地。本种和裂叶秋海棠 *Begonia palmata* D. Don 近似，不同在于后者叶片上面被长硬毛。

2. 红孩儿（裂叶秋海棠）

Begonia palmata D. Don var. **bowringiana** (Champ. ex Benth.) J. Golding et C. Kareg.

多年生具茎草本，高达 50 cm。茎和叶柄均密被或被锈褐色交织的绒毛。叶互生，斜卵形或偏圆形，长 5~16 cm，先端渐尖，基部微心形或斜心形，具不规则的 5~7 浅至中裂，上面密被短小的硬毛，偶混有长硬毛；裂片边缘具小锯齿；叶柄长 5~10 cm。聚伞花序腋生或顶生；花淡红色或白色，

106. 番木瓜科 Caricaceae

小乔木，具乳汁，常不分枝。叶具长柄，聚生于茎顶，掌状分裂，稀全缘，无托叶。花单性或两性，同株或异株；雄花无柄，组成下垂圆锥花序；雌花单生或数朵成伞房花序，花较大；花萼 5 裂，裂片细长；花冠细长成管状；子房上位，一室或具

假隔膜而成 5 室。两性花的花冠管极短或长。果为肉质浆果，常较大。种子卵球形至椭圆形。

城南森林公园有 1 属，1 种。

番木瓜属 Carica L.

小乔木或灌木。叶聚生于茎顶端，具长柄，近盾形，各式锐裂至浅裂或掌状深裂，稀全缘。花单性或两性；雄花的花萼细小，5 裂；花冠管细长，裂片长圆形或线形；雌花的花萼与雄花相同；花冠 5，线状长圆形，凋落；子房无柄，1 室。浆果大，肉质。种子多数，卵球形或略压扁，具假种皮。

城南森林公园有 1 种。

* 番木瓜

Carica papaya L.

常绿、软木质小乔木，高 6~8 m，具乳汁。茎不分枝或有时于损伤处分枝，具螺旋状排列的托叶痕。叶大，聚生于茎顶端，近盾形；叶柄中空，长达 60~100 cm。花单性或两性。浆果肉质，成熟时橙黄色或黄色，长圆球形、倒卵状长圆形或梨形，长 10~30 cm 或更长，果肉柔软多汁，味香甜。种子多数，卵球形，成熟时黑色。花果期全年。

龙井村有栽培。分布于中国华南、华东、西南等地。广植于世界热带和较温暖的亚热带地区。果实成熟后可作水果或作蔬菜食用，可加工成果汁、果酱及罐头等；种子可榨油；果和叶均可药用。

108. 茶科 Theaceae

乔木或灌木。叶革质，互生，全缘或有锯齿，具柄，无托叶。花两性，单生或数花簇生，苞片 2 至多片，宿存或脱落，或苞萼不分逐渐过渡；花瓣 5 至多片，基部连生，稀分离，白色，或红色及黄色；

胚珠每室 2 至多数；花柱分离或连合。果为蒴果，或不分裂的核果及浆果状。种子圆形，多角形或扁平，有时具翅。

城南森林公园有 5 属，9 种，1 变种。

1. 杨桐属 Adinandra Jack

常绿乔木或灌木。枝互生，嫩枝、顶芽通常被毛。单叶互生，排成 2 列，革质，有时纸质，常有茸毛，全缘或具锯齿。花两性，单朵腋生，偶有双生，具花梗，下弯，稀直立；小苞片 2 枚，着生于花梗顶端，对生或互生，宿存或早落；萼片 5 枚，覆瓦状排列，花后增大，不等大；花瓣 5 枚，覆瓦状排列，基部稍合生。浆果不开裂。种子多数至少数，常细小。

城南森林公园有 1 种。

杨桐

Adinandra millettii (Hook. et Arn.) Benth. et Hook. f. ex Hance

灌木或小乔木，高 2~10（16）m，胸径 10~20（40）cm，树皮灰褐色，枝圆筒形，小枝褐色，无毛。叶互生，革质，长圆状椭圆形，长 4.5~9 cm，宽 2~3 cm，顶端短渐尖或近钝形，稀可渐尖，基部楔形，边全缘；花瓣 5 枚，白色，卵状长圆形至长圆形，长约 9 mm，宽 4~5 mm，顶端尖，外面全无毛。果圆球形，疏被短柔毛，直径约 1 cm，熟时黑色，宿存花柱长约 8 mm。种子多数，深褐色，有光泽，表面具网纹。花期 5~7 月，果期 8~10 月。

见于城南森林公园纪念碑至山顶、龙井村；生于山坡路旁灌丛中或山地疏林中。分布于中国华南、华东、华中、西南等地。

本种与尖叶川杨桐 Adinandra bockiana Pritz. ex Diels var. *acutifolia* (Hand.-Mazz.) Kobuski 近似，区别在于后者的叶片顶端长渐尖，花瓣阔卵形，外面中间部分密被黄褐色绢毛。

2. 山茶属 Camellia L.

灌木或乔木。叶常为革质，边缘有锯齿，具柄，少数抱茎叶近无柄。花两性，顶生或腋生，单花或2~3朵并生，有短柄；苞片2~6片，或更多；萼片5~6，分离或基部连生，有时更多，苞片与萼片有时逐渐转变，组成苞被，6片，或多至15片，脱落或宿存；花冠白色或红色，有时黄色，基部多少连合；花瓣5~12片。果为蒴果，5~3片自上部裂开，少数从下部裂开。种子圆球形或半圆形。

城南森林公园有2种，1变种。

1. 糙果茶

Camellia furfuracea (Merr.) Cohen-Stuart

灌木至小乔木，高2~6 m，嫩枝无毛。叶革质，长圆形至披针形，长8~15 cm，宽2.5~4 cm，上面干后绿色，发亮，下面褐色，先端渐尖，基部楔形或钝。花1~2朵顶生及腋生，无柄，白色；苞片及萼片7~8片，向下2片苞片状，细小，阔卵形；花瓣7~8片，最外2~3片过渡为萼片，中部革质，有毛，边缘薄，花瓣状。蒴果球形，直径2.5~4 cm，3室，每室有种子2~4粒。花期11~12月，果期9~10月。

见于葛布村；生于林中。分布于中国华南、华中、华东等地。越南北部有分布。

本种与红皮糙果茶 Camellia crapnelliana Tutch. 很接近，不同在于后者叶为椭圆形，花较大，宽8~10 cm，果实较大，直径6~10 cm。

2. *油茶（白花油茶）

Camellia oleifera Abel.

灌木或小乔木。嫩枝有粗毛。叶革质，椭圆形、长圆形或倒卵形，先端尖而有钝头，有时渐尖或钝，基部楔形，长5~7 cm，宽2~4 cm，有时较长，上面深绿色，发亮，下面浅绿色，边缘有细锯齿，有时具钝齿，叶柄有粗毛。花顶生，近于无柄；花瓣白色，5~7枚。蒴果球形或卵圆形，直径2~4 cm，3室或1室，每室有种子1粒或2粒。花期冬春间。

城南森林公园纪念碑至山腰有栽培。分布于中国长江以南各地，常为栽培。老挝、缅甸和越南也有分布。本种是重要的木本油料作物。也可供观赏。

3. 普洱茶（野茶树）

Camellia sinensis (L.) O. Kuntze var. **assamica** (Mast.) Kitam.

灌木或小乔木，嫩枝无毛。叶革质，长圆形或椭圆形，长4~12 cm，宽2~5 cm，先端钝或尖锐，基部楔形，侧脉5~7对，边缘有锯齿，叶柄长3~8 mm，无毛。花1~3朵腋生，白色，花柄长4~6 mm，有时稍长；萼片5片，阔卵形至圆形，长3~4 mm，无毛，宿存；花瓣5~6片，阔卵形，长1~1.6 cm，基部略连合。蒴果扁三角球形，3 片裂开，每室有种子 1~2 粒。花期 10 月至翌年 2 月。

见于水南村；生于林下。分布于中国华南、西南地区。老挝、缅甸、泰国和越南也有分布。叶片可泡茶使用，具有较高的经济价值。国家二级保护野生植物。

3. 柃属 Eurya Thunb.

常绿灌木或小乔木。冬芽裸露；嫩枝圆柱形或具 2~4 棱，被披散柔毛、微毛或无毛。叶革质至膜质，互生，排成二列，边缘具齿，稀全缘。花较小，1 至数朵簇生于叶腋或生于无叶小枝的叶痕腋，具短梗，雌雄异株；雄花：小苞片 2 枚，紧接于萼片之下，互生；萼片 5 枚，覆瓦状排列，常不等大；雌花：萼片和花瓣 5 枚。浆果圆球形至卵形。种子每室 2~60 粒，种皮黑褐色。

城南森林公园有 4 种。

1. 米碎花

Eurya chinensis R. Br.

灌木，高 1~3 m，多分枝。嫩枝具 2 棱，黄绿色或黄褐色，被短柔毛，小枝稍具 2 棱，几乎无毛。

顶芽披针形，密被黄褐色短柔毛。叶薄革质，倒卵形或倒卵状椭圆形，长 2~5.5 cm，宽 1~2 cm，顶端钝而有微凹或略尖，基部楔形。花 1~4 朵簇生于叶腋，花梗长约 2 mm，无毛；花瓣 5 枚，白色，倒卵形，长 3~3.5 mm。果实圆球形，成熟时紫黑色，直径 3~4 mm。种子肾形，稍扁，黑褐色。花期 11~12 月，果期翌年 6~7 月。

见于东门岭；生于丘陵山坡灌丛、路边。分布于中国华南、华中、华东、西南地区。中南半岛也有分布。在园林绿化中可作绿篱栽培。

2. 岗柃

Eurya groffii Merr.

灌木或小乔木，高 2~7 m 或更高。树皮灰褐色或褐黑色，平滑。嫩枝圆柱形，密被黄褐色披散柔毛，小枝红褐色或灰褐色，被短柔毛或几无毛；顶芽披针形，密被黄褐色柔毛。叶革质或薄革质，披针形或披针状长圆形，长 4.5~10 cm，宽 1.5~2.2 cm，顶端渐尖或长渐尖，基部钝或近楔形，边缘密生细锯齿，上面暗绿色，稍有光泽，无毛，下面黄绿色，密被贴伏短柔毛；叶柄极短，密被柔毛。花 1~9 朵簇生于叶腋，花梗长 1~1.5 mm，密被短柔毛；雄花花瓣 5，白色。果实圆球形，直径约 4 mm，成熟时黑色。花期 9~11 月，果期翌年 4~6 月。

见于城南森林公园正门附近、东门岭，较常见；生于山坡林下或沟谷林中。分布于中国华南地区及福建、四川、重庆、贵州、云南等地。

3. 细枝柃

Eurya loquaiana Dunn

灌木或小乔木，高 2~10 m。枝纤细，嫩枝圆柱形，黄绿色或淡褐色，密被微毛，小枝褐色或灰褐色，无毛或几乎无毛；顶芽密被微毛，基部和芽鳞背部的中脉上还被短柔毛。叶薄革质，窄椭圆形、长圆状窄椭圆形或卵状披针形，长 4~

9 cm，宽 1.5~2.5 cm，顶端长渐尖，基部楔形或阔楔形，下面干后常变为红褐色；花瓣 5 枚，白色，倒卵形。果实圆球形，成熟时黑色，直径 3~4 mm。种子肾形，稍扁，暗褐色。花期 10~12 月，果期翌年 7~9 月。

见于东门岭；生于山坡林中或林缘。分布于中国华南、华东、华中地区。

本种与微毛柃 *Eurya hebeclados* Ling 近似，这两种的叶片形状变化都很大，不同在于后者的叶片干后仍为淡绿色或黄绿色，从不变为红褐色，顶芽则仅被微毛。

4. 细齿叶柃（亮叶柃）
Eurya nitida Korthals

灌木或小乔木，高 2~5 m，全株无毛。嫩枝稍纤细，具 2 棱，黄绿色；顶芽线状披针形，长达 1 cm，无毛。叶薄革质，椭圆形、长圆状椭圆形或倒卵状长圆形，长 4~6 cm，宽 1.5~2.5 cm，顶端渐尖或短渐尖，尖头钝，基部楔形。花 1~4 朵簇生于叶腋。果实圆球形，直径 3~4 mm，成熟时蓝黑色。种子肾形或圆肾形，亮褐色。花期 11 月至翌年 1 月，果期翌年 7~9 月。

见于城南森林公园纪念碑至山顶、东门岭；生于山地林中、林缘以及山坡路旁灌丛中。分布于中国华南、华东、华中、西南等地。越南、缅甸、斯

里兰卡、印度、菲律宾及印度尼西亚等地也有分布。本种是优良的蜜源植物；枝、叶及果实可作染料。

本种和米碎花 *Eurya chinensis* R. Br. 近似，但本种嫩枝和顶芽无毛，叶片较大，椭圆形或长圆状椭圆形，顶端渐尖或短渐尖。

4. 核果茶属 Pyrenaria Blume

常绿乔木。叶革质，互生，边缘有锯齿，具柄。花两性，白色或淡黄色，单生于枝顶叶腋内，有短柄，苞片 2 枚，与萼片同形，萼片 5~10 片，革质，通常被毛，半宿存；花瓣 5 枚，外面常被毛。蒴果木质，3~6 爿从基部向上开裂，中轴宿存。种子每室 2~5 个，沿中轴胎座垂直排列。

城南森林公园有 1 种。

大果核果茶（石笔木）
Pyrenaria spectabilis (Champ.) C. Y. Wu et S. X. Yang [*Tutcheria championii* Nakai]

常绿乔木，高达 10 m 或更高。幼枝稍被微毛。叶革质，椭圆形或长圆形，长 12~16 cm，先端骤渐尖，基部楔形，下面无毛，侧脉 10~14 对，具细齿。花白色，单生枝顶叶腋，径 5~7 cm；花梗长 6~8 mm；苞片 2 枚，卵形，长 0.8~1.2 cm；萼片圆形，厚革质，长 1.5~2.5 cm，被灰毛；花瓣 5 枚，倒卵圆形，长 2.5~3.5 cm，先端凹缺，被绢毛。蒴果球形或椭圆形，径 5~7 cm，由基部向上 5 爿裂。种子肾形。花期 4~6 月，果期 9~11 月。

见于锦城公园；生于疏林下。分布于中国广东、香港和福建。树冠形态优美，花美果大，适合园林观赏。

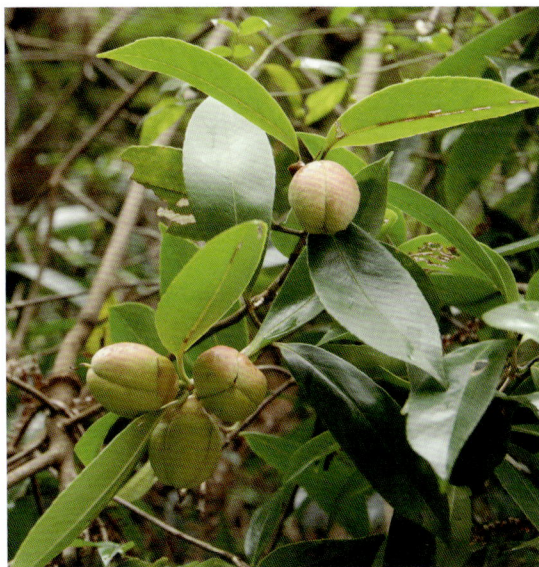

5. 木荷属 Schima Reinw. ex Blume

乔木，树皮有不整齐的块状裂纹。叶常绿，全缘或有锯齿，有柄。花大，两性，单生于枝顶叶腋，白色，有长柄；苞片 2~7 枚，早落；萼片 5 枚，革质，覆瓦状排列，离生或基部连生，宿存；花瓣 5 枚，最外 1 片风帽状，其余 4 片卵圆形，离生。蒴果球形，木质，室背裂开。种子扁平，肾形，周围有薄翅。

城南森林公园有 1 种。

木荷

Schima superba Gardn. et Champ.

高大乔木，嫩枝通常无毛。叶革质或薄革质，椭圆形，长 7~12 cm，宽 4~6.5 cm，先端尖锐，有时略钝，基部楔形。花生于枝顶叶腋，常多朵排成总状花序，直径约 3 cm，白色；苞片 2 枚，贴近萼片，早落；萼片半圆形，长 2~3 mm，外面无毛，内面有绢毛；花瓣长 1~1.5 cm，最外 1 片风帽状。蒴果直径 1.5~2 cm。花期 6~8 月，果期 10~12 月。

见于城南森林公园纪念碑至山顶、东门岭、葛布村，常见；生于山坡林中。分布于中国华南、华东、西南地区及台湾。本种是亚热带常绿林的建群种，在荒山灌丛、山坡是耐火的先锋树种，也可作材用或观赏。

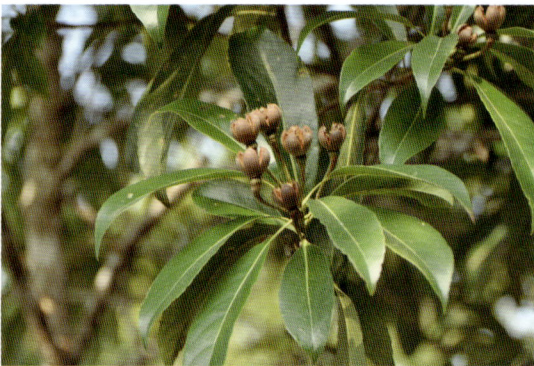

108A. 五列木科 Pentaphylacaceae

常绿乔木或灌木。单叶，螺旋状排列。花小，两性，辐射对称，排列成腋生假穗状或总状花序；萼片 5 枚，不等长，圆形，覆瓦状排列，具睫毛，宿存；花瓣 5 枚，白色，倒卵状长圆形，基部常与雄蕊合生。蒴果椭圆形，上半部室背开裂或向下裂至基部，中部具隔膜，外果皮具皱纹。种子长圆形，压扁，顶端具翅或有时无。

城南森林公园有 1 属，1 种。

五列木属 Pentaphylax Gardn. et Champ.

属的形态特征同科。
城南森林公园有 1 种。

五列木

Pentaphylax euryoides Gardn. et Champ.

常绿乔木或灌木，高 4~12 m。小枝圆柱形，灰褐色，无毛。单叶互生，革质，卵状长圆形或长圆状披针形，长 5~9 cm，宽 2~5 cm，先端尾状渐尖，基部圆形或阔楔形，全缘略反卷，无毛；叶柄长 1~1.5 cm，上面具槽。总状花序腋生或顶生，长 4.5~7 cm；花白色，花梗长约 0.5 mm；花瓣长圆状披针形或倒披针形。蒴果椭圆状，长 6~9 mm，褐黑色。种子线状长圆形，先端极压扁或呈翅状。

见于东门岭；生于疏林中。分布于中国华南、西南地区。越南、马来半岛及印度尼西亚也有分布。叶嫩时红色，可供观赏；木材坚硬，可供材用。

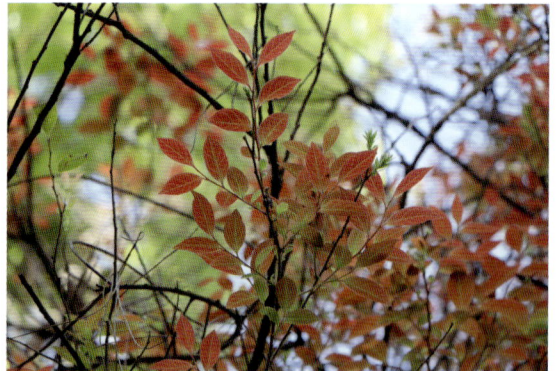

112. 猕猴桃科 Actinidiaceae

乔木、灌木或藤本，常绿、落叶或半落叶。叶为单叶，互生，无托叶。单花或排成聚伞式或总状式花序，腋生。花两性或雌雄异株，辐射对称；

萼片 5 片，稀 2~3 片，覆瓦状排列，稀镊合状排列；花瓣 5 片或更多，覆瓦状排列，分离或基部合生；心皮无数或少至 3 枚，子房多室或 3 室。果为浆果或蒴果。种子每室无数至 1 粒，具肉质假种皮，胚乳丰富。

城南森林公园有 1 属，1 变种。

猕猴桃属 Actinidia Lindl.

落叶、半落叶至常绿藤本，无毛或被毛。枝条通常有皮孔；冬芽隐藏于叶座之内或裸露于外。叶为单叶，互生，膜质、纸质或革质。花白色、红色、黄色或绿色，雌雄异株，单生或排成聚伞花序。果为浆果，球形，卵形至柱状长圆形。种子多数，细小，扁卵形，褐色；胚乳肉质，丰富。

城南森林公园有 1 变种。

京梨猕猴桃

Actinidia callosa Lindl. var. **henryi** Maxim.

大型落叶藤本。小枝较坚硬，干后土黄色，洁净无毛，有皮孔。叶卵形或卵状椭圆形至倒卵形，长 8~10 cm，宽 4~5.5 cm，边缘锯齿细小，背面脉腋上有髯毛，顶端急尖至长渐尖或圆钝，基部阔楔形至圆形或心形；叶柄水红色，长 2~8 cm。花序有花 1~3 朵，通常 1 花单生；花白色，直径约 15 mm；萼片 5 片，卵形；花瓣 5 片，倒卵形。果墨绿色，乳头状至矩圆圆柱状，长可达 5 cm。

见于葛布村；生于密林中，攀于树干上。分布于中国长江以南各地。果实熟后可食用。

118. 桃金娘科 Myrtaceae

乔木或灌木。单叶对生或互生，具羽状脉或基出脉，全缘，常有油腺点，无托叶。花两性，有时杂性，单生或排成各式花序；萼管与子房合生，萼片 4~5 枚或更多；花瓣 4~5 枚；雄蕊多数，花药 2 室。果为蒴果、浆果、核果或坚果，有时具分

核。种子 1 至多粒。

城南森林公园有 5 属，9 种。

1. 桉属 Eucalyptus L'Herit.

乔木或灌木。叶片多为革质，幼态叶多为对生，3 至多对，成熟叶片常为革质，互生，全缘，具柄，阔卵形或狭披针形，常为镰状，侧脉多数，有透明腺点，具边脉。花数朵排成伞形花序，腋生或多枝集成顶生或腋生圆锥花序，白色，少数为红色或黄色；萼管钟形、倒圆锥形或半球形；花瓣与萼片合生。蒴果全部或下半部藏于扩大的萼管里；种皮坚硬，有时扩大成翅。

城南森林公园有 2 种。

1* 大叶桉

Eucalyptus robusta Sm.

大乔木，高达 20 m；树皮宿存，深褐色。幼态叶对生，叶片厚革质，卵形，长约 11 cm，宽达 7 cm，有柄；成熟叶卵状披针形，厚革质，不等侧，长 8~17 cm，侧脉多而明显；叶柄长 1.5~2.5 cm。伞形花序粗大，有花 4~8 朵；花梗短、长不过 4 mm；萼管半球形或倒圆锥形。蒴果卵状壶形，长 1~1.5 cm，上半部略收缩，果瓣 3~4 枚，深藏于萼管内。花期 4~9 月。

锦山公园、锦城公园有栽培。中国华南地区及四川、云南有栽培。原产澳大利亚。叶供药用，有祛风镇痛功效；木材纹理扭曲，不易加工，耐腐性较高。

2.* 细叶桉（小叶桉）

Eucalyptus tereticornis Sm.

大乔木，高达 20 m 或更高。树皮平滑，灰白色，长片状脱落，干基有宿存的树皮。嫩枝圆形，纤细，下垂。幼态叶卵形至阔披针形，宽达 10 cm；成熟

叶狭披针形，长 10~25 cm，宽 1.5~2 cm，稍弯曲，两面有细腺点；叶柄长 1.5~2.5 cm。伞形花序腋生，有花 5~8 朵，总梗圆形，粗壮；花蕾长卵形。蒴果近球形，宽 6~8 mm，果瓣 4 枚。

东门岭有栽培。中国广东、广西、福建、贵州、云南等地有栽培。原产澳大利亚东部。木材供建筑、车辆、船舶、枕木等用。

与赤桉 *Eucalyptus camaldulensis* Dehnh. 相近，但本种树干基部宿存树皮较少，花蕾较长和大，蒴果较大。

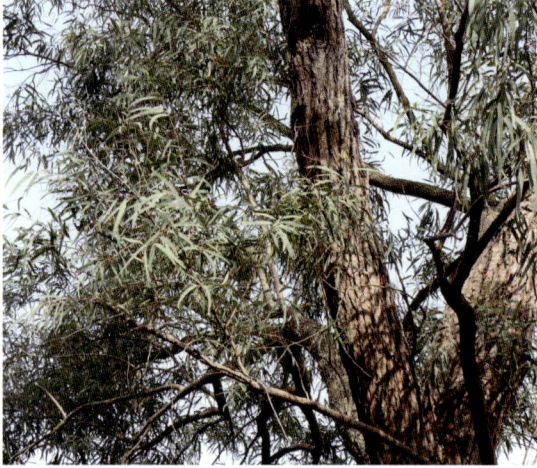

2. 番樱桃属 Eugenia L.

常绿乔木或灌木。叶对生，具羽状脉。花单生或数朵簇生于叶腋；萼管短，萼齿 4 枚；花瓣 4 枚；雄蕊多数；子房 2~3 室，每室有多数横列胚珠。果为浆果，顶部有宿存萼片，果皮薄，易碎；种皮平滑而亮，有时骨质。

城南森林公园有 1 种。

* 红果仔

Eugenia uniflora L.

灌木或小乔木，高可达 5 m，全株无毛。叶片纸质，卵形至卵状披针形，长 3.2~4.2 cm，宽 2.3~3 cm，先端渐尖或短尖，基部圆形或微心形，两面无毛，有透明腺点，侧脉每边约 5 条，稍明显；叶柄极短。花白色，稍芳香，单生或数朵聚生于叶腋，短于叶；萼片 4 枚。浆果球形，直径 1~2 cm，有 8 条棱，熟时深红色，有种子 1~2 粒。花期春季，果期夏季。

锦城公园有栽培。中国华南、华东地区有栽培。原产于巴西。果肉多汁，稍带酸味，可食；结实时红果累累，可供观赏。

3. 番石榴属 Psidium L.

乔木。树皮平滑，灰色。叶对生，具羽状脉，全缘，有柄。花较大，通常 1~3 朵腋生；苞片 2 枚；萼管钟形或壶形，在花蕾时萼片连接而闭合，开花时萼片不规则 4~5 裂，花瓣 4~5 枚，白色；雄蕊多数，离生，排成多列；子房下位，与萼管合生。浆果多肉，球形或梨形，顶端有宿存萼片，胎座发达，肉质。种子多数，种皮坚硬。

城南森林公园有 1 种。

* 番石榴

Psidium guajava L.

乔木，高达 13 m。树皮平滑，灰色，片状剥落。嫩枝有棱，被毛。叶片革质，长圆形至椭圆形，长 6~12 cm，宽 3.5~6 cm，先端急尖或钝，基部近于圆形，侧脉 12~15 对，常下陷；叶柄长约 5 mm。花单生或 2~3 朵排成聚伞花序；萼管钟形，长约 5 mm，有毛；花瓣长 1~1.4 cm，白色。浆果球形、卵圆形或梨形，长 3~8 cm，顶端有宿存萼片，果肉白色及黄色，肉质，淡红色。种子多数。

锦城公园有栽培。中国华南、华东地区有栽培。原产于热带美洲。果供食用；叶含挥发油及鞣质等，供药用；叶经煮沸去掉鞣质，晒干作茶叶用。

4. 桃金娘属 Rhodomyrtus (DC.) Reich.

灌木或乔木。叶对生，离基三出脉。花较大，1~3 朵腋生；萼管卵形或近球形，萼裂片 4~5 片，革质，宿存；花瓣 4~5 片，比萼片大；子房下位，与萼管合生，1~3 室。浆果卵状壶形或球形，有多数种子。种子压扁，肾形或近球形。

城南森林公园有 1 种。

桃金娘

Rhodomyrtus tomentosa (Ait.) Hassk.

灌木，高 1~2 m。嫩枝有灰白色柔毛。叶对生，革质，叶片椭圆形或倒卵形，长 3~8 cm，宽 1~4 cm，先端圆或钝，常微凹入，有时稍尖，基部阔楔形，下面有灰色茸毛，具离基三出脉，网脉明显；叶柄长 4~7 mm。花有长梗，常单生，紫红色，直径 2~4 cm；萼管倒卵形，长约 6 mm，有灰茸毛，萼裂片 5 枚，近圆形；花瓣 5 枚，倒卵形，长 1.3~2 cm。浆果卵状壶形，长 1.5~2 cm，熟时紫黑色。花期 4~5 月，果期 6~10 月。

见于东门岭、水南村，常见；生于丘陵坡地。分布于中国华南、东南和西南各地。中南半岛及菲律宾、日本、印度、斯里兰卡、马来西亚、印度尼西亚等地也有分布。植株可供观赏；果熟后可食用；根可药用。

5. 蒲桃属 Syzygium Gaertn.

常绿乔木或灌木。嫩枝通常无毛。叶对生，少数轮生，羽状脉常较密，有透明腺点，有叶柄，少数近于无柄。花 3 朵至多数，顶生或腋生，常排成聚伞花序式再组成圆锥花序；苞片细小，花后脱落；萼管倒圆锥形，有时棒状，萼片 4~5 枚，稀更多，通常钝而短，脱落或宿存；花瓣 4~5 枚，稀更多，分离或连合成帽状，早落。果为浆果或核果状。种子通常 1~2 粒。

城南森林公园有 4 种。

1. 赤楠

Syzygium buxifolium Hook. et Arn.

灌木或小乔木。嫩枝有棱，干后黑褐色。叶片革质，阔椭圆形至椭圆形，长 1.5~3 cm，宽 1~2 cm，先端圆或钝，基部阔楔形或钝，有腺点，侧脉多而密；叶柄长约 2 mm。聚伞花序顶生，有花数朵；花梗长 1~2 mm；萼管倒圆锥形；花瓣 4 枚。果实球形，直径 5~7 mm。花期 6~8 月。

见于城南森林公园纪念碑至山顶；生于山坡疏林或灌丛。分布于中国长江以南大部分地区。越南、日本也有分布。根可入药，能健脾利湿、平喘、散淤。果可食用或酿酒。

本种与假赤楠 Syzygium buxifolioideum Chang et Miau 近似，不同在于后者嫩枝圆形，叶片先端渐尖，花序腋生。

2. 子凌蒲桃（灶地乌骨木）

Syzygium championii (Benth.) Merr. et L. M. Perry

灌木至乔木。嫩枝有 4 棱，干后灰白色。叶片革质，狭长圆形至椭圆形，长 3~6 cm，宽 1~2 cm，先端急尖，基部阔楔形；叶柄长 2~3 mm。聚伞花序顶生，有时腋生，有花 6~10 朵，长约 2 cm；花

蕾棒状；花梗极短；萼管棒状，长 8~10 mm，萼齿 4，浅波形；花瓣合生成帽状。果实长椭圆形，长约 1.2 cm，红色，干后有浅直沟。种子 1~2 粒。花期 8~11 月。

见于水南村；生于近山顶的林中。分布于中国华南地区及沿海岛屿。越南也有分布。

3. * 乌墨（海南蒲桃）

Syzygium cumini (L.) Skeels

乔木，高达 15 m。嫩枝圆形，干后灰白色。叶片革质，阔椭圆形至狭椭圆形，长 6~12 cm，宽 3.5~7 cm，先端圆或钝，有一短尖头，基部阔楔形，侧脉多而密；叶柄长 1~2 cm。圆锥花序腋生或生于花枝上；花白色，3~5 朵簇生；萼管倒圆锥形，长约 4 mm；花瓣 4 枚，卵形略圆。果实卵圆形或壶形，长 1~2 cm，上部有宿存萼筒。种子 1 粒。花期 2~3 月。

城南森林公园正门附近有栽培。分布于中国华南、华东地区。中南半岛及马来西亚、印度、印度尼西亚、澳大利亚等地也有分布。木材结构细致、耐腐且不受虫蛀，不易翘裂，可用作造船、建筑、桥梁、枕木等良材；也可作为园林绿化树种。

4. 红鳞蒲桃

Syzygium hancei Merr. et Perry

乔木，高达 20 m。嫩枝圆形，干后变黑褐色。叶片革质，狭椭圆形至长圆形或为倒卵形，长 3~7 cm，宽 1.5~4 cm，先端钝或略尖，基部阔楔形或较狭窄；叶柄长 3~6 mm。圆锥花序腋生，长 1~1.5 cm，多花，无花梗；花蕾倒卵形，萼管倒圆锥形，萼齿不明显；花瓣 4 枚，分离，圆形。果实球形，直径 5~6 mm。花期 7~9 月。

见于葛布村；见于山坡疏林中。分布于中国华南及福建等地。

120. 野牡丹科 Melastomataceae

草本、灌木或小乔木，直立或攀缘，枝条对生。单叶对生或轮生，叶片全缘或具锯齿，具叶柄或无，无托叶。花两性，辐射对称；花萼漏斗形、钟形或杯形，常四棱；花瓣通常具鲜艳的颜色，着生于萼管喉部，与萼片互生。果为蒴果或浆果，通常顶孔开裂，与宿存萼贴生。种子极小，近马蹄形或楔形，稀倒卵形。

城南森林公园有 1 属，2 种。

野牡丹属 Melastoma L.

灌木，茎四棱形或近圆形，通常被毛或鳞片状糙伏毛。叶对生，被毛，全缘，具 5~7 条基出脉，稀为 9 条。花单生或组成圆锥花序，顶生或生于分枝顶端；花瓣淡红色至红色，或紫红色，通常为倒卵形，常偏斜。蒴果卵形，顶孔先开裂或宿存萼中部横裂；宿存萼坛状球形，顶端平截，密被毛或鳞片状糙伏毛。种子小，常密布小突起。

城南森林公园有 2 种。

1. 多花野牡丹

Melastoma affine D. Don

灌木，高约 1 m。分枝多，密被紧贴的鳞片状糙伏毛，毛扁平，边缘流苏状。叶片坚纸质，披针形、卵状披针形或近椭圆形，顶端渐尖，基部圆形或近楔形。伞房花序生于分枝顶端，近头状，有花 10 朵以上；萼裂片宽披针形；花瓣粉红色至红色，稀紫红色，倒卵形，长约 2 cm，顶端圆形，仅上部具缘毛。蒴果坛状球形，顶端平截，与宿存萼贴生。花期 2~5 月，果期 8~12 月。

见于城南森林公园纪念碑至山腰、东门岭，较常见；生于山坡、山谷疏林下、路旁。分布于中国华南。中南半岛至澳大利亚、菲律宾以南等地也有分布。果可食；全株供药用。

本种与展毛野牡丹 *Melastoma normale* D. Don 近似，但本种茎上被紧贴的鳞片状糙伏毛，萼片宽披针形。

123. 金丝桃科 Hypericaceae

一年生或多年生草本、亚灌木或灌木。叶对生，单叶，无托叶，具叶柄或近无柄。花序顶生或腋生，聚伞状、聚伞圆锥花序或花单生；花瓣宿存或脱落，离生；花药 2 室；子房上位。果蒴果或浆果状，从先端室间开裂。种子有时具龙骨状突起。

城南森林公园有 1 属，1 种。

金丝桃属 Hypericum L.

灌木或多年生至一年生草本，无毛或被柔毛。叶对生，全缘。花序为聚伞花序，1 至多花，顶生或有时腋生，常呈伞房状。花两性；子房 3~5 室，具中轴胎座，或为 1 室，具侧膜胎座，每胎座具多数胚珠。果为一室间开裂的蒴果，果爿常有含树脂的条纹或囊状腺体。种子小。

城南森林公园有 1 种。

2. 地菍

Melastoma dodecandrum Lour.

小灌木，长 10~30 cm。茎匍匐上升，逐节生根，分枝多，披散。叶片坚纸质，卵形或椭圆形，全缘或具密浅细锯齿。聚伞花序顶生，有花 1~3 朵，基部有叶状总苞；花瓣淡紫红色至紫红色，菱状倒卵形。蒴果坛状球形，平截，近顶端略缢缩，肉质，不开裂，长 7~9 mm；宿存萼被疏糙伏毛。花期 5~7 月，果期 7~9 月。

见于东门岭，较常见；生于山坡矮草丛中。分布于中国华南地区及湖南、贵州。越南也有分布。为酸性土壤常见的植物；果可食，亦可酿酒；全株供药用，有舒筋活血、补血安胎等作用；根可解木薯中毒。

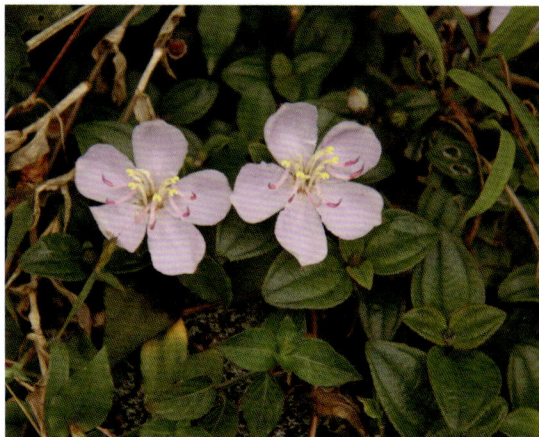

地耳草（田基黄）

Hypericum japonicum Thunb. ex Murray

一年生或多年生草本，高 10~40 cm。茎单一或多少簇生，直立或外倾或匍地而在基部生根；叶无柄，叶片通常卵形，或卵状三角形至长圆形，先端近锐尖至圆形，基部心形抱茎至截形，边缘全缘，坚纸质；花序具 1~30 花，两歧状或多少呈单歧状；花瓣白色、淡黄至橙黄色，椭圆形或长圆形。蒴果短圆柱形至圆球形。种子淡黄色，圆柱形。花期 3~8 月，果期 6~10 月。

见于城南森林公园生态步道；生于沟边。分布于中国华南、西南地区。东南亚、东亚及澳大利亚、新西兰以及美国的夏威夷也有分布。全草入药，能清热解毒、止血消肿。

128A. 杜英科 Elaeocarpaceae

常绿或半落叶木本。叶为单叶，互生或对生，具柄，托叶存在或缺。花单生或排成总状或圆锥花序；苞片有或无；萼片 4~5 片，分离或连合，通常镊合状排列；花瓣 4~5 片，镊合状或覆瓦状排列；子房上位，2 至多室。果为核果或蒴果，有时果皮外侧有针刺。种子椭圆形。

城南森林公园有 1 属，3 种。

杜英属 Elaeocarpus L.

乔木。叶通常互生，边缘有锯齿或全缘；托叶线形，稀为叶状，或有时不存在。总状花序腋生或生于无叶的去年枝条上；萼片 4~6 片，分离，镊合状排列；花瓣 4~6 片，白色，分离，顶端常撕裂，稀为全缘或浅齿裂；子房 2~5 室。果为核果，1~5 室，内果皮硬骨质，表面常有沟纹。种子每室 1 粒。

城南森林公园有 3 种。

1. 中华杜英

Elaeocarpus chinensis (Gardn. et Champ.) Hook. f. ex Benth.

常绿小乔木，高 3~7 m。嫩枝有柔毛，老枝秃净，干后黑褐色。叶薄革质，卵状披针形或披针形，长 5~8 cm，宽 2~3 cm，先端渐尖，下面有细小黑腺点，侧脉 4~6 对。总状花序生于无叶的去年枝条上，长 3~4 cm，花序轴有微毛；花柄长约 3 mm；花两性或单性。核果椭圆形，长不到 1 cm。花期 5~6 月，果期 8~11 月。

见于城南森林公园纪念碑、正门至生态步道；生于林中。分布于中国华南、西南地区。老挝及越南北部也有分布。木材可培植香菇、白木耳；为优良的行道树、防护造林、园林绿化树种。

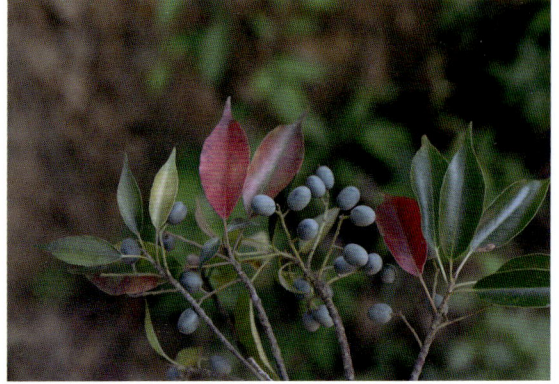

2. 显脉杜英（拟杜英）

Elaeocarpus dubius A. DC.

常绿乔木。嫩枝纤细，初时有银灰色短柔毛，以后变秃净。叶聚生于枝顶，薄革质，长圆形或披针形，长 5~7 cm，宽 2~2.5 cm，偶有长达 10 cm，先端急短尖或渐尖，尖头钝，基部阔楔形或钝，稍不等侧，边缘有钝齿；侧脉 8~10 对；叶柄纤细，长 1~2 cm。总状花序生于枝顶的叶腋内，长 3~5 cm，被灰白色短柔毛；花瓣 5 片，与萼片等长，长圆形，内外两面均有灰白色毛，先端 1/3 撕裂，裂片 9~11 条。核果椭圆形，长 1~1.3 cm，无毛。花期 3~4 月，果期 9~11 月。

见于东门岭；生于山坡林中。分布于中国华南地区及云南。越南也有分布。

本种的叶片和果实与中华杜英 *Elaeocarpus chinensis* Hook. f. 近似，区别在于本种的侧脉多达 10 对，花枝被灰白色毛，花瓣上部撕裂。

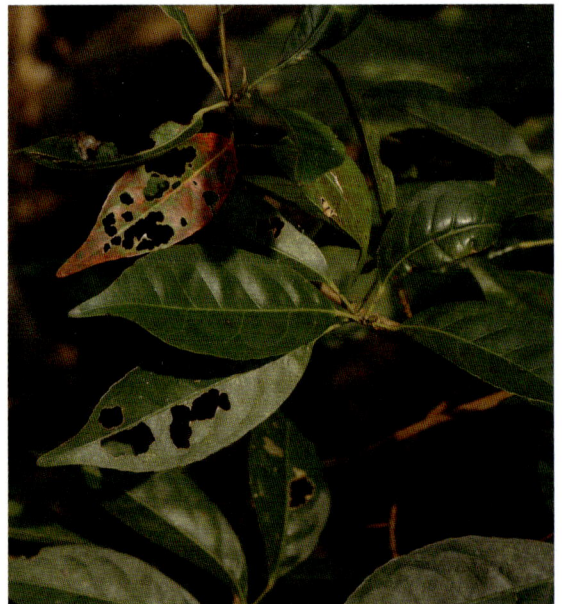

3. 山杜英

Elaeocarpus sylvestris (Lour.) Poir.

小乔木，高约 10 m。小枝纤细，通常秃净无毛。叶纸质，倒卵形或倒披针形，长 4~8 cm，宽 2~4 cm，基部窄楔形，侧脉 5~6 对；叶柄长 1~1.5 cm。总状花序生于枝顶叶腋内，长 4~6 cm；花柄长 3~4 mm，纤细；萼片 5 片，披针形，长约 4 mm；花瓣倒卵形，裂片 10~12 条。核果细小，椭圆形，长 1~1.2 cm。花期 4~5 月，果期 8~11 月。

见于城南森林公园纪念碑至山腰；生于林中。分布于中国华南、华东、华中地区。越南、老挝、泰国也有分布。本种生长快，病虫害少，适应性强，可作为速生常绿阔叶用材树种。

本种与秃瓣杜英 *Elaeocarpus glabripetalus* Merr. 近似，但后者枝有棱，叶柄极短，花瓣先端 15 裂。

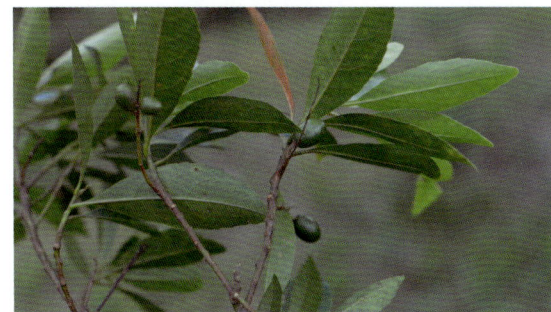

130. 梧桐科 Sterculiaceae

常为乔木或灌木，幼嫩部分常有星状毛，树皮常有黏液和纤维。叶互生，单叶，稀为掌状复叶，全缘、具齿或深裂，通常有托叶。花序腋生，稀顶生，排成圆锥花序、聚伞花序、总状花序或伞房花序，稀为单生花；萼片 5 枚，稀为 3~4 枚，或多或少合生；花瓣 5 片或无花瓣。果通常为蒴果或蓇葖果，开裂或不开裂，极少为浆果或核果。

城南森林公园有 3 属，3 种。

1. 梧桐属 Firmiana Marsili

乔木或灌木。叶为单叶，掌状 3~5 裂或全缘。花通常排成圆锥花序，稀为总状花序，腋生或顶生，单性或杂性；萼 5 深裂几乎至基部，稀 4 裂；花瓣无；雄花的花药 10~15 个；雌花的子房 5 室，基部围绕着不育的花药。果为蓇葖果，具柄，果皮膜质，在成熟前甚早就开裂成叶状。种子圆球形。

城南森林公园有 1 种。

* 丹霞梧桐

Firmiana danxiaensis H. H. Hsue et H. S. Kiu

乔木，高 3~8 m。树皮黑褐色；幼枝青绿色，无毛。叶近圆形，薄革质，长 8~10 cm，先端圆并有短尾状，基部心形，全缘，稀顶端 3 浅裂，两面无毛，基生脉 7；叶柄长 4.5~8.5 cm。圆锥花序顶生，长达 20 cm，具多花，密被黄色星状柔毛；花紫色；花萼 5 深裂，萼片近分离，线形。蓇葖果成熟前开裂，卵状披针形，有 2~3 粒种子。种子球形，淡黄褐色。花期 5~6 月。

城南森林公园揽月台附近有栽培。分布于中国广东。花朵美丽，具有较高的观赏价值。

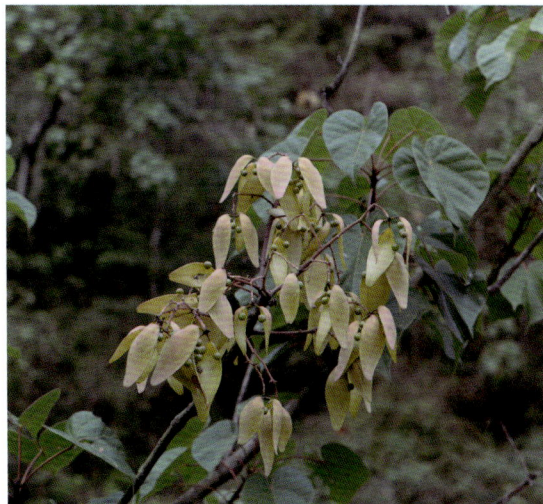

2. 山芝麻属 Helicteres L.

乔木或灌木。枝或多或少被星状柔毛。叶为单叶，全缘或具锯齿。花两性，单生或排成聚伞花序，腋生，稀顶生；小苞片细小；萼筒状，5 裂，裂片常不相等而成二唇状；花瓣 5 片；子房 5 室，有 5 棱。蒴果成熟时劲直或螺旋状扭曲，通常密被毛。种子有多数瘤状突起。

城南森林公园有 1 种。

山芝麻

Helicteres angustifolia L.

小灌木，高达 1 m，小枝被灰绿色短柔毛。叶狭矩圆形或条状披针形，长 3.5~5 cm，宽 1.5~2.5 cm，顶端钝或急尖，基部圆形，上面无毛或几乎无毛，下面被灰白色或淡黄色星状茸毛。聚伞花序有 2 至数朵花，萼管状，长约 6 mm；花瓣 5 片，不等大，淡红色或紫红色，比萼略长。蒴果卵状矩圆形，长 12~20 mm，宽 7~8 mm，顶端急尖，密被星状毛及混生长茸毛。种子小，褐色。花果期几乎全年。

见于城南森林公园正门附近；生于山坡上。分布于中国华南地区及江西、湖南、台湾、福建、贵州、云南等地。东南亚也有分布。茎皮纤维可做混纺原料用；根和叶可药用。

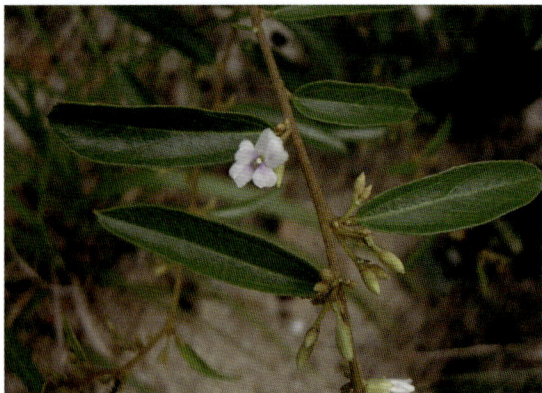

3. 翅子树属 Pterospermum Schreb.

乔木或灌木，被星状茸毛或鳞秕。叶革质，单叶，分裂或不裂，全缘或有锯齿，通常偏斜。花单生或数朵排成聚伞花序，两性；小苞片通常 3 枚，全缘、条裂或掌状裂，稀无小苞片；萼 5 裂，有时裂至近基部；花瓣 5 片；雄蕊 15 枚；花药 2 室；子房 5 室。蒴果木质或革质，圆筒形或卵形，有或无棱角，室背开裂为 5 个果瓣。种子有长翅，翅矩圆形。

城南森林公园有 1 种。

翻白叶树（半枫荷）

Pterospermum heterophyllum Hance

常绿乔木。小枝被黄褐色短柔毛。叶二形；生于幼树或萌蘖枝上的叶盾形，基部截形而略近半圆形；叶柄长 1~2 cm，被毛。花单生或 2~4 朵组成腋生的聚伞花序；花梗长 5~15 mm；小苞片鳞片状；萼片 5 枚；花瓣 5 片，白色，倒披针形，与萼片等长。蒴果木质，矩圆状卵形，长约 6 cm，被黄褐色茸毛，果柄粗壮，长 1~1.5 cm。种子具膜质翅。花期 6~7 月，果期 8~12 月。

见于葛布村龙底坑；生于密林中。分布于中国华南地区及福建。木材可供建筑、家具等用；根可供药用，治疗风湿性关节炎；枝皮可剥取以编绳。

131. 木棉科 Bombacaceae

乔木，主干基部常有板状根。叶互生，掌状复叶或单叶，常具鳞秕。花两性，大而美丽，辐射对称，腋生或近顶生，单生或簇生；花萼杯状，顶端截平或不规则的 3~5 裂；花瓣 5 片，覆瓦状排列，有时基部与雄蕊管合生，有时无花瓣。蒴果，室背开裂或不裂。种子常为内果皮的丝状绵毛所包围。

城南森林公园有 1 属，1 种。

木棉属 Bombax L.

落叶大乔木，幼树的树干通常有圆锥状的粗刺。叶为掌状复叶。花单生或簇生于叶腋或近顶生，花大，先叶开放，红色、橙红色或黄白色；苞片无；萼革质，杯状，平截或具短齿，花后基部周裂；花瓣 5 片，倒卵形或倒卵状披针形。蒴果室背开裂。种子小，黑色，藏于绵毛内。

城南森林公园有 1 种。

* 木棉

Bombax ceiba L.

落叶乔木，高可达 20 m，树皮灰白色。分枝平展。掌状复叶具 5~7 片小叶，长圆形至长圆状披针形，长 10~16 cm，宽 3.5~5.5 cm，顶端渐尖，基部阔或渐狭；叶柄长 10~20 cm；小叶柄长 1.5~4 cm；托叶小。花单生于枝顶叶腋，通常红色，有时橙红色，直径约 10 cm；花瓣肉质，倒卵状长圆形，长 8~10 cm。蒴果长圆形，密被灰白色长柔毛和星状柔毛。种子多数，倒卵形。花期 3~4 月，果夏季成熟。

城南森林公园正门附近有栽培。分布于中国广东、广西、云南、四川、贵州、江西、福建、台湾等地。印度、斯里兰卡、中南半岛、马来西亚、印度尼西亚至菲律宾及澳大利亚北部也有分布。花可供蔬食，入药能治菌痢、肠炎、胃痛；果内绵毛可作枕、褥等填充材料；种子油可作润滑油或制肥皂；木材轻软，可用作蒸笼、箱板等用。

本种与青皮木棉 Ceiba speciosa (A. St.-Hil.) Ravenna 近似，区别在于后者树干下部膨大，花冠淡粉红色，中心白色。

132. 锦葵科 Malvaceae

草本、灌木至乔木。叶互生，单叶或分裂，叶脉通常掌状，具托叶。花腋生或顶生，单生、簇生或排成聚伞花序至圆锥花序；花两性，辐射对称；萼片 3~5 片，分离或合生；花瓣 5 片，彼此分离；雄蕊多数；子房上位。蒴果常几枚果爿分裂，很少浆果状。种子肾形或倒卵形，被毛至光滑无毛。

城南森林公园有 2 属，3 种。

1. 木槿属 Hibiscus L.

草本、灌木或乔木。叶互生，掌状分裂或不分裂，具掌状叶脉。花 5 数，花常单生于叶腋间；小苞片 5 或多数，分离或于基部合生；花萼钟状，很少为浅杯状或管状，5 齿裂，宿存；花瓣 5 片，具多种颜色，基部与雄蕊柱合生；子房 5 室，每室具胚珠 3 至多数。蒴果胞背开裂成 5 果爿。种子肾形，被毛或为腺状乳突。

城南森林公园有 2 种。

1. 木芙蓉

Hibiscus mutabilis L.

落叶灌木或小乔木，高 2~5 m。小枝、叶柄、花梗和花萼均密被星状毛与直毛相混的细绵毛。叶宽卵形至圆卵形或心形，直径 10~15 cm，常 5~7 裂，裂片三角形，先端渐尖，具钝圆锯齿；叶柄长 5~20 cm；托叶披针形。花单生于枝端叶腋间；萼钟形，长 2.5~3 cm，裂片 5 枚；花初开时白色或淡红色，后变深红色，直径约 8 cm，花瓣近圆形，外面被毛，基部具髯毛。蒴果扁球形，被淡黄色刚毛和绵毛。种子肾形，背面被长柔毛。花期 8~10 月。

见于龙井村；生于林缘低处。分布于中国广东、福建、湖南、台湾和云南。日本和东南亚各国也有栽培。花大色丽，为中国栽培悠久的园林植物；花叶供药用，有凉血和解毒之功效。

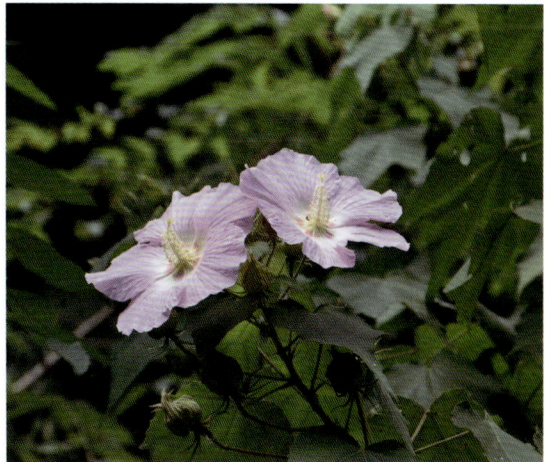

2.* 扶桑

Hibiscus rosa-sinensis L.

常绿灌木，高约 1~3 m。小枝圆柱形，疏被星状柔毛。叶阔卵形或狭卵形，长 4~9 cm，先端渐尖，基部圆形或楔形，边缘具粗齿；叶柄长 5~20 mm，上面被长柔毛；托叶线形，被毛。花单生于上部叶腋间，常下垂；小苞片 6~7 片，线形；萼钟形，长约 2 cm，被星状柔毛，裂片 5，卵形至披针形；花冠漏斗形，直径 6~10 cm，玫瑰红色或淡红色、淡黄色，花瓣倒卵形，先端圆。蒴果卵形，长约 2.5 cm，平滑无毛，有喙。花期全年。

城南森林公园正门附近有栽培。分布于中国华南、华东地区。花大色艳，四季常开，为园林观赏常用灌木。

2. 黄花稔属 Sida L.

草本或亚灌木，具星状毛。叶为单叶或稍分裂。花单生、簇生或几乎圆锥花序式，腋生或顶生；萼钟状或杯状，5 裂；花瓣常黄色，5 片，分离，基部合生；雄蕊柱顶端着生多数花药。蒴果盘状或球形，顶端具 2 芒或无芒。

城南森林公园有 1 种。

白背黄花稔

Sida rhombifolia L.

直立亚灌木，高约 1 m，分枝多，枝被星状绵毛。叶菱形或长圆状披针形，长 25~45 mm，宽 6~20 mm，先端浑圆至短尖，基部宽楔形，边缘具锯齿；叶柄长 3~5 mm，被星状柔毛；托叶纤细，刺毛状。花单生于叶腋，花梗长 1~2 cm，密被星状柔毛；萼杯形，长 4~5 mm；花黄色，直径约 1 cm，花瓣倒卵形，长约 8 mm。果半球形，直径 6~7 mm。花

期秋冬季。

见于葛布村；生于旷野和路旁。分布于中国华南、华东和西南地区。越南、老挝、柬埔寨和印度等地也有分布。全草药用，有消炎解毒、祛风除湿、止痛之功效。

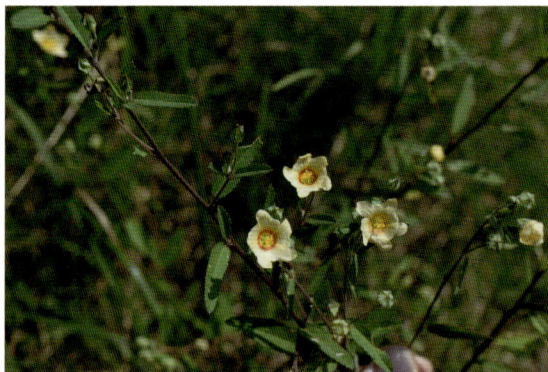

136. 大戟科 Euphorbiaceae

乔木、灌木或草本，稀为藤本，通常无刺，常有乳状汁液。叶互生，少有对生或轮生，单叶，稀为复叶。花单性，雌雄同株或异株，单花或组成各式花序，通常为聚伞或总状花序；萼片分离或在基部合生，覆瓦状或镊合状排列，在特化的花序中有时萼片极度退化或无；花瓣有或无。果为蒴果，或为浆果状或核果状。种子常有显著种阜。

城南森林公园有 11 属，17 种。

1. 铁苋菜属 Acalypha L.

一年生或多年生草本，灌木或小乔木。叶互生，通常膜质或纸质，叶缘具齿或近全缘，具基出脉 3~5 条或为羽状脉；托叶小。雌雄同株，稀异株，花序腋生或顶生，雌雄花同序或异序；雄花序穗状，雄花多朵簇生于苞腋或在苞腋排成团伞花序；雌花序为总状或穗状花序，通常每苞腋具雌花 1~3 朵，雌花的苞片具齿或裂片，花后通常增大；花无花瓣，无花盘。蒴果小，通常具 3 个分果爿。种子近球形或卵圆形。

城南森林公园有 1 种。

铁苋菜（海蚌含珠）

Acalypha australis L.

一年生草本，高 0.2~0.5 m。小枝细长，被贴毛柔毛，毛逐渐稀疏。叶膜质，长卵形、近菱状卵形或阔披针形，长 3~9 cm，宽 1~5 cm，顶

端短渐尖，基部楔形，稀圆钝，边缘具圆锯；叶柄长 2~6 cm，具短柔毛；托叶披针形。雌雄花同序，花序腋生，稀顶生，长 1.5~5 cm；雄花：花蕾时近球形。蒴果直径约 4 mm。种子近卵状，长 1.5~2 mm，假种阜细长。花果期 4~12 月。

见于城南森林公园正门至生态步道；生于路旁疏林下。中国除西部高原或干燥地区外，大部分地区均有分布。俄罗斯远东地区、朝鲜、日本、菲律宾、越南、老挝也有分布。以全草或地上部分入药，具有清热解毒、利湿消积、收敛止血的功效。

2. 山麻杆属 Alchornea Sw.

乔木或灌木。叶互生，纸质或膜质，边缘具腺齿，基部具斑状腺体，具 2 枚小托叶或无，具羽状脉或掌状脉；托叶 2 枚。花雌雄同株或异株，花序穗状或总状或圆锥状，花无花瓣；雄花：花萼花蕾时闭合的，开花时 2~5 裂，萼片镊合状排列；雌花：萼片 4~8 枚；子房（2~）3 室，每室具胚珠 1 粒。蒴果具 2~3 个分果爿，果皮平滑或具小疣或小瘤。种子无种阜。

城南森林公园有 1 种。

红背山麻杆

Alchornea trewioides (Benth.) Müell. Arg.

落叶灌木；雌雄异株；幼枝被灰色微柔毛。叶卵形，长 8~15 cm，先端骤尖或渐尖，基部近平截或浅心形，具 4 个斑状腺体，下面淡红色，基脉 3 出；叶柄长 7~12 cm；托叶钻状。常雌雄异株，雄花序穗状，长 7~15 cm，具微柔毛，苞片三角形，雄花 3~15 朵簇生苞腋。蒴果近球形，径约 1 cm，被微柔毛。种子具瘤体。花期 3~5 月，果期 6~8 月。

见于城南森林公园纪念碑至山顶，较常见；生于山坡疏林下或林缘。分布于中国华南地区及福建、江西、湖南、云南。泰国、老挝、越南、琉球群岛也有分布。

3. 五月茶属 Antidesma L.

乔木或灌木。单叶互生，全缘，具羽状脉；叶柄短；托叶 2 枚，小。花小，雌雄异株，组成顶生或腋生的穗状花序或总状花序，有时圆锥花序，无花瓣；雄花：花萼杯状，3~5 裂，稀 8 裂，裂片覆瓦状排列；雌花的花萼和花盘与雄花的相同；子房 1 室，室内有 2 粒胚珠。核果通常卵珠状，干后有网状小窝孔，内有种子通常 1 粒。

城南森林公园有 1 种。

日本五月茶（酸味子）

Antidesma japonicum Siebod et Zucc.

乔木或灌木，高 2~8 m。小枝初时被短柔毛，后变无毛。叶片纸质至近革质，椭圆形、长椭圆形至长圆状披针形，稀倒卵形，长 3.5~13 cm，宽 1.5~4 cm，顶端通常尾状渐尖，基部楔形、钝或圆；叶柄长 5~10 mm；托叶线形，早落。总状花序顶生；雄花：花萼钟状，长约 0.7 mm，3~5 裂；雄蕊 2~5 枚；雌花：子房卵圆形，长 1~1.5 mm，无毛。核果椭圆形，长约 5~6 mm。花期 5~6 月，果期 7~9 月。

见于水南村；生于山地疏林中。分布于中国长江以南各地。日本、越南、泰国、马来西亚等也有分布。可供观赏。

4. 巴豆属 Croton L.

乔木或灌木，稀亚灌木，通常被星状毛或鳞腺，稀近无毛。叶互生，稀对生或近轮生；叶柄顶端或叶片近基部常有 2 枚腺体，有时叶缘齿端或齿间有腺体；托叶早落。花雌雄同株或异株，花序顶生或腋生，总状或穗状。果为蒴果。种子平滑，种皮脆壳质，种阜小。

城南森林公园有 1 种。

毛果巴豆

Croton lachnocarpus Benth.

灌木，高 1~2.5 m。1 年生枝条、幼叶、花序和果均密被星状柔毛，老枝近无毛。叶纸质，长圆形、长圆状椭圆形至椭圆状卵形，顶端钝、短尖至渐尖，基部近圆形至微心形，边缘有不明显细锯齿，齿间弯缺处常有 1 枚细小有柄杯状腺体；基出脉 3 条，侧脉 4~6 对；叶基部或叶柄顶端有 2 枚具柄杯状腺体。总状花序 1~3 个，顶生；花瓣长圆形。蒴果稍扁球形。种子椭圆状，暗褐色。花期 4~5 月，果期 7~9 月。

见于水南村；生于山地疏林或灌丛中。分布于中国华南、华中、西南地区。根和叶可药用。

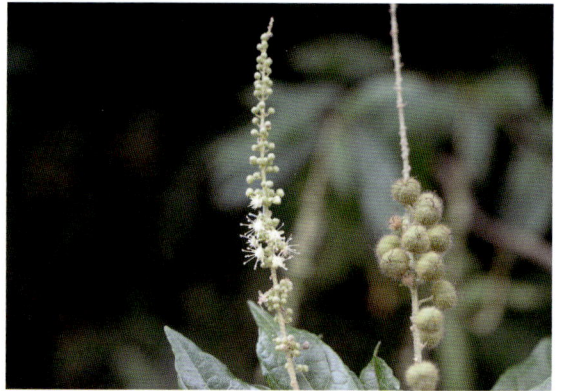

5. 大戟属 Euphorbia L.

草本、灌木或乔木，具乳状液汁。根圆柱状或纤维状，或具不规则块根。叶常互生或对生，少轮生，常全缘，少分裂或具齿或不规则；叶常无叶柄；托叶常无。杯状聚伞花序单生或组成复花序；雄花无花被，仅有 1 枚雄蕊；雌花常无花被；花柱 3 枚，常分裂或基部合生。果为蒴果。种子每室 1 枚，常卵球状；种阜存在或否。

城南森林公园有 2 种。

1. 飞扬草

Euphorbia hirta L.

一年生草本。茎单一，自中部向上分枝或不分枝，高 30~60 cm，被褐色或黄褐色的多细胞粗硬毛。叶对生，披针状长圆形、长椭圆状卵形或卵状披针形，长 1~5 cm，宽 5~13 mm，先端极尖或钝，基部略偏斜，边缘于中部以上有细锯齿；叶面绿色，叶背灰绿色，有时具紫色斑，两面均具柔毛；叶柄极短。花序多数，于叶腋处密集成头状，具柔毛；雄花数枚；雌花 1 枚，具短梗。蒴果三棱状，

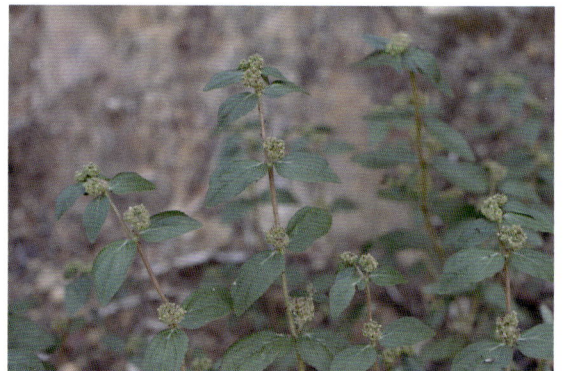

长与直径均约 1~1.5 mm，被短柔毛，成熟时分裂为 3 个分果㸲。种子近圆状四棱，无种阜。花果期 6~12 月。

见于城南森林公园正门至生态步道；生于林下路旁。分布于中国南部各地。原产于中美洲。全草入药，可治皮肤湿疹、皮炎、疖肿等。

2. 通奶草

Euphorbia hypericifolia L.

1 年生草本，根纤细。茎直立。叶对生，狭长圆形或倒卵形，长 1~2.5 cm，宽 4~8 mm，先端钝或圆，基部圆形；叶柄极短。花序数个簇生于叶腋或枝顶；总苞陀螺状，边缘 5 裂，裂片卵状三角形；雄花数枚，微伸出总苞外；雌花 1 枚，子房柄长于总苞。蒴果三棱状。种子卵棱状，长约 1.2 mm，无种阜。花果期 8~12 月。

见于科普长廊分叉路；生于旷野荒地、路旁。分布于中国华南、华东、西南地区。世界热带和亚热带也有分布。全草入药，有通奶的功效。

6. 海漆属 Excoecaria L.

乔木或灌木，具乳状汁液。叶互生或对生，具柄，全缘或有锯齿，具羽状脉。花单性，常雌雄异株或同株异序，聚集成腋生或顶生的总状花序或穗状花序。雄花萼片 3 枚，细小，彼此近相等，覆瓦状排列。雌花花萼 3 裂、3 深裂或为 3 萼片；子房 3 室。蒴果自中轴开裂而成具 2 瓣裂的分果㸲，分果㸲常坚硬而稍扭曲，中轴宿存，具翅。种子球形，无种阜。

城南森林公园有 1 种。

* 红背桂

Excoecaria cochinchinensis Lour.

常绿灌木，高达 1 m。枝无毛，具多数皮孔。叶对生，稀兼有互生或近 3 片轮生，纸质，叶片狭椭圆形或长圆形，长 6~14 cm，宽 1.2~4 cm，顶端长渐尖，基部渐狭；托叶卵形，顶端尖。花单性，雌雄异株，聚集成腋生或稀兼有顶生的总状花序；萼片 3 枚，基部稍连合，卵形，长约 1.8 mm，宽约 1.2 mm。蒴果球形，直径约 8 mm，顶端凹陷。种子近球形。花期几乎全年。

城南森林公园正门附近有栽培。分布于中国广西。亚洲东南部各国也有分布。常栽培用于园林绿化。

7. 算盘子属 Glochidion J. R. Forst. et G. Forst.

乔木或灌木。单叶互生，二列，叶片全缘，具羽状脉和短柄。花单性，雌雄同株，稀异株，组成短小的聚伞花序或簇生成花束；花瓣缺；雄花：花梗通常纤细；萼片 5~6 枚，覆瓦状排列。蒴果圆球形或扁球形，具多条明显或不明显的纵沟，成熟时开裂为 3~15 个 2 瓣裂的分果㸲，分果㸲背裂。种子无种阜。

城南森林公园有 1 种。

毛果算盘子

Glochidion eriocarpum Champ. ex Benth.

灌木，高达 5 m，小枝密被淡黄色、扩展的长柔毛。叶片纸质，卵形、狭卵形或宽卵形，长 4~8 cm，宽 1.5~3.5 cm，顶端渐尖或急尖，两面均被长柔毛，侧脉每边 4~5 条；叶柄被柔毛；托叶钻状。花单生或 2~4 朵簇生于叶腋内；萼片 6 枚，长圆形，长 2.5~3 mm。蒴果扁球状，直径 8~10 mm。花果期几乎全年。

见于葛布村；生于山坡灌木丛中或林缘。分布于中国华南、华东、西南地区。越南也有分布。全株供药用，有解漆毒、收敛止泻、祛湿止痒的功效。

8. 野桐属 Mallotus Lour.

灌木或乔木，通常被星状毛。叶互生或对生，全缘或有锯齿，有时具裂片，下面常有颗粒状腺体，近基部具 2 至数个斑状腺体，有时盾状着生。花雌雄异株或稀同株，无花瓣和花盘，花排成总状花序、穗状花序或圆锥花序。蒴果常具软刺或颗粒状腺体。种子卵形或近球形，种皮脆壳质。

城南森林公园有 4 种。

1. 白背叶

Mallotus apelta (Lour.) Müell. Arg.

灌木或小乔木，高 1~3.5 m。小枝、叶柄和花序均密被淡黄色星状柔毛和散生橙黄色颗粒状腺体。叶互生，卵形或阔卵形，稀心形，顶端急尖或渐尖，基部截平或稍心形，边缘具疏齿，下面被灰白色星状茸毛；叶柄长 5~15 cm。花雌雄异株。蒴果近球形，密生被灰白色星状毛的软刺。种子近球形，褐色或黑色。花期 6~9 月，果期 8~11 月。

见于水南村、龙井村，较常见；生于山坡或林缘。分布于中国华南地区及云南。越南也有分布。

本种为撂荒地的先锋树种；茎皮可供编织；种子含油率高，可制油漆、杀菌剂、润滑剂等。

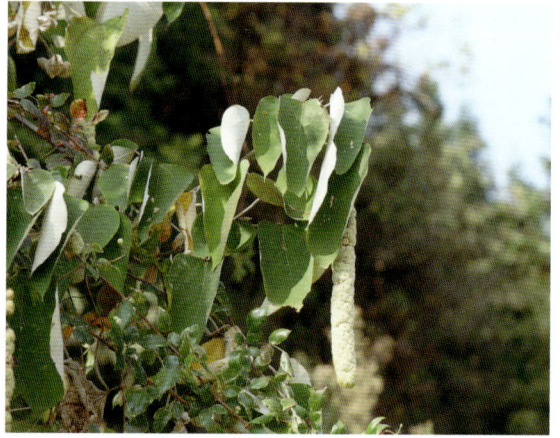

2. 东南野桐

Mallotus lianus Croiz.

小乔木或灌木，高 2~10 m；树皮红褐色。小枝圆柱形，有棱，被红棕色星状短茸毛。叶互生，卵形或心形，长 10~18 cm，宽 9~14 cm，顶端隐尖或渐尖，基部圆形或截平；叶柄离叶基部 2~10 mm 处盾状着生或基生，长 5~13 cm。花雌雄异株，排成总状花序或圆锥花序。蒴果球形。种子黑色或深褐色。花期 8~9 月，果期 11~12 月。

见于东门岭；生于林中或林缘。分布于中国华南、华东、西南地区。

3. 白楸

Mallotus paniculatus (Lam.) Müell. Arg.

乔木或灌木，高3~15 m；树皮灰褐色，近平滑。小枝被褐色星状茸毛。叶互生；生于花序下部的叶常密生，卵形、卵状三角形或菱形，长5~15 cm，宽3~10 cm，顶端长渐尖，边缘波状或近全缘，上部有时具2裂片或粗齿。花雌雄异株，排成总状花序或圆锥花序。蒴果扁球形，直径1~1.5 cm。种子近球形。花期7~10月，果期11~12月。

见于城南森林公园正门附近、龙井村，常见；生于林缘或灌丛中。分布于中国华南地区及福建、台湾、云南。亚洲东南部各国也有分布。木材质地轻软，可材用；种子油可作工业用油。

4. 石岩枫

Mallotus repandus (Willd.) Müell. Arg.

攀缘状灌木。嫩枝、叶柄、花序和花梗均密生黄色星状柔毛；老枝无毛，常有皮孔。叶互生，卵形或椭圆状卵形，长3.5~8 cm，宽2.5~5 cm，顶端急尖或渐尖，基部楔形或圆形，边全缘或波状；基出脉3条，有时稍离基，侧脉4~5对；

叶柄长2~6 cm。花雌雄异株，排成总状花序，或下部有分枝。蒴果直径约1 cm，密生黄色粉末状毛和具颗粒状腺体。种子卵形，黑色。花期3~5月，果期8~9月。

见于锦山公园（乌龟山）、城南森林公园南门；生于疏林中石头旁或林缘。分布于中国华南、华中地区及福建、甘肃、贵州、山西、四川、台湾、云南、浙江。亚洲东南部和南部各国也有分布。茎皮纤维可用于编绳索。

9. 叶下珠属 Phyllanthus L.

灌木或草本，少数为乔木，无乳汁。单叶互生，通常在侧枝上排成2例，呈羽状复叶状，全缘，具羽状脉，具短柄；托叶小，着生于叶柄基部两侧，常早落。花通常小、单性，雌雄同株或异株，单生、簇生或组成聚伞、团伞、总状或圆锥花序；花梗纤细；花瓣缺。蒴果通常呈扁球形。种子三棱形。

城南森林公园有1种。

叶下珠

Phyllanthus urinaria L.

一年生草本，高10~60 cm，茎通常直立，基部多分枝，枝倾卧而后上升；枝具翅状纵棱。叶片纸质，顶端圆、钝或急尖而有小尖头，下面灰绿色，近边缘或边缘有1~3列短粗毛；叶柄极短；托叶长约1.5 mm。花雌雄同株，直径约4 mm。蒴果圆球状，直径1~2 mm，红色，表面具小凸刺，有宿存的花柱和萼片。种子橙黄色。花期4~6月，果期7~11月。

见于城南森林公园正门附近；生于路旁或林缘。分布于中国秦岭以南。印度、斯里兰卡、日本、马来西亚、印度尼西亚至南美及中南半岛也有分布。全草药用，有解毒、消炎、清热止泻、利尿之功效。

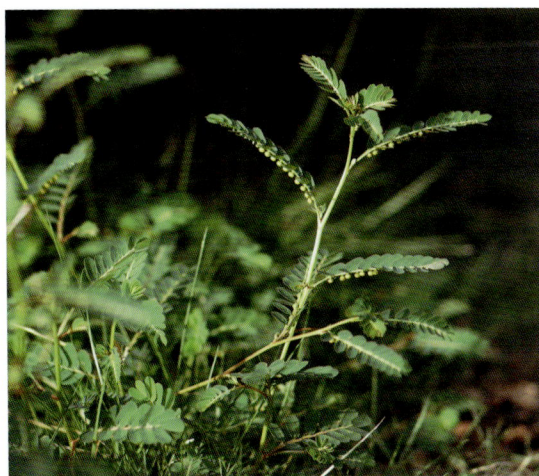

10. 乌桕属 Triadica Lour.

乔木或灌木。叶互生，罕有近对生，全缘或有锯齿，具羽状脉；叶柄顶端有 2 枚腺体或罕有不存在；托叶小。花单性，排成穗状花序、穗状圆锥花序或总状花序，稀生于上部叶腋内，无花瓣和花盘；苞片基部具 2 腺体；雄花小，黄色或淡黄色，数朵聚生于苞腋内。蒴果球形。种子近球形。

城南森林公园有 2 种。

1. 山乌桕

Striadica cochinchinensis Lour.
[*Sapium discolor* (Champ. ex Benth.) Müell. Arg.]

乔木或灌木，高 3~12 m。小枝灰褐色，有皮孔。叶互生，纸质，嫩时呈淡红色，叶片椭圆形或长卵形，长 4~10 cm，顶端钝或短渐尖，基部短狭或楔形；叶柄纤细，长 2~7.5 cm；托叶小，近卵形，易脱落。花单性，雌雄同株，密集成长 4~9 cm 的顶生总状花序。蒴果黑色，球形，直径 1~1.5 cm。种子近球形，外薄被蜡质的假种皮。花期 4~6 月，果期 8~9 月。

见于城南森林公园纪念碑至山顶、东门岭、龙井村，常见；生于山坡林中、林缘。分布于中国华南、西南地区。印度、缅甸、老挝、越南、马来西亚及印度尼西亚也有分布。根皮及叶药用，治跌打扭伤、痈疮、毒蛇咬伤等；种子油可制肥皂。

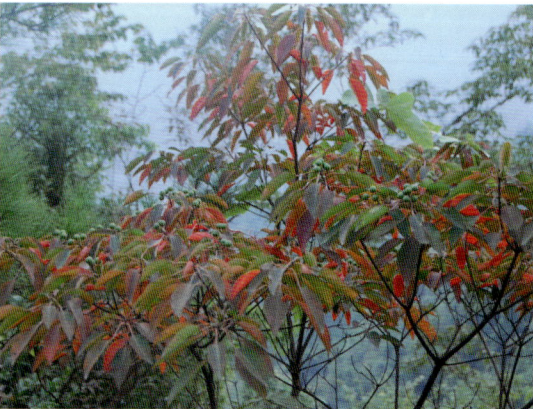

2. 乌桕

Triadica sebifera (L.)) Small
[*Sapium sebiferum* (L.) Roxb.]

乔木，各部均无毛而具乳状汁液；树皮暗灰色，有纵裂纹。叶互生，纸质，叶片菱形、菱状卵形或稀有菱状倒卵形，长 3~8 cm，宽 3~9 cm，顶端骤然紧缩具长短不等的尖头，基部阔楔形或钝，全缘；叶柄纤细，长 2.5~6 cm，顶端具 2 枚腺体；托叶长约 1 mm。花单性，雌雄同株，聚集成顶生的总状花序。蒴果梨状球形，成熟时黑色。种子扁球形，黑色，外被白色、蜡质的假种皮。花期 4~8 月，果期 9~10 月。

见于城南森林公园南门水泥步道、东门岭、龙井村；生于疏林中或林缘。分布于中国秦岭以南各地。日本、越南、印度也有分布。木材坚硬，纹理细致，用途广；叶可制黑色染料，可染衣物；根皮治毒蛇咬伤；种子油适于作涂料。

本种与山乌桕 *Sapium discolor* (Champ. ex Benth.) Müell. Arg. 相似，不同在于后者叶片椭圆形或长卵形，长约为宽的两倍。

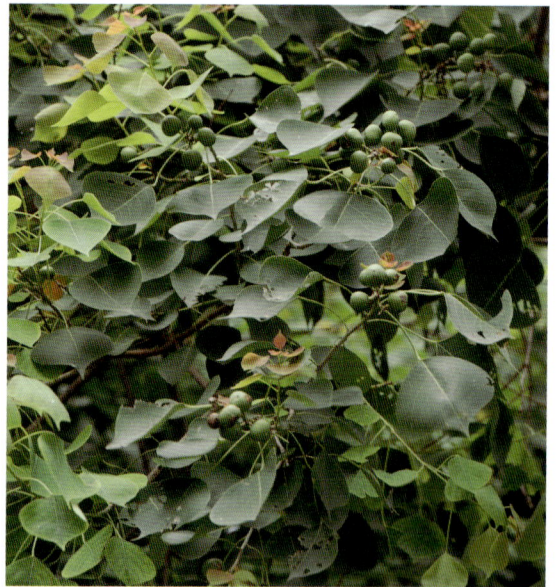

11. 油桐属 Vernicia Lour.

落叶乔木。叶互生，全缘或 1~4 裂；叶柄顶端有 2 枚腺体。花雌雄同株或异株，由聚伞花序再组成伞房状圆锥花序；雄花花萼花蕾时卵状或近圆球状，开花时多少佛焰苞状；花瓣 5 枚，基部爪状；

腺体 5 枚。果大，核果状，近球形，顶端有喙尖，不开裂或基部具裂缝，果皮壳质，有种子 3（~8）粒。种子无种阜。

城南森林公园有 2 种。

1. 油桐

Vernicia fordii (Hemsl.) Airy Shaw

落叶乔木，高达 10 m；树皮灰色，近光滑；枝条粗壮，无毛，具明显皮孔。叶卵圆形，长 8~18 cm，顶端短尖，基部截平至浅心形，全缘，稀 1~3 浅裂，成长叶上面深绿色，无毛，下面灰绿色，被贴伏微柔毛。花雌雄同株，先叶或与叶同时开放，花瓣白色。核果近球状，直径 4~7 cm，果皮光滑。种子 3~4(8) 粒。花期 3~4 月，果期 8~9 月。

见于城南森林公园生态步道；生于丘陵山地，逸为野生。分布于中国华南、华中、华东、西南等地。越南也有分布。种子可提取工业油料。

2. 木油桐（千年桐）

Vernicia montana Lour.

落叶乔木，高达 15 m 或更高。枝条无毛，散生突起皮孔。叶阔卵形，长 8~20 cm，顶端短尖至渐尖，基部心形至截平，全缘或 2~5 裂。花序生于当年生已发叶的枝条上，雌雄异株或有时同株异序；花瓣白色，或基部紫红色且有紫红色脉纹，倒卵形，长 2~3 cm，基部爪状。核果卵球状，有种子 3 粒。种子扁球状，种皮厚，有疣突。花期 4~5 月。

见于城南森林公园纪念碑至山腰、科普长廊和姐妹亭交叉处；生于疏林中。分布于中国华南、华东、西南等地。越南、泰国、缅甸也有分布。种子可提取工业油料；植株供观赏。

136A. 交让木科 Daphniphyllaceae

常绿乔木或灌木，无毛。小枝具叶痕和皮孔。单叶互生，常聚集于小枝顶端，全缘，叶背被白粉或无，无托叶。花序总状，单生，基部具苞片，花单性异株；花瓣无。核果卵形或椭圆形，外果皮肉质，内果皮坚硬；种皮膜质，胚乳厚，肉质。

城南森林公园有 1 属，2 种。

交让木属 Daphniphyllum Blume

属的形态特征同科。

城南森林公园有 2 种。

1. 虎皮楠

Daphniphyllum oldhamii (Hemsl.) Rosenth.

乔木，高 5~10 m。小枝暗褐色，具稀疏皮孔。叶纸质，长圆状披针形，长 10~14 cm，宽 3~4.5 cm，先端渐尖，具尖头，基部阔楔形，叶面干后暗褐色，背面显著被白粉，侧脉 12~18 对，在叶面突起；叶柄长 3.5~5 cm，上面具槽。雄花：

花序长 2~4 cm；雄蕊 7~10 枚；雌花：花序长 4~6 cm；果序长 6~7 cm，纤细；果斜卵形，长 10~12 mm，径约 6 mm，先端偏斜；柱头外弯，基部渐狭而成短柄，无宿存花萼，表面暗褐色，具小疣状突起，略被白粉。果期 8 月。

见于锦城公园、龙井村山顶；生于林中。分布于中国广东、福建、湖北、湖南、江西、四川、台湾和浙江。日本、朝鲜也有分布。木材用于建筑和做家具以及文具；树形美观，可作绿化和观赏树种。

2. 假轮叶虎皮楠

Daphniphyllum subverticillatum Merr.

灌木，高约 1.4 m。小枝暗褐色。叶在小枝先端近轮生，厚革质，长圆形或长圆状披针形，长 6~9 cm，宽 2~2.5 cm，先端急尖，基部圆形或截形，叶干后变暗褐色或黑色，上面具光泽，叶背无粉，无乳突体，侧脉 5~10 对，两面清晰；叶柄长 5~7 mm。花序长 3~6 cm；雄花：花梗长约 1 mm；花萼 4 或 5 浅裂。果较小，卵圆形，长约 7 mm，径约 5 mm，先端具宿存柱头，基部具宿萼，果皮暗褐色，具皱纹。花期 4~5 月，果期 11 月。

见于城南森林公园纪念碑至山顶；生于山坡林中。分布于中国广东。树形美观，可作绿化和观赏树种。

139. 鼠刺科 Escalloniaceae

乔木或灌木。单叶互生，边缘通常具腺齿或刺齿，具水平伸出的第三回脉；托叶小，线形，早落。花小，辐射对称，两性或杂性，形成顶生或腋生、密而长的总状花序或短的聚伞花序；花瓣 5 枚，镊合状排列，常宿存。蒴果狭或卵圆形。种子多数而狭小，纺锤形，被宽松、两端延长的种皮，或少数扁平，长圆形。

城南森林公园有 1 属，1 种。

鼠刺属 Itea L.

灌木或小乔木，常绿或落叶。单叶互生，具柄，边缘常具腺齿或刺状齿，稀圆齿状或全缘，具羽状脉。花小，白色，多数，排列成顶生或腋生总状花序或总状圆锥花序；萼筒杯状，基部与子房合生；萼片 5 枚，宿存；花瓣 5 枚，镊合状排列。蒴果先端 2 裂，仅基部合生。种子多数，狭纺锤形或长圆形而扁平。

城南森林公园有 1 种。

鼠刺

Itea chinensis Hook. et Arn.

灌木或小乔木，高 4~10 m，稀更高。叶薄革质，倒卵形或卵状椭圆形，长 5~14 cm，宽 3~6 cm，先端锐尖，基部楔形，边缘上部具不明显圆齿状小锯齿，呈波状或近全缘；叶柄长 1~2 cm，无毛。腋生总状花序，通常短于叶；花多数，2~3 个簇生，稀单生；花梗细；苞片线状钻形；花瓣白色，披针形。蒴果长圆状披针形，长 6~9 mm，被微毛，具纵条纹。花期 3~5 月，果期 5~12 月。

见于城南森林公园纪念碑至山顶、东门岭、龙井村，常见；生于山坡、疏林、路旁。分布于中国华南、华东地区及西藏东南部。印度东部、不丹、越南和老挝也有分布。

142. 绣球花科 Hydrangeaceae

草本、灌木或木质藤本。单叶对生或互生，稀轮生，常有锯齿，稀全缘，具羽状脉或基脉 3~5 出，无托叶。花两性或杂性异株，有时具不育放射花，花排成总状花序、伞房状或圆锥状复聚伞花序，顶生，稀单花；萼筒与子房合生，稀分离，萼裂片 4~10 枚，绿色；花瓣 4~10 枚，分离，多白色。蒴果室背或顶部开裂，稀浆果。种子多数，细小。

城南森林公园有 2 属，2 种。

1. 常山属 Dichroa Lour.

落叶灌木。叶对生，稀上部互生。花两性，一型，无不孕花，排成伞房状圆锥花序或聚伞花序；萼筒倒圆锥形，贴生于子房上，裂片 5~6 枚；花瓣 5~6 枚，彼此分离，稍肉质，顶端常具内向的短角尖，花蕾时摄合状排列；子房近下位或半下位，上部一室。浆果略干燥，不开裂，蓝色。种子多数，细小。

城南森林公园有 1 种。

常山

Dichroa febrifuga Lour.

灌木，高 1~2 m。小枝常带紫红色。叶形变异较大，椭圆形、倒卵形、椭圆状长圆形或披针形，长 6~25 cm，宽 2~10 cm，先端渐尖，边缘具锯齿或粗齿，稀波状，两面绿色或一至两面紫色；叶柄长 1.5~5 cm。伞房状圆锥花序顶生；花蓝色或白色；花蕾倒卵形，盛开时直径 6~10 mm；花梗长 3~5 mm；花萼倒圆锥形；花瓣长圆状椭圆形。浆果直径 3~7 mm，蓝色，干时黑色。种子具网纹。花期 2~4 月，果期 5~8 月。

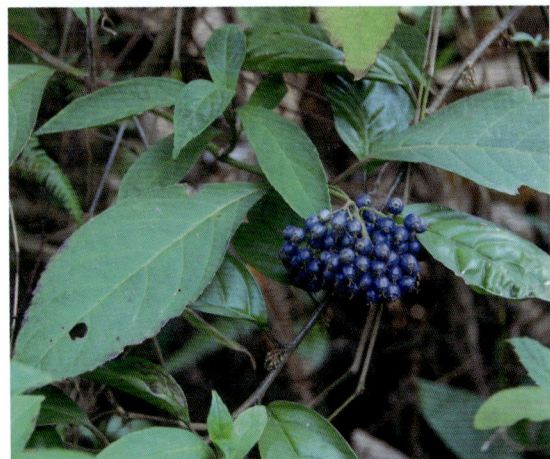

见于龙井村；生于阴湿林中。分布于中国华南、华中、西南地区。南亚至东南亚也有分布。叶和根入药，能抗疟、解热。

2. 绣球属 Hydrangea L.

常绿或落叶亚灌木、灌木或小乔木，少数为木质藤本或藤状灌木。叶常 2 片对生或少数种类兼有 3 片轮生，边缘有小齿或锯齿，有时全缘；托叶缺。聚伞花序排成伞形状、伞房状或圆锥状，顶生；苞片早落；花二型，花瓣和雄蕊缺或极退化，萼片大，花瓣状，2~5 片；花瓣 4~5 枚，分离。蒴果 2~5 室。种子多数，细小，两端或周边具翅或无翅。

城南森林公园有 1 种。

* 绣球

Hydrangea macrophylla (Thunb.) Ser.

灌木，高 1~4 m。茎常于基部发出多数放射枝而形成一圆形灌丛；枝粗壮，具少数长形皮孔。叶纸质或近革质，倒卵形或阔椭圆形，长 6~15 cm，宽 4~11.5 cm，先端骤尖，具短尖头，边缘于基部以上具粗齿；侧脉 6~8 对；叶柄粗壮，长 1~3.5 cm，无毛。伞房花序顶生，球形，直径可达 20 cm；花极美丽，白色、粉红色或淡蓝色，有 4 枚萼片；萼片宽卵形或圆形，长 1~2 cm；孕性花极少数。蒴果长陀螺状。花期 6~8 月。

科普长廊和姐妹亭交叉处有栽培。分布于中国广东、香港、福建、江西、湖北、湖南、贵州、云南及四川，野生或栽培。日本、朝鲜也有分布。花和叶入药，有清热抗疟之功效。

143. 蔷薇科 Rosaceae

草本、灌木或乔木，落叶或常绿，有刺或无刺。叶互生，稀对生，单叶或复叶，常有托叶。花两性，稀单性。通常整齐，周位花或上位花；花轴上端发育成碟状、钟状、杯状、坛状或圆筒状的花托；萼片和花瓣同数，通常 4~5 枚，覆瓦状排列，稀无花瓣。果实为蓇葖果、瘦果、梨果或核果，稀蒴果。种子常无胚乳。

城南森林公园有 11 属，23 种，1 变种。

1. 桃属 Amygdalus L.

落叶乔木或灌木。腋芽常 3 个或 2~3 个并生，两侧为花芽。幼叶在芽中呈对折状，后于花开放，稀与花同时开放，叶柄或叶边常具腺体。花单生，粉红色，罕白色。果实为核果，外被毛，极稀无毛，成熟时果肉多汁不开裂，或干燥开裂，腹部有明显的缝合线；核扁圆、圆形至椭圆形，与果肉黏连或分离。

城南森林公园有 2 种。

1. * 桃

Amygdalus persica L.

落叶小乔木，高达 10 m。树皮褐紫色，有较多小皮孔。叶披针形，先端渐尖，具锯齿。花单生，先叶开放，径 2.5~3.5 cm；花梗极短或几乎无梗；萼筒钟形；花瓣 5 枚，常近圆形，粉红色，稀白色。核果卵圆形，黄色或绿黄色，成熟时向阳面具红晕；果肉多色，多汁有香味，甜或酸甜。花期 3~4 月，果期 7~9 月。

城南森林公园纪念碑至山腰有栽培。原产我国，广泛栽培。世界各地均有栽培。果供生食或加工；桃仁为活血药，花可利尿；树干分泌桃胶可作黏结剂。

2. * 碧桃

Amygdalus persica L. 'Duplex'

花腋出，单朵或数朵丛生，重瓣，粉红色，先叶开放。

城南森林公园纪念碑至山腰有栽培。常于公园、庭院栽培供观赏。

2. 樱属 Cerasus Mill.

落叶小乔木或灌木。分枝较多。单叶互生，幼叶在芽中为席卷状或对折状，有叶柄，在叶片基部边缘或叶柄顶端常有 2 个小腺体；托叶早落。花单生或 2~3 朵簇生，具短梗，先叶开放或与叶同时开放；小苞片早落；萼片和花瓣均为覆瓦状排列。核果具有 1 个成熟种子，外面有沟，无毛，常被蜡粉；核两侧扁平，平滑，稀有沟或皱纹；子叶肥厚。

城南森林公园有 1 种。

* 钟花樱花（福建山樱花）

Cerasus campanulata (Maxim.) Yü et Li

乔木或灌木。嫩枝无毛。叶卵形、卵状椭圆形或倒卵状椭圆形，长 4~7 cm，先端渐尖，基部圆，边缘有急尖锯齿，侧脉 8~12 对；叶柄长 0.8~1.3 cm，无毛，顶端常有 2 枚腺体。萼筒钟状，长约 6 mm，萼片长圆形；花瓣倒卵状长圆形，粉红色，无毛。核果卵圆形，长约 1 cm，顶端尖；核微具棱纹；果柄长 1.5~2.5 cm，先端稍膨大并有萼片宿存。

城南森林公园纪念碑至山腰、生态长廊有栽培。分布于中国华南、华东地区。日本、越南也有分布。早春开花，颜色鲜艳，常栽培供观赏。

3. 蛇莓属 Duchesnea J. E. Smith

多年生草本，具短根茎。匍匐茎细长，在节处生不定根。基生叶数片，茎生叶互生，皆为三出复叶，有长叶柄，小叶片边缘有锯齿；托叶宿存，贴生于叶柄。花多单生于叶腋，无苞片；副萼片、萼片及花瓣各5枚；萼片宿存；花瓣黄色；花托果期增大，红色。瘦果微小，扁卵形。种子1粒，肾形。

城南森林公园有1种。

蛇莓

Duchesnea indica (Andr.) Focke

多年生草本，根茎短，粗壮；匍匐茎多数。小叶片倒卵形至菱状长圆形，长2~4.5 cm，宽1~3 cm，先端圆钝，边缘有钝锯齿，具小叶柄。花单生于叶腋，直径1.5~2.5 cm；花梗长3~6 cm，有柔毛；萼片卵形，长4~6 mm，先端锐尖；花瓣倒卵形，长5~10 mm，黄色，先端圆钝；花托在果期膨大，鲜红色，有光泽。瘦果卵形。花期6~8月，果期8~10月。

见于水南村；生于路旁、草地潮湿处。分布于中国辽宁以南各地。南亚至日本、欧洲及美洲广泛分布。全草药用，能散瘀消肿、清热解毒；茎叶捣敷可治疗疮；果实煎服能治支气管炎；全草水浸液可防治农业害虫、杀蛆等。

4. 枇杷属 Eriobotrya Lindl.

常绿乔木或灌木。单叶互生，边缘有锯齿或近全缘，通常有叶柄或近无柄；托叶多早落。花排成顶生圆锥花序，常有茸毛；萼筒杯状或倒圆锥状，萼片5枚，宿存；花瓣5枚，倒卵形或圆形；花柱2~5枚，基部合生，子房下位，合生，2~5室。梨果肉质或干燥，有1或数粒大种子。

城南森林公园有1种。

* 枇杷

Eriobotrya japonica (Thunb.) Lindl.

常绿小乔木，高达10 m。小枝密被锈色或灰棕色茸毛。叶革质，披针形、倒披针形、倒卵形或椭圆状长圆形，长12~30 cm，先端急尖或渐尖，基部楔形或渐窄成叶柄，上部边缘有疏锯齿，基部全缘，上面多皱，下面密被灰棕色茸毛；叶柄长0.6~1 cm，托叶钻形，有毛。花多数组成圆锥花序，萼片三角状卵形，花瓣白色，长圆形或卵形，基部有爪。果球形或长圆形，黄色或橘黄色。花期10~12月，果期5~6月。

城南森林公园纪念碑至山腰、锦山公园有栽培。分布于中国四川、湖北、华南、华中、西南、华北、华东等地有栽培。东南亚有栽培。果味甘酸，供生食、蜜饯和酿酒用；叶晒干去毛，可供药用，有化痰止咳、和胃降气之功效。

5. 石楠属 Photinia Lindl.

落叶或常绿乔木或灌木；冬芽小，具覆瓦状鳞片。叶互生，革质或纸质，多有锯齿，稀全缘，有托叶。花两性，排成顶生伞形、伞房或复伞房花序，稀成聚伞花序；萼筒杯状、钟状或筒状，有短萼片5枚；花瓣5片，开展，在芽中成覆瓦状或卷旋状排列。果实为 2~5 室小梨果，微肉质，成熟时不裂开，有宿存萼片，每室有 1~2 粒种子。

城南森林公园有 4 种。

1. 贵州石楠 （椤木石楠、梅子树）

Photinia bodinieri Lévl.

常绿乔木，高 6~15 m。小枝幼时黄棕色，疏生贴伏短柔毛，后无毛。叶柄长 1~1.5 cm，无毛；叶片长圆形、倒卵形至倒披针形，长 5~10(15) cm，具侧脉 10~16(20) 对。复伞房花序顶生，紧密，具多花；苞片披针形或线形，长 2~4 mm，早落；花瓣白色，近圆形，直径 3~4 mm，无毛，具短爪。果淡黄红色，球状或卵球形，直径 7~10 mm，无毛。种子 2~4 粒，棕色，卵球形。花期 4~5 月，果期 9~10 月。

见于锦山公园；生于疏林中。分布于中国广东、广西、安徽、福建、贵州、湖北、湖南、江苏、陕西、四川、云南、浙江。印度尼西亚、越南北部也有分布。

2. * 红叶石楠

Photinia × fraseri Dress

常绿灌木或小乔木，高 4~6 m。新梢和嫩叶鲜红。叶互生，长椭圆形或倒卵状椭圆形，长 9~22 cm，宽 3~6.5 cm，边缘有疏生腺齿，无毛。复伞房花序顶生，花白色，径 6~8 mm。梨果球形，径 5~6 mm，黄红色。花期 5~7 月，果期 9~10 月。

城南森林公园纪念碑至山腰有栽培。在中国华南、华东等地广泛栽培。

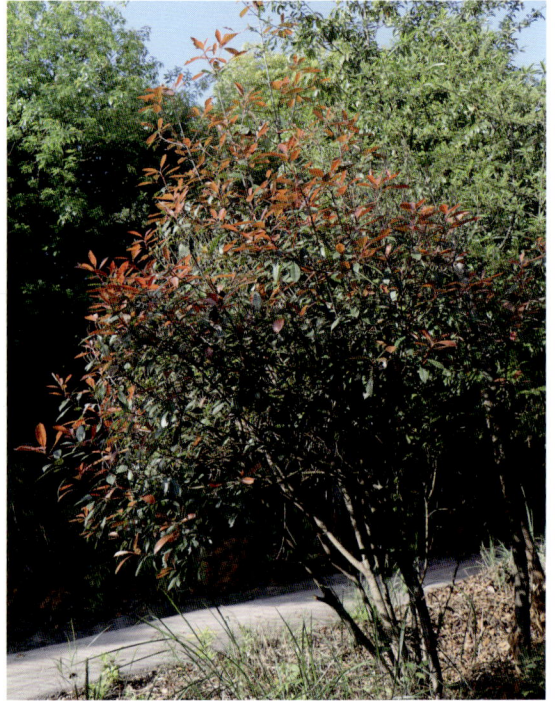

3. 桃叶石楠

Photinia prunifolia (Hook. et Arn.) Lindl.

常绿乔木，高达 20 m。小枝无毛，灰黑色，具黄褐色皮孔。叶革质，长圆形或长圆状披针形，长 7~13 cm，先端渐尖，边缘有密生细腺齿，上面光亮，下面密被黑色腺点，两面无毛，侧脉 13~15 对；叶柄长 1~2.5 cm，无毛。花多数，密集成顶生复伞房花序；花径 7~8 mm；花瓣白色，倒卵形，长约 4 mm。果椭圆形，红色，直径 3~4mm，有 2~3 粒种子。花期 3~4 月，果期 10~11 月。

见于城南森林公园纪念碑至山腰。分布于中国华南、华东地区。日本（琉球）及越南也有分布。花和果均美，是一种观赏价值极高的常绿乔木。

本种与石楠 *Photinia serrulata* Lindl. 近似，不

同在于后者叶柄不具锯齿状腺体,叶片下面无腺点,花序无毛。

4. 石楠

Photinia serrulata Lindl.

常绿灌木或小乔木,高 4~6 m 或更高。枝褐灰色,无毛。叶片革质,长椭圆形,长 9~22 cm,宽 3~6.5 cm,先端尾尖,边缘有疏生具腺细锯齿,近基部全缘;叶柄粗壮。复伞房花序顶生;花梗长 3~5 mm;花密生;萼筒杯状;萼片阔三角形;花瓣白色,近圆形。果实球形,直径 5~6 mm,红色,

后成褐紫色,有 1 粒种子。种子卵形,长约 2 mm。花期 4~5 月,果期 10~11 月。

见于城南森林公园纪念碑至山顶;生于杂木林中。分布于中国华南、华中、华东、西南地区。日本、印度尼西亚也有分布。叶和根药用为强壮剂、利尿剂,有镇静解热等作用;种子榨油用制油漆、肥皂或润滑油用;树冠圆形,叶丛浓密,嫩叶红色,花和果均美,是常见的栽培树种;木材坚密,可制车轮及器具柄。

6. 樱桃属 Prunus L.

落叶小乔木或灌木。分枝较多;顶芽常缺,腋芽单生,卵圆形。单叶互生,幼叶在芽中为席卷状或对折状,有叶柄,在叶片基部边缘或叶柄顶端常有 2 个小腺体;托叶早落。花单生或 2~3 朵簇生,具短梗,先叶开放或与叶同时开放;有小苞片,早落;萼片和花瓣覆瓦状排列。核果具有 1 个成熟种子,外面有沟,无毛,常被蜡粉;子叶肥厚。

城南森林公园有 1 种。

* 李

Prunus salicina Lindl.

落叶乔木,高 9~12 m。老枝紫褐色或红褐色,无毛。叶片长圆倒卵形、长椭圆形,稀长圆卵形,长 6~10 cm,宽 3~5 cm,先端渐尖、急尖或短尾尖,边缘有圆钝重锯齿;托叶膜质,线形,早落;叶柄长 1~2 cm。花通常 3 朵并生;花梗 1~2 cm;花直径 1.5~2.2 cm;萼筒钟状;萼片长圆卵形;花瓣白色,长圆倒卵形。核果球形、卵球形或近圆锥形,黄色或红色,有时为绿色或紫色。花期 4~5 月,果期 7~8 月。

城南森林公园正门附近有栽培。分布于中国华南、华中、华东、西南等地。世界大部分地区有栽培。本种是一种重要的温带果树,也可供观赏。

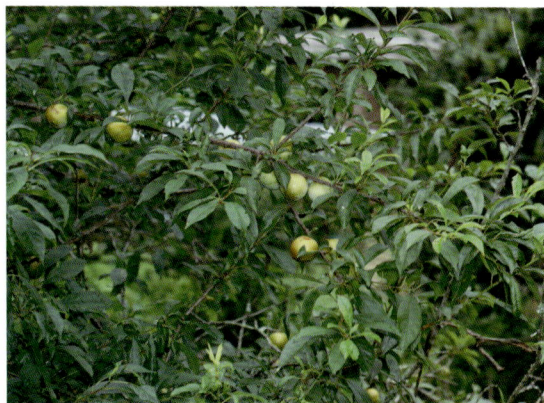

7. 臀果木属 Pygeum Gaertn.

常绿乔木或灌木。叶互生，全缘，极稀具细小锯齿，叶片下面近基部，稀在叶缘常有 1 对扁平或凹陷腺体；托叶小。总状花序腋生，单一或分枝或数个簇生；萼筒倒圆锥形、钟形或杯形，果时脱落，仅残存环形基部；花被片 5~10（15）枚，形小；花瓣与萼片同数或缺，着生于花萼口部。果实为核果，干燥，革质。种子 1 粒；子叶肥厚。

城南森林公园有 1 种。

臀形果（臀果木）

Pygeum topengii Merr.

乔木，高可达 20 m。小枝暗褐色，具皮孔，幼时被褐色柔毛，老时无毛。叶片革质，卵状椭圆形或椭圆形，长 6~12 cm，宽 3~5.5 cm，先端短渐尖而钝，两边略不相等，全缘；叶柄长 5~8 mm；托叶小，早落。总状花序单生或 2 至数个簇生；花被片 10~12 枚；萼片三角状卵形

先端急尖；花瓣长圆形。果实肾形，深褐色，顶端无突尖，常凹陷。种子外面被细短柔毛。花期 6~9 月，果期冬季。

见于城南森林公园纪念碑至山腰；生于路边疏林内及林缘。分布于中国华南、华东、西南地区。种子可供榨油。

8. 梨属 Pyrus L.

落叶或半常绿乔木或灌木，有时具刺。单叶互生，有锯齿或全缘，稀分裂，在芽中呈席卷状，有叶柄和托叶。花先于叶开放或同时开放，组成伞形总状花序；萼片 5 枚，反折或开展；花瓣 5 枚，具爪，白色稀粉红色；子房 2~5 室，每室有 2 胚珠。果为梨果，果肉多汁，富石细胞。种子黑色或黑褐色，种皮软骨质。

城南森林公园有 1 种，1 变种。

1. 楔叶豆梨（棠梨）

Pyrus calleryana Decne. var. koehnei (Schneid.) T. T. Yü

乔木，高 5~8 m。叶片卵形或菱状卵形，长 4~8 cm，宽 3.5~6 cm，先端急尖或渐尖，基部宽楔形，边缘有钝锯齿，两面无毛；叶柄长 2~4 cm，无毛。花排成伞形总状花序；总花梗和花梗均无毛，花梗长 1.5~3 cm；苞片膜质，线状披针形；花直径 2~2.5 cm；萼片披针形，先端渐尖，全缘；花瓣白色，卵形，长约 13 mm；子房 3~4 室。梨果球形，黑褐色，有斑点。花期 4~5 月，果期 8~9 月。

见于水南村；生于近山顶的疏林中。分布于中国广东、广西、福建、浙江。木材致密，可作器具；根、叶及果可药用，能健胃消食、止咳。

本种与豆梨 Pyrus calleryana Decne. 的区别在于，叶片多卵形或菱状卵形，先端急尖或渐尖，基部宽楔形，花的子房 3~4 室。

2.* 沙梨

Pyrus pyrifolia (Burm. f.) Nakai

乔木，高达 7~15 m。叶片卵状椭圆形或卵形，长 7~12 cm，宽 4~6.5 cm，先端长尖，基部圆形或近心形，稀宽楔形，边缘有刺芒锯齿；叶柄长 3~4.5 cm；托叶膜质。伞形总状花序具花 6~9 朵；花梗长 3.5~5 cm；苞片膜质，线形，边缘有长柔毛；花直径 2.5~3.5 cm；花瓣卵形，白色。果实近球形，浅褐色，有浅色斑点，先端微向下陷，萼片脱落。种子卵形，深褐色。花期 4~5 月，果期 8~9 月。

城南森林公园正门附近有栽培。分布于中国华南、华东、西南等地。果熟后可食用，植株也可供观赏。

9. 石斑木属 Rhaphiolepis Lindl.

常绿灌木或小乔木。单叶互生，具短柄；托叶锥形，早落。花组成直立总状花序、伞房花序或圆锥花序；萼筒钟状至筒状，下部与子房合生；萼片 5 枚，直立或外折，脱落；花瓣 5 枚，有短爪；子房下位，2 室，每室有 2 枚直立胚珠。梨果核果状，近球形，肉质，萼片脱落后顶端有一圆环或浅窝。种子 1~2 粒，近球形。

城南森林公园有 1 种。

石斑木（车轮梅）

Rhaphiolepis indica (L.) Lindl.

灌木，稀小乔木，高 1~4 m。叶片常集生于枝顶、卵形、长圆形，稀倒卵形或长圆披针形，长 3~8 cm，先端圆钝，急尖、渐尖或长尾尖；叶柄长 5~18 mm，近于无毛。花排成顶生圆锥花序或总状花序；苞片及小苞片狭披针形；花直径 1~1.3 cm；花瓣 5 枚，白色或淡红色，倒卵形或披针形。果实球形，紫黑色，直径约 5 mm。花期 4~5 月，果期 7~8 月。

见于城南森林公园纪念碑至山顶、东门岭；生于山坡、路边灌木林中。分布于中国华南、华东、西南等地。中南半岛也有分布。木材带红色，可作器物；果实可食；根可药用。

10. 蔷薇属 Rosa L.

直立、蔓延或攀缘灌木，多数被有皮刺、针刺或刺毛，稀无刺。叶互生，奇数羽状复叶，稀单叶，小叶边缘有锯齿。花单生或成伞房状；萼筒（花托）球形、坛形至杯形、颈部缢缩；萼片 5 枚，稀 4 枚，开展，覆瓦状排列，有时呈羽状分裂；花瓣 5 枚，覆瓦状排列，白色、黄色、粉红色至红色；花盘环绕萼筒口部。瘦果木质，着生在肉质萼筒内形成蔷

薇果。种子下垂。

城南森林公园有 3 种。

1. * 月季

Rosa chinensis Jacq.

直立灌木。小枝有短粗钩状皮刺或无刺。小叶 3~5 片，连叶柄长 5~11 cm；小叶宽卵形或卵状长圆形，长 2.5~6 cm，总叶柄较长，有散生皮刺和腺毛，托叶大部贴生叶柄，顶端分离部分耳状，边缘常有腺毛。花数朵集生，稀单生，径 4~5 cm；花梗长 2.5~6 cm；萼片卵形，先端尾尖；花瓣重瓣至半重瓣，红色、粉红色或白色，倒卵形，先端有凹缺。果卵圆形或梨形，熟时红色。

龙井村有栽培。原产于中国，现世界各地普遍栽培。本种具有较高的观赏价值，用途广泛；花、根、叶均可入药。

2. 小果蔷薇

Rosa cymosa Tratt.

攀缘灌木，高 2~5 m。小枝圆柱形，有钩状皮刺。小叶 3~5 片，连叶柄长 5~10 cm；小

叶片常卵状披针形或椭圆形，长 2.5~6 cm，先端渐尖，基部近圆形，边缘有紧贴或尖锐细锯齿，两面均无毛，托叶膜质，离生。花多朵成复伞房花序；花直径 2~2.5 cm，花梗长约 1.5 cm；萼片卵形，先端渐尖；花瓣白色，倒卵形，先端凹，基部楔形。果球形，直径 4~7 mm，红色至黑褐色。花期 5~6 月，果期 7~11 月。

见于东门岭；生于向阳山坡或丘陵地。分布于中国华南、华东、华中、西南等地。植株可固土保水、绿化美化，也是蜜源植物；花可提取芳香油；根入药能祛风除湿、止咳化痰、解毒消肿。

3. 金樱子

Rosa laevigata Michx.

常绿攀缘灌木。小枝粗壮，有疏的弯皮刺，幼时被腺毛。小叶革质，通常 3 枚，稀 5 枚，连叶柄长 5~10 cm；小叶片椭圆状卵形、倒卵形或披针状卵形，长 2~6 cm，宽 1.2~3.5 cm，先端急尖或圆钝，稀尾状渐尖，边缘有锐锯齿；小叶柄和叶轴有皮刺和腺毛。花单生于叶腋，直径 5~7 cm；萼片卵状披针形；花瓣白色，宽倒卵形，先端微凹。果梨形、倒卵形，稀近球形，紫褐色。花期 4~6 月，果期 7~11 月。

见于水南村、锦城公园；生于向阳的林缘、灌木丛中。分布于中国华南、华中、华东、西南等地。果实可熬糖及酿酒；根、叶、果均可药用。

11. 悬钩子属 Rubus L.

落叶、稀常绿，灌木、半灌木或匍匐草本。茎具皮刺、针刺或刺毛及腺毛，稀无刺。叶互生，单叶、掌状复叶或羽状复叶，边缘常具锯齿或裂片，有叶柄；托叶与叶柄合生。花两性，稀单性而雌雄异株，组成聚伞状圆锥花序、总状花序、伞房花序或数朵簇生及单生；花瓣 5 枚，白色或红色。聚合果红色、黄色或黑色。种子下垂，种皮膜质。

城南森林公园有 7 种。

1. 粗叶悬钩子

Rubus alceaefolius Poir.

攀缘灌木。枝被黄灰色至锈色茸毛状长柔毛，有稀疏皮刺。单叶互生，近圆形或宽卵形，长 6~16 cm，不规则 3~7 裂，基部心形；叶柄长 3~4.5 cm，被黄灰色至锈色茸毛状长柔毛，疏生小皮刺；托叶大，分裂。花成顶生狭圆锥花序或近总状；花直径 1~1.6 cm；萼片宽卵形；花瓣宽倒卵形或近圆形，白色，与萼片近等长。果实近球形，直径达 1.8 cm，肉质，红色。花期 7~9 月，果期 10~11 月。

见于龙井村、东门岭；生于山坡、山谷杂木林内。分布于中国华南、西南、东南地区。东南亚、日本也有分布。根和叶入药，有活血化瘀、清热止血之功效。

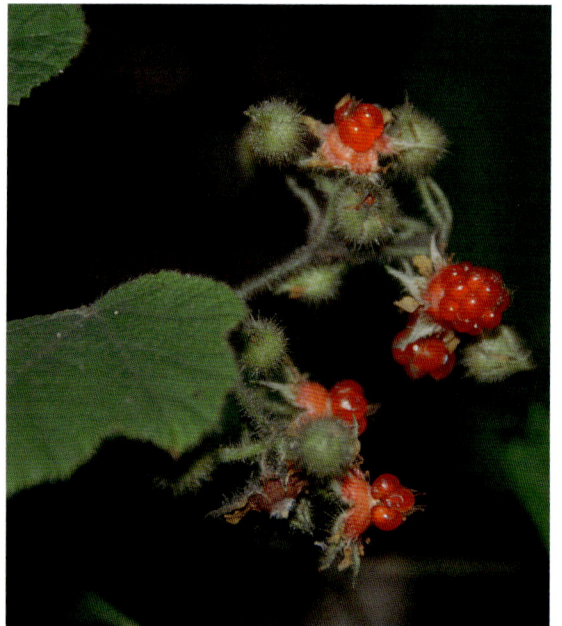

2. 小柱悬钩子（三叶吊杆泡）
Rubus columellaris Tutcher

攀援灌木，高 1~2.5 m；枝褐色或红褐色，无毛，疏生钩状皮刺。小叶 3 枚，有时生于枝顶端花序下部的叶为单叶，近革质，椭圆形或长卵状披针形，长 3~10(16) cm，宽 1.5~5(6) cm，顶生小叶长达 16 cm，比侧生者长，顶端渐尖，基部圆形或近心形，侧脉 9~13 对，两面无毛或上面疏生平贴柔毛，边缘有不规则的较密粗锯齿，齿间间隔 1~3 mm；叶柄长 2~4 cm。花 3~7 朵成伞房状花序，着生于侧枝顶端，或腋生，在花序基部叶腋间常着生单花；花瓣匙状长圆形或长倒卵形，白色，基部具爪。果实近球形或稍呈长圆形，直径达 1.5 cm，长达 1.7cm，橘红色或褐黄色，无毛。花期 4~5 月，果期 6 月。

见于城南森林公园纪念碑至山顶、水南村、葛布村；生于疏林中或旷野。分布于中国广东、广西、江西、湖南、福建、四川、贵州、云南。

3. 山莓（树莓、山抛子、牛奶泡）
Rubus corchorifolius L. f.

直立灌木，高 1~3 m；枝具皮刺，幼时被柔毛。单叶互生，卵形至卵状披针形，长 5~12 cm，宽 2.5~5 cm，顶端渐尖，基部微心形、近截形或近圆形，沿中脉疏生小皮刺，边缘不分裂或 3 裂，基部具 3 脉；叶柄长 1~2 cm，疏生小皮刺。花单

生或少数生于短枝上；花直径可达 3 cm；花瓣长圆形或椭圆形，白色，顶端圆钝，长 9~12 mm，宽 6~8 mm，长于萼片。果实由很多小核果组成，近球形或卵球形，直径 1~1.2 cm，熟时红色。花期 2~3 月，果期 4~6 月。

见于城南森林公园纪念碑至山顶；生于山坡杂木林下、林缘。除东北、甘肃、青海、新疆、西藏外，全国均有分布。朝鲜、日本、缅甸、越南也有分布。果味甜美，可供生食、制果酱及酿酒；果、根及叶入药，有活血、解毒、止血之功效。

4. 高粱泡
Rubus lambertianus Ser.

半落叶藤状灌木，高达 3 m。枝有微弯小皮刺。单叶宽卵形，稀长圆状卵形，长 5~12 cm，宽 1~8 cm，顶端渐尖，基部心形；叶柄长 2~4(5) cm，具细柔毛或近于无毛，有稀疏小皮刺。圆锥花序顶生，有时仅数朵花簇生于叶腋；花梗长 0.5~1 cm；苞片与托叶相似；花直径约 8 mm；萼片卵状披针形；花瓣倒卵形，白色。果实小，近球形，熟时红色。花期 7~8 月，果期 9~11 月。

见于龙井村至山顶；生于山坡或路旁灌木丛中。分布于中国华南、华中、华东、西南等地。日本也有分布。果熟后食用及酿酒；根和叶供药用，有清热散瘀、止血之功效。

5. 白花悬钩子
Rubus leucanthus Hance

攀缘灌木。枝无毛，疏生钩状皮刺。小叶 3 片，稀单叶，革质，卵形或椭圆形，顶生小叶长 4~8 cm，先端渐尖或尾尖，两面近无毛，边缘有粗锯齿；叶柄具钩刺。花 3~8 朵成伞房状花序，稀单花腋生；花梗长 0.8~1.5 cm，无毛；苞片与托叶相似；花径 1~1.5 cm；萼片卵形；花瓣长卵形或近圆形，白色。果近球形，径 1~1.5 cm，成熟时红色，无毛。花期 4~6 月，果期 6~7 月。

见于城南森林公园纪念碑至山顶、水南村、葛布村；生于疏林中或旷野。分布于中国华南、华东、西南地区。越南、老挝、柬埔寨、泰国也有分布。果可食用；根治腹泻、赤痢。

此种和小柱悬钩子 *Rubus columellaris* Tutcher 近似，不同在于后者叶片椭圆形或长卵状披针形，萼片于果期常反折。

6. 茅莓
Rubus parvifolius L.

灌木，枝呈弓形弯曲，被柔毛和稀疏钩状皮刺。小叶常 3 枚，菱状圆形或倒卵形，长 2.5~6 cm，顶端圆钝或急尖；叶柄长 2.5~5 cm，顶生小叶柄长 1~2 cm，均被柔毛和稀疏小皮刺；托叶线形，具柔毛。伞房花序顶生或腋生；花梗长 0.5~1.5 cm，具柔毛和稀疏小皮刺；苞片线形；花直径约 1 cm；花瓣卵圆形或长圆形，粉红色至紫红色。果实卵球形，红色。花期 5~6 月，果期 7~8 月。

见于城南森林公园纪念碑至山顶、水南村；生山坡杂木林下、林缘、路旁。分布于中国华南、华北、华中、华东、西南等地。日本、朝鲜也有分布。果实酸甜多汁，可供食用、酿酒及制醋等；全株入药，有止痛、活血、祛风湿及解毒之功效。

7. 锈毛莓
Rubus reflexus Ker Gawl.

攀缘灌木，枝被锈色茸毛状毛，有稀疏小皮刺。单叶心状长卵形，长 7~14 cm，上面无毛或沿叶脉疏生柔毛，基部心形，顶生裂片长大；叶柄被茸毛并有稀疏小皮刺；托叶宽倒卵形，被长柔毛。花数朵集生于叶腋或成顶生短总状花序；总花梗和花梗密被锈色长柔毛；花梗短；苞片与托叶相似；花直径 1~1.5 cm；花瓣长圆形至近圆形，白色，与萼片近等长。果实近球形，深红色。花期 6~7 月，果期 8~9 月。

见于葛布村；生于山坡、灌丛或疏林中。分布于中国华南、西南、华中地区。果可食用；根入药，有祛风湿、强筋骨之功效。

146. 含羞草科 Mimosaceae

常绿或落叶的乔木或灌木，稀藤本或草本。叶互生，通常二回羽状复叶，稀一回羽状复叶，或叶片退化成叶状柄，具托叶，小叶全缘。花组成穗状、头状或总状花序，花小，两性或杂性，辐射对称；花萼管状，裂片镊合状排列，稀覆瓦状排列；花瓣与萼齿同数，镊合状排列。果为荚果。种子扁平。

城南森林公园有 3 属，3 种。

1. 金合欢属 Acacia Mill.

灌木、小乔木或攀缘藤本，有刺或无刺。二回羽状复叶，小叶通常小而多对，或叶片退化，叶柄变为叶片状，总叶柄及叶轴上常有腺体；托叶刺状或不明显，罕为膜质。花小，两性或杂性，大多为黄色，少数白色，通常约 50 朵，或更多，组成圆柱形的穗状花序或圆球形的头状花序；花萼通常钟状，具裂齿；花瓣分离或于基部合生。荚果长圆形或线形。种皮硬而光滑。

城南森林公园有 1 种。

* 大叶相思

Acacia auriculiformis A. Cunn. ex Benth.

常绿乔木，枝条下垂，树皮平滑，灰白色。小枝无毛，皮孔显著。叶状柄镰状长圆形，长 10~20 cm，宽 1.5~4（6）cm，两端渐狭，主脉有 3~7 条。穗状花序长 3.5~8 cm，1 至数枝簇生于叶腋或枝顶；花橙黄色；花萼长 0.5~1 mm，顶端浅齿裂；花瓣长圆形，长 1.5~2 mm。荚果成熟时旋卷，长 5~8 cm，果瓣木质，每一果内有种子约 12 粒。种子围以折叠的珠柄。

锦城公园有栽培。中国华南、华东地区有引种。原产于澳大利亚北部及新西兰。为材用或绿化树种，生长迅速。

与台湾相思 *Acacia confusa* Merr. 相似，不同在于后者叶状柄较小，长 6~10 cm，宽 4~10 mm，花组成圆球形的头状花序。

2. 合欢属 Albizia Durazz.

乔木或灌木，稀为藤本，通常无刺。二回羽状复叶互生，通常落叶；羽片 1 至多对；总叶柄及叶轴上有腺体；小叶对生，1 至多对。花小，常两型，5 基数，两性，稀可杂性，组成头状花序、聚伞花序或穗状花序；花萼钟状或漏斗状，具 5 齿或 5 浅裂；花瓣常在中部以下合生成漏斗状，上部具 5 枚裂片。荚果带状，扁平，果皮薄。种子间无间隔，不开裂或迟裂，种子圆形或卵形，扁平。

城南森林公园有 1 种。

天香藤

Albizia corniculata (Lour.) Druce

攀缘灌木或藤本。幼枝稍被柔毛，在叶柄下常有 1 枚下弯的粗短刺。二回羽状复叶，羽片 2~6 对；总叶柄近基部有 1 枚腺体；小叶 4~10 对，长圆形或倒卵形，长 12~25 mm，顶端极钝或有时微缺，或具硬细尖，基部偏斜。头状花序有花 6~12 朵，再排成顶生或腋生的圆锥花序；花冠白色，裂片长约 2 mm。荚果带状，无毛。种子长圆形，褐色。花期 4~7 月，果期 8~11 月。

见于葛布村至龙底坑；生于山地疏林中，常攀附于树上。分布于中国华南、华东地区。越南、老挝、柬埔寨亦有分布。

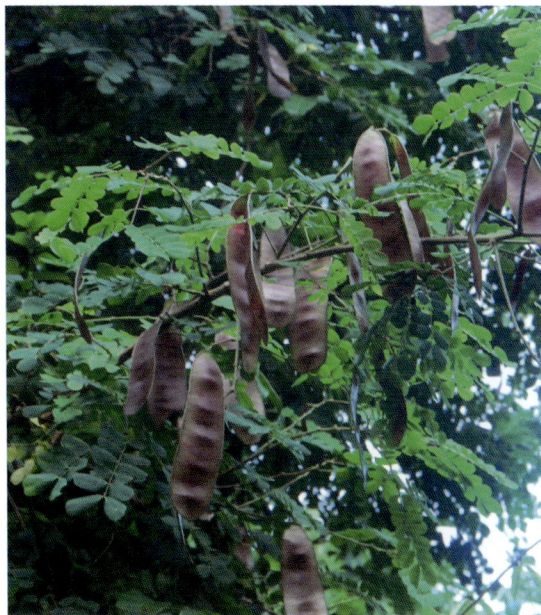

3. 猴耳环属 Archidendron F. Muell.

乔木或灌木，无刺。叶为二回羽状复叶，羽片1至数对；小叶大，1~5 对，羽片或小叶着生处有腺体。花组成头状花序或再排成圆锥花序；生于老茎、老枝上；花萼钟状，具 5 个短齿；花冠管状，具 5 个裂齿。荚果扁平或肿胀，果瓣厚，革质。种子扁平，种子悬垂于延伸的种柄上，劲直或微弯。

城南森林公园有 1 种。

亮叶猴耳环

Archidendron lucidum (Benth.) Nielsen

乔木，高 2~10 m。羽片 1~2 对；总叶柄近基部、每对羽片下和小叶片下的叶轴上均有圆形而凹陷的腺体，下部羽片通常具 2~3 对小叶，上部羽片具 4~5 对小叶；小叶斜卵形或长圆形，顶生的一对最大，对生，余互生且较小。头状花序球形，有花 10~20 朵；花瓣白色，长 4~5 mm，中部以下合生。荚果旋卷成环状，宽 2~3 cm。种子黑色。花期 4~6 月；果期 7~12 月。

见于城南森林公园纪念碑至山顶；生于疏林中或林缘。分布于中国华南、华东、华中、西南地区。印度和越南也有分布。木材用作薪炭；枝叶入药，能消肿祛湿。

本种与猴耳环 Archidendron clypearia (Jack) I. C. Nielsen 相似，不同在于后者羽片 2 ~ 8 对，小叶对生。

147. 苏木科 Caesalpiniaceae

乔木或灌木，很少为草本。叶为一至二回羽状复叶，稀单叶或单小叶；托叶通常缺或早落。花常两性，稍左右对称，排成总状花序或圆锥花序，稀为聚伞花序；萼片 5 枚或上面 2 枚合生；花瓣 5 枚或更少或缺；雄蕊通常 10 枚，很少多数；子房上位，1 室。荚果各式，开裂或不开裂而呈核果状或翅果状，通常 2 瓣开裂。种子有时具假种皮。

城南森林公园有 2 属，3 种。

1. 羊蹄甲属 Bauhinia L.

乔木、灌木或具卷须的木质攀缘藤本。单叶互生，通常顶端 2 裂，很少全缘；基出脉 3 至多条，中脉常伸出于 2 裂片间形成一小芒尖。花两性，很少为单性，组成总状花序，伞房花序或圆锥花序；苞片和小苞片通常早落；花托短陀螺状或延长为圆筒状；萼杯状，一侧开裂呈佛焰状，或于开花时分裂为 5 萼片；花瓣 5 片。荚果长圆形，带状或线形。种子球形或卵形，扁平。

城南森林公园有 1 种。

龙须藤

Bauhinia championii (Benth.) Benth.

藤本，有卷须。叶纸质，卵形或心形，长 3~10 cm，宽 2.5~8 cm，先端锐渐尖、微凹或 2 裂，裂片长度不一，上面无毛，下面被紧贴的短柔毛，渐变无毛或近无毛，干时粉白褐色，具基出脉 5~7 条；叶柄长 1~2.5 cm。总状花序狭长，腋生；花直径约 8 mm；花瓣白色。荚果倒卵状长圆形或带状，扁平。种子 2~5 粒，圆形，扁平。花期 6~10 月；果期 7~12 月。

见于水南村；生于丘陵灌丛或山地疏林中。

分布于中国华南、华东、华中地区。印度、越南和印度尼西亚也有分布。根和老茎供药用，用于治疗风湿性关节炎、腰腿疼、跌打损伤等。

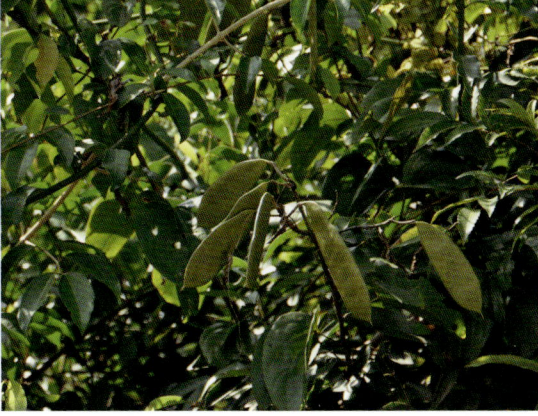

2. 决明属 Cassia L.

乔木、灌木、亚灌木或草本。叶常丛生，偶数羽状复叶；叶柄和叶轴上常有腺体；小叶对生，无柄或有短柄；托叶多样。花近辐射对称，通常黄色，组成腋生的总状花序或顶生的圆锥花序，或有时1至数朵簇生于叶腋；苞片与小苞片多样；萼筒短；花瓣通常5片。荚果形状多样，圆柱形或扁平，很少具4棱或有翅，木质、革质或膜质，2瓣裂或不开裂。种子横生或纵生，之间有横隔。

城南森林公园有2种。

1. 翅荚决明

Cassia alata L.

直立灌木，高1.5~3 m。羽状复叶长30~60 cm；在靠腹面的叶柄和叶轴上有2条纵棱条，有狭翅；托叶三角形；小叶6~12对，薄革质，倒卵状长圆

形或长圆形，长8~15 cm，宽3.5~7.5 cm，顶端圆钝而有小短尖头，下面叶脉明显凸起。花序顶生和腋生，具长梗，单生或分枝，长10~50 cm；花黄色，直径约2.5 cm。荚果长带状。种子50~60粒，扁平，三角形。花期11月至翌年1月，果期12月至翌年2月。

见于城南森林公园生态步道旁；生于山坡路旁。分布于中国广东和云南南部地区，逸为野生。原产美洲热带地区，现广布于全世界热带地区。本种可被用作缓泻剂；种子有驱蛔虫之功效。

本种与腊肠树 *Cassia fistula* L. 相似，不同在于后者羽状复叶的小叶4~8对，阔卵形、卵形或长圆形，荚果圆柱形。

2. 含羞草决明（山扁豆）

Cassia mimosoides L.

一年生或多年生亚灌木状草本，高30~60 cm，多分枝。叶长4~8 cm，在叶柄的上端、最下一对小叶的下方有圆盘状腺体1枚；小叶20~50对；托叶线状锥形。花序腋生，1或数朵聚生，总花梗顶端有2枚小苞片；萼长6~8 mm；花瓣黄色，不等大，具短柄，略长于萼片。荚果镰形，扁平，长2.5~5 cm，宽约4 mm。种子10~16粒。花果期常8~10月。

见于东门岭；生于山坡地或空旷地。分布于中国华南、华东、西南地区。原产美洲热带地区，现

广布于全世界热带和亚热带地区。本种是良好的覆盖植物和改土植物，同时又是良好的绿肥；根可治痢疾。

148. 蝶形花科 Papilionaceae

草本、藤本、灌木或乔木。叶通常互生，复叶，很少为单叶，常有托叶，有时变为刺。花两性，两侧对称，具蝶形花冠，常组成总状花序或圆锥花序，少为头状花序或穗状花序；萼管通常 5 裂；花瓣 5 枚，覆瓦状排列。荚果不开裂或开裂为 2 枚果瓣，或由 2 至多个各具 1 种子的荚节组成。种子通常无胚乳。

城南森林公园有 11 属，11 种，1 变种。

1. 链荚豆属 Alysicarpus Neck. ex Desv.

多年生草本，茎直立或披散。叶为单小叶，少为羽状三出复叶，具托叶和小托叶。花小，通常成对排列于腋生或顶生的总状花序的节上；苞片干膜质，早落；花萼深裂，裂片干而硬，近等长，基部有时呈覆瓦状排列，上部 2 裂片常合生。花冠的旗瓣宽，倒卵形或近圆形，龙骨瓣钝，贴生于翼瓣。荚果圆柱形，膨胀，荚节数个，不开裂，每荚节具 1 种子。

城南森林公园有 1 种。

链荚豆

Alysicarpus vaginalis (L.) DC.

多年生草本，簇生或基部多分枝。茎平卧或上部直立，高 30~90 cm，稍被短茸毛。叶为单小叶；托叶线状披针形，干膜质，具条纹；叶柄长

5~14 mm，无毛；小叶形状及大小变化很大，茎上部小叶通常较下部的叶大。总状花序腋生或顶生；花梗长 3~4 mm；花冠紫蓝色。荚果扁圆柱形，长 1.5~2.5 cm，宽 2~2.5 mm，有短柔毛。花期 8~9 月，果期 9~11 月。

见于城南森林公园正门附近；生于路旁、坡地。分布于中国华南及福建、台湾、云南等地。东半球热带地区也有分布。为良好绿肥植物，亦可作饲料。

2. 木豆属 Cajanus DC.

直立灌木或亚灌木，或为藤本。叶具羽状 3 小叶或有时为指状 3 小叶，小叶背面有腺点；托叶和小托叶小或缺。总状花序腋生或顶生；苞片小或大，早落；小苞片缺；花萼钟状，5 齿裂，裂片短，上部 2 枚合生或仅于顶端稍二裂；花冠宿存或否。荚果线状长圆形，压扁。种子间有横槽，种子肾形至近圆形，光亮，有各种颜色或具斑块。

城南森林公园有 1 种。

蔓草虫豆

Cajanus scarabaeoides (L.) Thouars

蔓生或缠绕状草质藤本。茎纤弱，具细纵棱，多少被红褐色或灰褐色短茸毛。叶具羽状 3 小叶；托叶小，卵形，常早落；叶柄长 1~3 cm；小叶纸质或近革质；基出脉 3 条，在下面脉明显凸起；小托叶缺；小叶柄极短。总状花序腋生，有花 1~5 朵；花萼钟状；花冠黄色。荚果长圆形，长 1.5~2.5 cm，宽约 6 mm，果瓣革质。种子 3~7 粒，椭圆状，长约 4 mm，有凸起的种阜。花期 9~10 月，果期 11~12 月。

见于城南森林公园生态科普长廊；生于路旁或坡地。分布于中国华南、华东、西南等地。日本琉

球群岛，热带亚洲、大洋洲及非洲也有分布。叶入药，有健胃、利尿作用之功效。

3. 鸡血藤属 Callerya Endl.

藤本、攀缘灌木，或很少乔木。奇数羽状复叶互生；托叶狭三角形，无毛，宿存或早落；小叶 2 至多对，通常对生，全缘。圆锥花序大，顶生或腋生，花单生分枝上或簇生于缩短的分枝上；花长 1~2.5 cm，无毛或外面被绢毛，花萼阔钟状；花冠紫色、粉红色、白色或堇青色，旗瓣内面常具色纹，开放后反折。荚果扁平或肿胀，线形或圆柱形，有种子 2 枚至多数。种子凸镜形、球形或肾形，挤压时成鼓形。

城南森林公园有 1 种。

香花鸡血藤（山鸡血藤）

Callerya dielsiana (Harms) P. K. Lôc ex Z. Wei et Pedley

木质攀缘藤本，长 2~5 m。羽状复叶长 15~30 cm，托叶线形；叶柄长 5~12 cm；小叶 2 对，纸质，披针形、长圆形或窄长圆形，长 5~15 cm，先端急尖至渐尖，偶有钝圆，基部钝。圆锥花序顶生，宽大；花梗长约 5 mm；花单生，长 1.2~2.4 cm；花萼宽钟形，长 3~5 mm；花冠紫红色。荚果长圆形，长 7~12 cm，扁平，密被灰色茸毛，果瓣木质，具 3~5 粒种子。种子长圆状，凸镜状。花期 5~9 月，果期 6~11 月。

见于水南村；生于山坡林缘或灌丛中。分布于中国华南、西南、华东和西北地区。茎和根入药，有止血补血、活血通络之功效；也可作庭园观赏。

4. 黄檀属 Dalbergia L. f.

乔木、灌木或木质藤本。叶为奇数羽状复叶，小叶互生；托叶通常小且早落，无小托叶。花小，通常多数，组成顶生或腋生圆锥花序，分枝有时呈二歧聚伞状；苞片和小苞片通常小，脱落，稀宿存；花萼钟状，裂齿 5 枚，下方 1 枚通常最长，稀近等长；花冠白色、淡绿色或紫色；雄蕊 10 或 9 枚。荚果不开裂，长圆形或带状，翅果状。种子肾形，扁平。

城南森林公园有 1 种。

藤黄檀

Dalbergia hancei Benth.

藤本。枝纤细，幼枝略被柔毛，小枝有时变钩状或旋扭。奇数羽状复叶长 5~8 cm；小叶 3~6 对，

托叶膜质，披针形，早落。总状花序远较复叶短；花梗长 1~2 mm；基生小苞片卵形；花萼阔钟状；花冠绿白色，芳香，长约 6 mm。荚果扁平，长圆形或带状，通常有 1 粒种子，稀 2~4 粒。种子肾形，极扁平。花期 4~5 月，果期 7~8 月。

见于葛布村；生于山谷水库旁。分布于中国华南、华东等地。茎皮纤维供编织；根、茎入药，有舒筋活络、理气止痛、破积之功效。

5. 山蚂蝗属 Desmodium Desv.

草本、亚灌木或灌木。叶为羽状三出复叶或退化为单小叶，具托叶和小托叶，小托叶钻形或丝状；小叶全缘或浅波状。花通常较小，组成腋生或顶生的总状花序或圆锥花序，少数单生或成对生于叶腋；苞片宿存或早落；花萼钟状，4~5 裂；花冠白色、绿白色、黄白色、粉红色或紫色，旗瓣椭圆形、宽椭圆形、倒卵形、宽倒卵形至近圆形。荚果扁平，不开裂；荚节数枚。

城南森林公园有 1 种。

假地豆

Desmodium heterocarpon (L.) DC.

小灌木或亚灌木，直立或平卧，基部多分枝，多少被糙伏毛，后变无毛。叶为羽状三出复叶；托叶宿存，狭三角形；叶柄长 1~2 cm，略被柔毛；小叶纸质，顶生小叶椭圆形，长椭圆形或宽倒卵形；苞片卵状披针形，被缘毛；花梗长 3~4 mm，近无毛或疏被毛；花萼长 1.5~2 mm；花冠紫红色，紫色或白色，长约 5 mm。荚果密集，狭长圆形。花期 7~10 月，果期 10~11 月。

见于城南森林公园科普长廊和姐妹亭交叉处、

正门至生态步道；生于山坡草地或林缘。分布于中国长江以南各地。东南亚及日本、澳大利亚和太平洋群岛亦有分布。全株供药用，能治跌打损伤。

6. 刺桐属 Erythrina L.

乔木或灌木。小枝常有皮刺。羽状复叶具 3 小叶，有时被星状毛；托叶小，小托叶呈腺体状。总状花序腋生或顶生；花红色，成对或成束簇生在花序轴上；苞片和小苞片小或缺。荚果具果颈，多为线状长圆形或镰刀形，在种子间收缩或成波状，2 瓣裂或菁葖状而沿腹缝线开裂，极少不开裂。种子卵球形，种脐侧生，无种阜。

城南森林公园有 1 种。

* 鸡冠刺桐

Erythrina crista-galli L.

落叶灌木或小乔木，茎和叶柄稍具皮刺。小叶长卵形或披针状长椭圆形，长 7~10 cm，宽

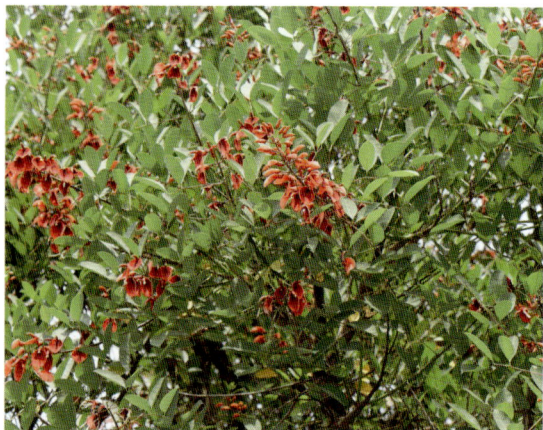

3~4.5 cm，先端钝，基部近圆形。花与叶同出，总状花序顶生，每节有花 1~3 朵；花深红色，长 3~5 cm，稍下垂或与花序轴成直角；花萼钟状，先端二浅裂。荚果长约 15 cm，褐色。种子间缢缩，种子大，亮褐色。

锦城公园有栽培。分布于中国华南地区及台湾、云南。原产于巴西。花形态特别，可供庭园观赏。

7. 木蓝属 Indigofera L.

灌木或草本，稀小乔木，多少被白色或褐色平贴丁字毛，有时被腺毛或腺体。奇数羽状复叶，偶为掌状复叶、三小叶或单叶；托叶脱落或留存，小托叶有或无；小叶通常对生，稀互生，全缘。总状花序腋生；苞片常早落；花萼钟状或斜杯状，萼齿 5 枚；花冠紫红色至淡红色。荚果线形或圆柱形，稀长圆形或卵形或具 4 棱，偶具刺。种子肾形、长圆形或近方形。

城南森林公园有 1 种。

* 木蓝

Indigofera tinctoria L.

直立亚灌木，高 0.5~1 m，分枝少。幼枝有棱，扭曲，被白色丁字毛。羽状复叶长 2.5~11 cm；叶柄长 1.3~2.5 cm；小叶 4~6 对，对生，倒卵状长圆形或倒卵形，先端圆钝或微凹；小叶柄长约 2 mm；小托叶钻形。总状花序长 2.5~7 cm；苞片钻形；花梗长 4~5 mm。荚果线形，长 2.5~3 cm。种子间有缢缩，外形似串珠状，有毛或无毛，有种子 5~10 粒，内果皮具紫色斑点。花期几乎全年，果期 10~11 月。

龙井村有栽培。分布于中国华南地区及安徽、台湾。亚洲、非洲热带地区也有分布。叶供提取蓝靛染料，又可入药，能凉血解毒；根及茎叶外敷，可治肿毒。

8. 排钱树属 Phyllodium Desv.

灌木或亚灌木。叶为羽状三出复叶，具托叶和小托叶。花 4~15 朵组成伞形花序，由对生、圆形、宿存的叶状苞片包藏，在枝先端排列呈总状圆锥花序状，形如一长串钱牌；花萼钟状，被柔毛，5 裂，但上部 2 裂片合生为 1 片，或先端微 2 裂，下部 3 裂，较上部萼裂片长，萼筒多少较萼裂片长；花冠白色至淡黄色或稀为紫色。荚果腹缝线稍缢缩呈浅波状，背缝线呈浅牙齿状，无柄，不开裂，有荚节（1）2~7 个。

城南森林公园有 1 种。

毛排钱树（毛排钱草）

Phyllodium elegans (Lour.) Desv.

灌木，高 0.5~1.5 m。茎、枝和叶柄均密被黄色茸毛。托叶宽三角形，外面被茸毛；叶柄长约 5 mm；小叶革质，顶生小叶卵形、椭圆形至倒卵形，长 7~10 cm，宽 3~5 cm，侧生小叶斜卵形，两端钝，两面均密被茸毛，侧脉每边 9~10 条，边缘呈浅波状；小托叶针状，长约 2 mm；小叶柄长 1~2 mm，密被黄色茸毛。花通常 4~9 朵组成伞形花序；生于叶状苞片内，叶状苞片排列成总状圆锥花序状，顶生或侧生，苞片与总轴均密被黄色茸毛；花冠白色或淡绿色。荚果通常长 1~1.2 cm，宽 3~4 mm，密被银灰色茸毛，通常有荚节 3~4；种子椭圆形。花期 7~8 月，果期 10~11 月。

见于城南森林公园生态科普长廊；生于山坡林下、路旁。分布于中国广东、海南、广西、福建及云南等地。泰国、柬埔寨、老挝、越南、印度尼西亚也有分布。根、叶供药用，有消炎解毒、活血利尿之功效。

本种与排钱树 Phyllodium pulchellum (L.) Desv.近似，不同在于后者叶上面和叶状苞片近无毛，或叶状苞片略被短柔毛，荚果常具 2 节，熟时无毛或略被柔毛。

9. 葛属 Pueraria DC.

缠绕藤本。茎草质或基部木质。叶为具 3 小叶的羽状复叶；托叶基部着生或盾状着生，有小托叶；小叶大，卵形或菱形，全裂或具波状 3 枚裂片。总状花序或圆锥花序腋生；花序轴上通常具稍凸起的节；花通常数朵簇生于花序轴的节上；花冠伸出于萼外，天蓝色或紫色。荚果线形，稍扁或圆柱形；果瓣薄革质。种子扁，近圆形或长圆形。

城南森林公园有 1 种，1 变种。

1. 葛麻姆

Pueraria lobata (Willd.) Ohwi var. **montana** (Lour.) van der Maesen

粗壮藤本，全体被黄色长硬毛。茎基部木质，有粗厚的块状根。羽状复叶具 3 小叶；托叶背着，卵状长圆形；小托叶线状披针形；小叶三裂，偶尔全缘，顶生小叶宽卵形，长大于宽；小叶柄被黄褐色茸毛。总状花序长 15~30 cm，中部以上有颇密集的花；苞片比小苞片短；花萼长 7~8 mm。荚果长椭圆形，长 5~9 cm，宽 6~8 mm，扁平，被褐色长硬毛。花期 7~9 月，果期 10~12 月。

见于水南村；生于林中坡地。分布于中国西南至东南部。东南亚及日本也有分布。葛根供药用，有解表退热、生津止渴、止泻之功效，也是一种良好的水土保持植物。

本种与葛 Pueraria lobata (Willd.) Ohwi 近似，不同在于后者花萼长 8~10 mm，旗瓣倒卵形长 10~12 mm，荚果宽 8~11 mm。

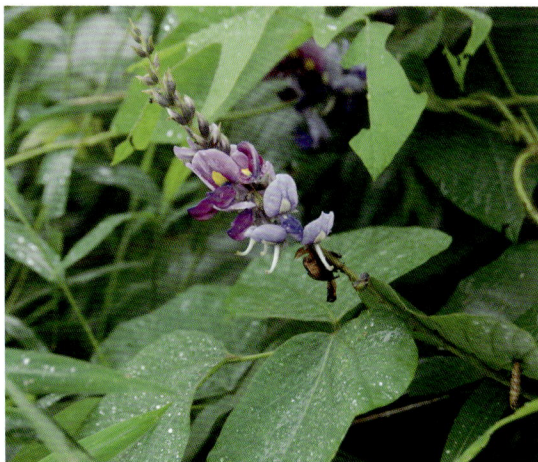

2. 三裂叶野葛

Pueraria phaseoloides (Roxb.) Benth.

草质藤本。茎纤细，长 2~4 m，被褐黄色、开展的长硬毛。羽状复叶具 3 小叶；托叶基着，卵状披针形，小托叶线形。总状花序单生；苞片和小苞片线状披针形，长 3~4 mm，被长硬毛；花具短梗，聚生于稍疏离的节上；萼钟状，长约 6 mm。荚果近圆柱状，长 5~8 cm，直径约 4 mm，初时稍被紧贴的长硬毛，后近无毛，果瓣开裂后扭曲。种子长椭圆形，两端近截平。花期 8~9 月，果期 10~11 月。

见于水南村；生于山坡地或丘陵。分布于中国华南地区及云南和浙江。印度及中南半岛、马来半岛亦有分布。本种可作覆盖植物、饲料和绿肥作物。

10. 黧豆属 Mucuna Adans.

木质或草质藤本。叶为羽状复叶，具 3 小叶，小叶大，侧生小叶多少不对称，有小托叶，常脱落。花序腋生或生于老茎上，近聚伞状，或为假总状或紧缩的圆锥花序；花大，苞片小或脱落；花萼钟状；

花冠伸出萼外，深紫色、红色、浅绿色或近白色。荚果膨胀或扁，边缘常具翅。种子肾形、圆形或椭圆形，种脐短或长而为线形，无种阜。

城南森林公园有 1 种。

白花油麻藤

Mucuna birdwoodiana Tutch.

大型木质藤本。老茎外皮灰褐色，断面淡红褐色，有 3~4 偏心的同心圆圈；幼茎具纵沟槽，皮孔褐色，凸起。羽状复叶长 17~30 cm，具 3 小叶；托叶早落；叶柄长 8~20 cm；小叶柄长 4~8 mm，具稀疏短毛。总状花序生于老枝上或生于叶腋；苞片卵形，长约 2 mm，早落；花梗长 1~1.5 cm；花

冠白色或带绿白色。果木质，带形。种子 5~13 粒，深紫黑色。花期 4~6 月，果期 6~11 月。

见于城南森林公园正门至生态步道；生于山坡阳处、路旁。分布于中国华南、华东、西南地区。本种为优良的藤本观赏花卉；藤茎在民间被用作通经络、强筋骨草药；种子有毒，不宜食用。

11. 葫芦茶属 Tadehagi H. Ohashi

灌木或亚灌木。叶为单小叶，叶柄有宽翅，翅顶有小托叶 2 片。总状花序顶生或腋生，通常每节生 2~3 朵花；花萼种状；旗瓣圆形、宽椭圆形或倒卵形，翼瓣椭圆形，长圆形，较龙骨瓣长，基部具耳和瓣柄，先端圆，龙骨瓣先端急尖或钝。荚果通常有 5~8 荚节，腹缝线直或稍呈波状。

城南森林公园有 1 种。

葫芦茶

Tadehagi triquetrum (L.) H. Ohashi

灌木或亚灌木，高 1~2 m。幼枝三棱形，棱上被疏短硬毛，老时渐变无。托叶披针形，长 1.3~2 cm；叶柄长 1~3 cm，两侧有宽翅，翅宽 4~8 mm，与叶同质；小叶纸质，狭披针形至卵状披针形。总状花

序顶生和腋生；花 2~3 朵簇生于每节上；花冠淡紫色或蓝紫色，长 5~6 mm，伸出萼外。荚果长 2~5 cm，宽约 5 mm，密被黄色或白色糙伏毛。种子宽椭圆形或椭圆形，长 2~3 mm．花期 6~10 月，果期 10~12 月。

见于城南森林公园生态科普长廊；生于山地林缘、路旁。分布于中国华南及福建、云南、贵州等地。亚洲热带地区和澳大利亚也有分布。全株供药用，能清热解毒、健脾消食；叶形特别，可供观赏。

151. 金缕梅科 Hamamelidaceae

常绿或落叶乔木和灌木。叶互生，稀对生，全缘或有锯齿，或为掌状分裂。花排成头状花序、穗状花序或总状花序。萼筒与子房分离或多少合生，萼裂片 4~5 数；花瓣与萼裂片同数，线形、匙形或鳞片状。果为蒴果，常室间及室背裂开为 4 片，外果皮木质或革质；种子多数，常为多角形，扁平或有窄翅。

城南森林公园有 3 属，3 种，1 变种。

1. 枫香树属 Liquidambar L.

落叶乔木。叶互生，有长柄，掌状分裂，具掌状脉，边缘有锯齿。花单性，雌雄同株，无花瓣。雄花多数，排成头状或穗状花序，再排成总状花序。雌花多数，聚生在圆球形头状花序上，有苞片 1 个。头状果序圆球形，有蒴果多数；蒴果木质，室间裂开为 2 片，果皮薄，有宿存花柱或萼齿；种子多数。

城南森林公园有 1 种。

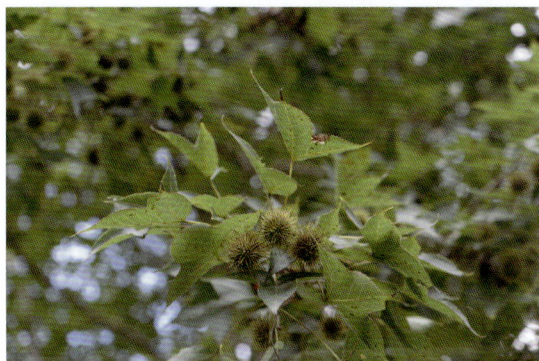

枫香树（路路通、山枫香树）
Liquidambar formosana Hance

落叶大乔木，胸径可达 1 m，树皮灰褐色，方块状剥落。叶薄革质，阔卵形，掌状 3 裂，中央裂片较长，先端尾状渐尖；两侧裂片平展。雄性短穗状花序常多个排成总状。雌性头状花序有多朵花，花序柄长 3~6 cm。头状果序圆球形，木质；蒴果下半部藏于花序轴内，有宿存花柱及针刺状萼齿；种子多数，褐色。花期 3~6 月，果期 7~10 月。

见于城南森林公园纪念碑至山顶；生于低山的林中。分布于我国秦岭及淮河以南各地，北起河南、山东，东至台湾，西至四川、云南及西藏，南至广东。越南北部、老挝及朝鲜南部也有分布。根、叶及果实可入药，有祛风除湿、通络活血功效；木材可制家具及商品的装箱；秋季叶片常变红色或黄色，可供观赏。

2. 檵木属 Loropetalum R. Br.

常绿或半落叶灌木至小乔木，芽体无鳞苞。叶互生，革质，卵形，全缘，稍偏斜，有短柄。花 4~8 朵排成头状或短穗状花序，两性；萼筒倒锥形，与子房合生，外侧被星毛，萼齿卵形；花瓣带状，白色，在花芽时向内卷曲。蒴果木质，卵圆形，被星毛，上半部 2 片裂开，每片 2 浅裂，下半部被宿存萼筒所包裹，并合生；种子 1 粒，长卵形，黑色，有光泽。

城南森林公园有 1 种，1 变种。

1. 檵木（白花檵木、白彩木、继木）

Loropetalum chinense (R. Br.) Oliver

灌木，有时为小乔木，多分枝。叶革质，卵形，长 2~5 cm，宽 1.5~2.5 cm，先端尖锐，基部钝，不等侧。花 3~8 朵簇生，有短花梗，白色，比新叶先开放，或与嫩叶同时开放，花序柄长约 1 cm，被毛；苞片线形，长约 3 mm；萼筒杯状，被星毛；花瓣 4 片，带状，长 1~2 cm。蒴果卵圆形，先端圆，被褐色星状茸毛。种子圆卵形，黑色，发亮。花期 3~4 月，果期 8~9 月。

见于葛布村；生于向阳的山地。分布于我国中部、南部及西南各地；亦见于日本及印度。叶药用可止血；根及叶治跌打损伤，有去瘀的之功效。

2. *红花檵木（红檵花、红桎木、红檵木）

Loropetalum chinensis (R. Br.) Oliver var. **rubrum** Yieh

与原变种檵木近似，不同在于花紫红色，长约 2 cm。花期 4~5 月，花期 30~40 天；果期 8~9 月。

葛布村有栽培。分布于中国长江中下游及以南地区。印度北部也有分布。枝繁叶茂，姿态优美，具较高观赏价值；花、根、叶可药用。

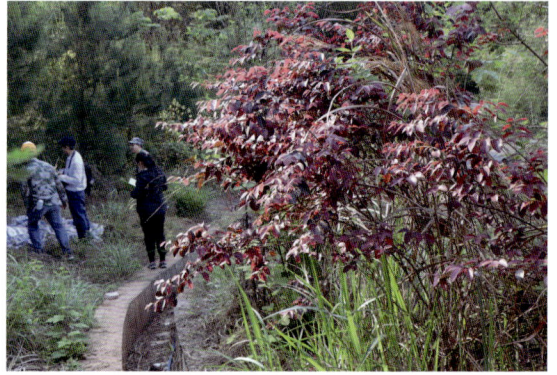

3. 半枫荷属 Semiliquidambar H. T. Chang

常绿或半落叶乔木。叶革质，具柄，互生，叶片异型，通常卵形或椭圆形，有离基三出脉，或为叉状 3 裂，有时单侧叉状分裂，具掌状脉，边缘有锯齿；托叶线形，早落。花单性，雌雄同株，聚成头状花序或短穗状花序。头状果序半球形，基底平截，有多数蒴果，有宿存萼齿及花柱。蒴果木质，上半部游离。

城南森林公园有 1 种。

半枫荷（阿丁枫、闽半枫荷）

Semiliquidambar cathayensis H. T. Chang

常绿乔木，胸径达 60 cm，树皮灰色。叶簇生于枝顶，革质，异型，不分裂的叶片卵状椭圆形，长 8~13 cm，宽 3.5~6 cm；先端渐尖，基部阔楔形或近圆形，稍不等侧。雄花的短穗状花序常数个排成总状，长约 6 cm，花被全缺。雌花的头状花序单生，萼齿针形，长 2~5 mm。头状果序直径约 2.5 cm。

见于葛布村；生于林中。分布于中国广东、广西、江西、贵州。根供药用，治风湿跌打、瘀积肿痛、产后风瘫等；植株可供观赏。

159. 杨梅科 Myricaceae

常绿或落叶乔木或灌木，具芳香。单叶互生，具叶柄，具羽状脉，边缘全缘或有锯齿或不规则牙齿。花通常单性，无花被，无梗，生于穗状花序上；雌雄异株或同株，稀具两性花而成杂性同株；穗状花序单一或分枝，常直立或向上倾斜。核果小坚果状，具薄而疏松的或坚硬的果皮，或为球状或椭圆状的较大核果。

城南森林公园有 1 属，1 种。

杨梅属 Myrica L.

常绿或落叶乔木或灌木，雌雄同株或异株。单叶常密集于小枝上端，无托叶，全缘或具锯齿。穗状花序单一或分枝，直立或向上倾斜，或稍俯垂状。雄花具雄蕊 2~8 枚，稀多至 20 枚；小苞片有或无。核果小坚果状，具薄的果皮。

城南森林公园有 1 种。

杨梅

Myrica rubra (Lour.) Siebold et Zucc.

常绿乔木，高可达 15 m 以上，胸径达 60 cm；树皮灰色，老时纵向浅裂；树冠圆球形。小枝及芽无毛。叶革质，无毛，常密集于小枝上端部分；生于孕性枝上者为楔状倒卵形或长椭圆状倒卵形，长 5~14 cm，宽 1~4 cm。花雌雄异株；雄花序单独或数条丛生于叶腋，圆柱状；雌花序常单生于叶腋，较雄花序短而细瘦。核果球状，外表面具乳头状凸起。花期 4~5 月，果期 5~7 月。

见于城南森林公园纪念碑至山顶、正门附近；生于山坡、山谷或林缘。分布于中国广东、广西及华东、西南地区。日本、朝鲜和菲律宾也有分布。杨梅是我国的著名水果；株形优美，果熟时红色，可供观赏。

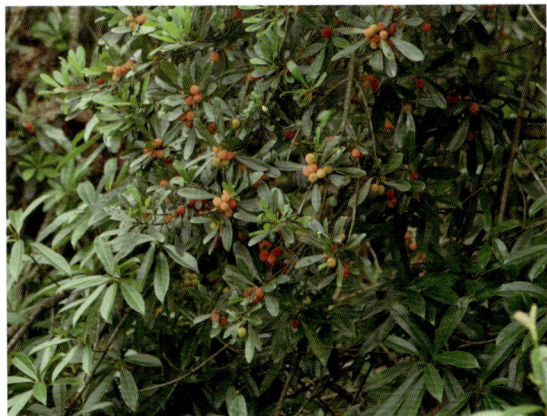

163. 壳斗科 Fagaceae

常绿或落叶乔木，稀灌木。单叶互生，极少轮生，全缘或齿裂。花单性同株，稀异株；花被一轮，4~8 片，基部合生，干膜质。雄花序下垂或直立，整序脱落，由多数单花或小花束；雌花序直立，花单朵散生或 3 至数朵聚生成簇。坚果有棱角或浑圆，顶部有稍凸起的柱座，有时占坚果面积的大部分，凸起、近平坦，或凹陷。

城南森林公园有 1 属，1 种。

锥属 Castanopsis (D. Don) Spach

常绿乔木，腋芽扁圆形。叶二列，互生或螺旋状排列，叶背被毛或鳞腺，或二者兼有；托叶早落。花雌雄异序或同序，花序直立，穗状或圆锥花序；花被裂片 5~8 片；雄花单朵散生或 3~7 朵簇生；雌花单朵或 3~7 朵聚生于一壳斗内。壳斗全包或包着坚果的一部分，辐射或两侧对称，稀不开裂，外壁有疏或密的刺，稀具鳞片或疣体，有坚果 1~3 个。

城南森林公园有 1 种。

米槠（米锥）

Castanopsis carlesii (Hemsl.) Hayata

乔木，高达 20 m，胸径达 80 cm，芽小，两侧压扁状，皮孔甚多，细小。叶披针形，长 6~12 cm，宽 1.5~3 cm，顶部渐尖或渐狭长尖，基部有时一侧稍偏斜，边缘全缘。雄圆锥花序近顶生，花序轴无毛或近无毛，雌花的花柱 3 或 2 枚。壳斗近圆球形或阔卵形，基部圆或近于平坦；坚果近圆球形或阔圆锥形，顶端短狭尖。花期 3~6 月，果翌年 9~11 月成熟。

见于城南森林公园生态科普长廊；生于山坡或丘陵中。分布于中国产长江以南各地。日本南部也有分布。树形高大、美观，适应能力强，抗风力强，又耐烟尘、抗污染，适用于庭院观赏及营造防火林带。

165. 榆科 Ulmaceae

乔木或灌木；芽具鳞片，稀裸露。单叶，常绿或落叶，互生，稀对生，常二列，有锯齿或全缘，基部偏斜或对称；托叶常呈膜质，侧生或生于叶柄内。单被花两性，稀单性或杂性，雌雄异株或同株；花被浅裂或深裂，花被裂片常 4~8 枚，覆瓦状（稀镊合状）排列。果为翅果、核果、小坚果或有时具翅或其附属物，顶端常有宿存的柱头。

城南森林公园有 2 属，2 种。

1. 朴属 Celtis L.

乔木。叶互生，常绿或落叶，有锯齿或全缘，具三出脉或 3~5 对羽状脉；托叶膜质或厚纸质。花小，两性或单性，有柄，集成小聚伞花序或圆锥花序；花序生于当年生小枝上，雄花序多生于小枝下部无叶处或下部的叶腋；花被片 4~5 枚，仅基部稍合生，脱落。果为核果，内果皮骨质。

城南森林公园有 1 种。

朴树

Celtis sinensis Pers.

落叶乔木，高达 20 m。树皮平滑，灰色。1 年生枝被密毛。叶互生，革质，宽卵形至狭卵形，长 3~10 cm，宽 1.5~4 cm，先端急尖至渐尖，基部圆形或阔楔形，偏斜，中部以上边缘有浅锯齿，三出脉。花杂性，1~3 朵生于当年枝的叶腋；花被片 4 枚，被毛。核果单生或 2 个并生，近球形，直径

4~5 mm，熟时红褐色。花期 3~4 月，果期 9~10 月。

见于城南森林公园正门附近；生于山坡、林缘。分布于中国华中、华东及广东、广西、四川、贵州等地。根、皮、叶入药有消肿止痛、解毒治热之功效，外敷治水火烫伤；茎皮为造纸和人造棉原料。

2. 山黄麻属 Trema Lour.

小乔木或大灌木。叶互生，卵形至狭披针形，边缘有细锯齿，基部具三出脉，稀五出脉或羽状脉。花单性或杂性，有短梗，多数密集成聚伞花序而成对生于叶腋；雄花的花被片 5 枚，裂片内曲；雌花的花被片 5 枚。核果小，直立，卵圆形或近球形，具宿存的花被片和柱头，稀花被脱落，外果皮多少肉质，内果皮骨质；种子具肉质胚乳。

城南森林公园有 1 种。

光叶山黄麻

Trema cannabina Lour.

灌木或小乔木；小枝纤细，黄绿色，被贴生的短柔毛，后渐脱落。叶近膜质，卵形或卵状矩圆形，稀披针形，长 4~9 cm，宽 1.5~4 cm，先端尾状渐尖或渐尖，基部圆或浅心形，稀宽楔形；叶柄纤细，被贴生短柔毛。花单性，雌雄同株，或雌雄同序，聚伞花序一般长不过叶柄。核果近球形或阔卵圆形，微压扁。花期 3~6 月，果期 9~10 月。

见于水南村；生于林缘、路旁。分布于中国华南、华中、华东及贵州、四川等地。印度、缅甸、

印度尼西亚、日本和中南半岛、马来半岛、大洋洲也有分布。韧皮纤维供制麻绳、纺织和造纸用，种子油供制皂和作润滑油用。

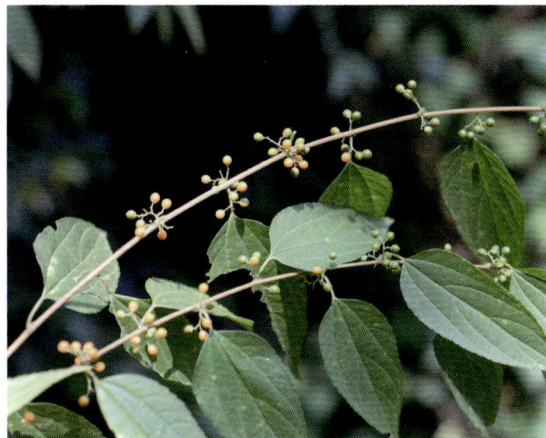

167. 桑科 Moraceae

乔木、灌木或藤本，稀为草本，通常具乳液，有刺或无刺。叶常互生，稀对生，全缘或具锯齿，分裂或不分裂；托叶 2 枚，通常早落。花小，单性，雌雄同株或异株，无花瓣；花序腋生，典型成对。雄花花被片 2~4 枚，分离或合生，覆瓦状或镊合状排列，宿存；雌花花被片 4 枚，宿存。果为瘦果或核果状。种子大或小，包于内果皮中。

城南森林公园有 2 属，9 种，2 变种。

1. 构属 Broussonetia L'Hér. ex Vent.

乔木或灌木，或为攀缘藤状灌木，有乳液。叶互生，分裂或不分裂，边缘具锯齿；托叶侧生，分离，卵状披针形，早落。花雌雄异株或同株。雄花为下垂柔黄花序或球形头状花序；花被片 3 或 4 裂。雌花密集成球形头状花序；花被管状，顶端 3~4 裂或全缘，宿存；子房内藏。聚花果球形。

城南森林公园有 1 种，1 变种。

1. 藤构（蔓构）

Broussonetia kaempferi var. **australis** Suzuki

蔓生藤状灌木；树皮黑褐色；小枝显著伸长，幼时被浅褐色柔毛，成长脱落。叶互生，螺旋状排列，近对称的卵状椭圆形，长 3.5~8 cm，宽 2~3 cm，先端渐尖至尾尖，基部心形或截形，边缘锯齿细，齿尖具腺体；叶柄被毛。花雌雄异株，雄花序短穗状；雄花花被片 4~3 枚，裂片外面被毛；雌花集生为球形头状花序。聚花果直径约 1 cm，花柱线形，

延长。花期 4~6 月，果期 5~7 月。

见于城南森林公园纪念碑、正门附近、葛布村至龙底坑；生于灌丛中或山坡路旁。分布于中国广东、广西及华中、华东、西南地区。藤构韧皮纤维为优良的造纸原料。

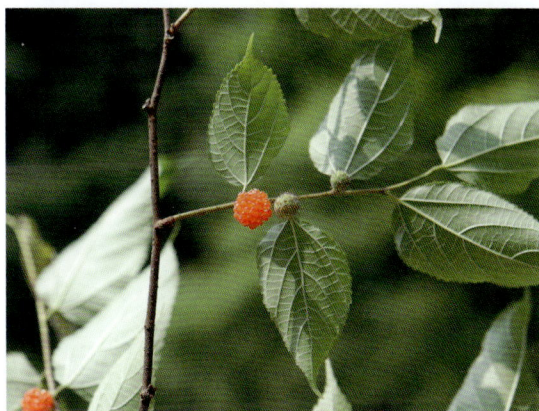

2. 构树（谷桑、楮）

Broussonetia papyrifera (L.) L'Hert. ex Vent.

乔木，高 10~20 m；树皮暗灰色；小枝密生柔毛。叶螺旋状排列，广卵形至长椭圆状卵形，长 6~18 cm，宽 5~9 cm，基生叶脉三出；侧脉 6~7 对；托叶大，卵形；叶柄长 2.5~8 cm，密被糙毛。花雌雄异株；雄花序为柔黄花序，粗壮，苞片披针形，被毛；花被 4 裂。雌花序球形头状；苞片棍棒状，花被管状；子房卵圆形；柱头线形，被毛。聚花果直径 1.5~3 cm，成熟时橙红色，肉质。花期 4~5 月，果期 6~7 月。

见于锦城公园、葛布村；生于林缘、山坡路旁。分布于我国南北各地。缅甸、泰国、越南、马来西亚、日本、朝鲜也有分布。根、皮可供药用；韧皮纤维可作造纸材料。

2. 榕属 Ficus L.

乔木或灌木，有时为攀缘状，或为附生，具乳液。叶互生，稀对生，全缘或具锯齿或分裂，无毛或被毛；托叶合生，早落。花雌雄同株或异株；雌雄同株的花序托内，有雄花、瘿花和雌花；雌雄异株的花序托内则雄花、瘿花同生于一花序托内，而雌花或不育花则生于另一植株花序托内壁。榕果腋生或生于老茎，口部苞片覆瓦状排列，有或无总梗。

城南森林公园有 8 种，1 变种。

1. 台湾榕（小银茶匙）
Ficus formosana Maxim.

灌木，高 1.5~3 m；枝纤细，节短。叶倒披针形，长 4~11 cm，宽 1.5~3.5 cm，全缘或在中部以上有疏钝齿裂，中脉不明显。榕果单生叶腋，卵状球形，成熟时绿带红色。雄花散生榕果内壁，有或无柄，花被片 3~4 枚，卵形。瘦果球形，光滑。花期 4~7 月。

见于葛布村；生于溪沟旁湿润处。分布于中国华南、华东及湖南、江西、贵州等地。越南北部也有分布。根、树皮、叶片和果实是制药的原材料，具有行气活血和舒筋通络的之功效；树形和果具有较高的观赏价值，可供庭园、绿地美化。

2. 粗叶榕（五指毛桃）
Ficus hirta Vahl

灌木至小乔木。叶互生，纸质，多型，全缘和分裂，长椭圆状披针形或广卵形，长 10~25 cm，基生脉 3~5 条，侧脉每边 4~7 条；叶柄长 2~8 cm。榕果成对腋生或生于已落叶枝上，红色。雌花果球形；雄花及瘿花果卵球形，无柄或近无柄；雄花生于榕果内壁近口部，有柄，花被片 4 枚；雌花生于雌株榕果内，有梗或无梗，花被片 4 枚。瘦果椭圆球形，表面光滑。花果期 4~6 月。

见于城南森林公园纪念碑至山顶、葛布村，较常见；生于山坡林边。分布于中国华南、湖南、福建、江西、云南、贵州。印度、缅甸、越南、泰国和印度尼西亚等地也有分布。粗叶榕以根入药，可祛风湿、益气固表；茎皮纤维制麻绳、麻袋。

见于东门岭；生于山坡或林缘。分布于中国华南及云南、贵州等地。尼泊尔、不丹、印度、泰国、越南、马来西亚至澳大利亚也有分布。根、皮、叶、果实可药用，具有清热利湿、化痰消积的之功效。

4. 青藤公（尖尾榕）

Ficus langkokensis Drake

乔木，高 5~15 m，树皮红褐色或灰黄色，小枝细，黄褐色。叶互生，纸质，椭圆状披针形至椭圆形，长 7~18 cm，宽 2~6 cm，顶端尾状渐尖，基部阔楔形，全缘，两面无毛，叶基三出脉；叶柄无毛或疏被柔毛；托叶披针形。雄花具柄，花被片 3~4 枚，卵形；雌花花被片 4 枚，倒卵形，暗红色。榕果成对或单生于叶腋，球形。

见于龙井村；生于山谷林中或沟边。分布于中国华南地区及福建、湖南西南部、四川南部、云南南部。印度东北部、老挝、越南也有分布。

3. 对叶榕（牛奶子、扁果榕）

Ficus hispida L. f.

灌木或小乔木。叶通常对生，厚纸质，卵状长椭圆形或倒卵状矩圆形，长 10~25 cm，宽 5~10 cm，全缘或有钝齿，顶端急尖或短尖，侧脉 6~9 对；叶柄长 1~4 cm，被短粗毛。榕果腋生或生于落叶枝上，或老茎发出的下垂枝上，陀螺形，成熟黄色。雄花生于其内壁口部，多数。雌花无花被。花果期 6~7 月。

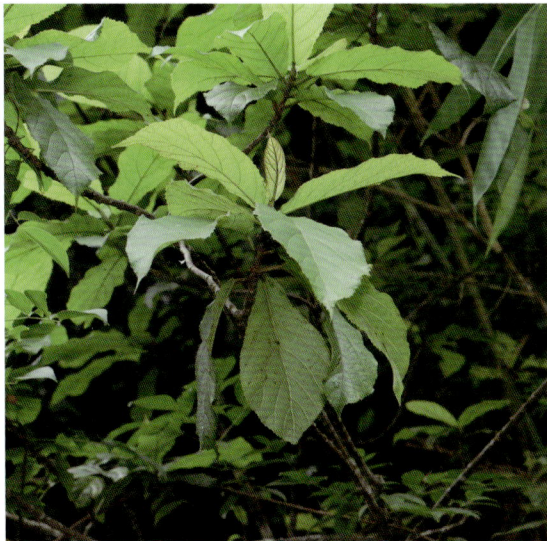

5. 琴叶榕

Ficus pandurata Hance

小灌木，高 1~2 m，嫩叶幼时被白色柔毛。叶纸质，提琴形或倒卵形，长 4~8 cm，先端急尖有短尖，基部圆形至宽楔形，侧脉 3~5 对；叶柄疏被糙毛；托叶披针形，迟落。榕果单生叶腋，鲜红色，椭圆形或球形。雄花有柄，生榕果内壁口部，花被片 4 枚，线形。瘿花有柄或无柄，花被片 3~4 枚；雌花花被片 3~4 枚，椭圆形。花期 6~8 月。

见于城南森林公园生态科普长廊、正门至生态步道、水南村、龙井村；生于山地、旷野或灌丛林下。分布于中国华南及福建、湖南、湖北、江西、安徽等地。越南也有分布。叶片特别，可供观赏。

根，革质，卵状椭圆形，长 5~10 cm；叶柄长 5~10 mm。榕果单生叶腋，幼时被黄色短柔毛，成熟时黄绿色或微红色；瘿花果梨形；雌花果近球形。雄花生榕果内壁口部，多数，排为几行，有柄，花被片 2~3 枚。瘿花具柄，花被片 3~4 枚，线形。雌花生另一植株榕果内壁，花柄长，花被片 4~5 枚。瘦果近球形，有黏液。花果期 5~8 月。

见于城南森林公园纪念碑至山腰、葛布村。分布于中国华南、华东、西南地区及湖南。日本（琉球）、越南北部也有分布。茎、叶供药用，有祛风除湿、活血通络之功效，用于治腰腿痛、乳痛、疮节等。

6. 薜荔（广东王不留行、鬼馒头、凉粉果）

Ficus pumila L.

攀缘或匍匐灌木。叶两型；不结果枝节上生不定根，叶卵状心形，长约 2.5 cm，薄革质，基部稍不对称，叶柄很短。结果枝上无不定

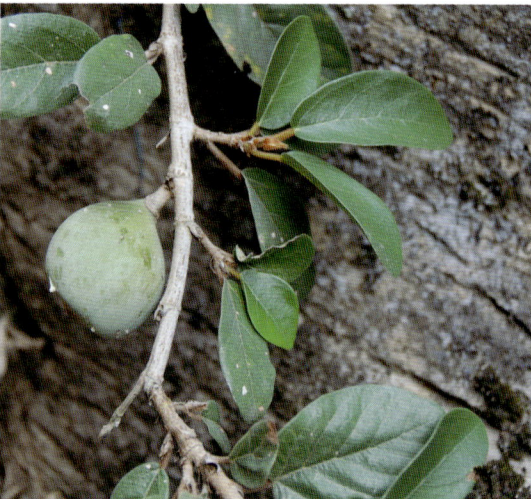

7. 竹叶榕（竹叶牛奶子、柳叶榕、长柄竹叶榕）

Ficus stenophylla Hemsl.

小灌木，高 1~3 m，枝散生灰白色硬毛，节间短。叶纸质，干后灰绿色，线状披针形，长 5~13 cm，先端渐尖，基部楔形至近圆形；托叶披针形，红色；叶柄长 3~7 mm。榕果椭圆状球形，表面稍被柔毛，成熟时深红色。雄花和瘿花同生于雄株榕

果中。雄花生内壁口部，有短柄，花被片 3~4 枚。瘿花具柄，花被片 3~4 枚，倒披针形。雌花生于另一植株榕果中，近无柄，花被片 4 枚，线形。花果期 5~7 月。

见于龙井村；生于沟旁堤岸边。分布于中国华南及福建、台湾、浙江、湖南、湖北、贵州等地。越南北部和泰国北部也有分布。茎药用，有清热利尿、止痛之功效。

8. 变叶榕
Ficus variolosa Lindl. ex Benth.

灌木或小乔木，高 3~10 m，树皮灰褐色。叶薄革质，狭椭圆形至椭圆状披针形，长 5~12 cm，宽 1.5~4 cm，先端钝或钝尖，基部楔形，全缘；侧脉 7~11 对；叶柄长 6~10 mm；托叶长三角形。榕果成对或单生叶腋，球形，表面有瘤体，顶部苞片脐状突起。瘿花子房球形，花柱短。雌花生另一植株榕果内壁，花被片 3~4 枚。瘦果表面有瘤体。花期 12 月至翌年 6 月。

见于城南森林公园纪念碑、龙井村至山顶；生于溪边林下潮湿处。分布于中国广东、广西、浙江、江西、福建、湖南、贵州、云南东南部及南部地区。越南、老挝也有分布。茎药用可清热利尿，叶外敷可治跌打损伤，根亦入药，可补肝肾、强筋骨、祛风湿；茎皮纤维可作人造棉、麻袋。

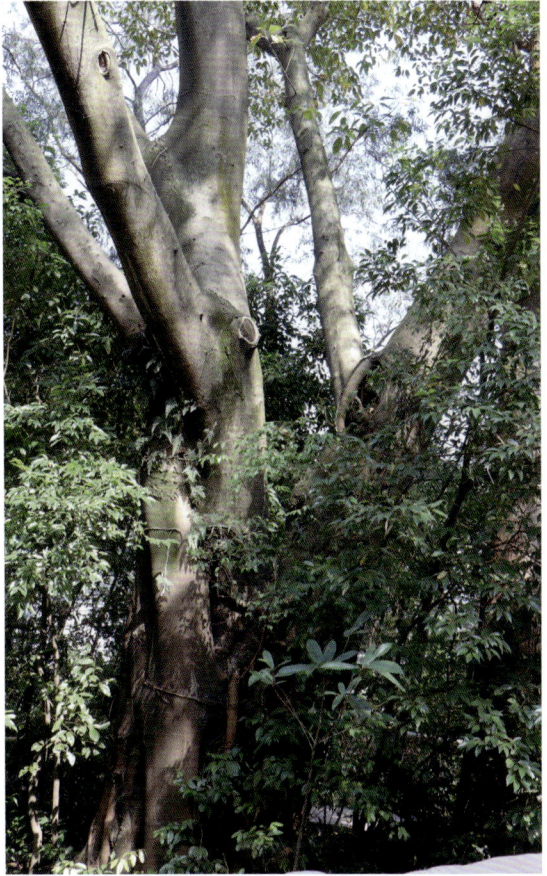

9. * 黄葛树（大叶榕）
Ficus virens Ait. var. **sublanceolata** (Miq.) Corner

半落叶乔木，高达 18 m，有板根或支柱根；树冠广展。叶薄革质或皮纸质，近披针形至椭圆状卵形，长可达 20 cm，先端渐尖，全缘，无毛。花雌雄同株。榕果单生或成对腋生，或生于已落叶枝上，无总梗。花果期 4~7 月。

锦山公园有栽培。分布于中国广东、香港、广西、江西、江苏、湖北、云南、贵州、四川等地。亚洲南部至大洋洲也有分布。常用作行道树，为良好的遮阴树。

169. 荨麻科 Urticaceae

草本、亚灌木或灌木。茎常富含纤维，有时肉质。叶互生或对生，单叶；托叶存在，稀缺。花极小，单性，稀两性。花序雌雄同株或异株。雄花花被片 4~5 枚，覆瓦状排列或镊合状排列，退化雌蕊常存在。雌花花被片 5~9 枚，分生或多少合生，花后常增大，宿存。果实为瘦果，有时为肉质核果状，常包被于宿存的花被内。种子具直生的胚。

城南森林公园有 7 属，7 种。

1. 苎麻属 Boehmeria Jacq.

灌木、小乔木、亚灌木或多年生草本。叶互生或对生，边缘有牙齿，不分裂，稀 2~3 裂，表面平滑或粗糙，基出脉 3 条；托叶通常分生，脱落。团伞花序生于叶腋，或排列成穗状花序或圆锥花序。雄花花被 3~6 枚，镊合状排列，下部常合生，椭圆形。雌花花被管状，顶端缢缩，有 2~4 小齿，在果期稍增大。瘦果通常卵形，包于宿存花被之中，果皮薄，通常无光泽，无柄或有柄，或有翅。

城南森林公园有 1 种。

苎麻

Boehmeria nivea (L.) Gaudich.

亚灌木或灌木，高 0.5~1.5 m。叶互生，草质，圆卵形或宽卵形，长 6~15 cm，宽 4~11 cm，顶端骤尖，基部近截形或宽楔形，侧脉约 3 对；叶柄长 2.5~9.5 cm；托叶分生，钻状披针形。圆锥花序腋生，或植株上部的为雌性，其下的为雄性，或同一植株的全为雌性；雄团伞花序有少数雄花；雌团伞花序有多数密集的雌花。雄花花被片 4 枚，狭椭圆形。瘦果近球形，光滑，基部突缩成细柄。花期 8~10 月。

见于东门岭、葛布村至山腰，较常见；生于山谷林边或沟边。分布于中国广东、广西、云南、贵州、福建、江西、台湾、浙江、湖北、四川。越南、老挝也有分布。茎皮纤维细长，强韧，洁白，是优良的工业原料；根、叶可药用；嫩叶可养蚕，作饲料；种子可榨油，供制肥皂和食用。

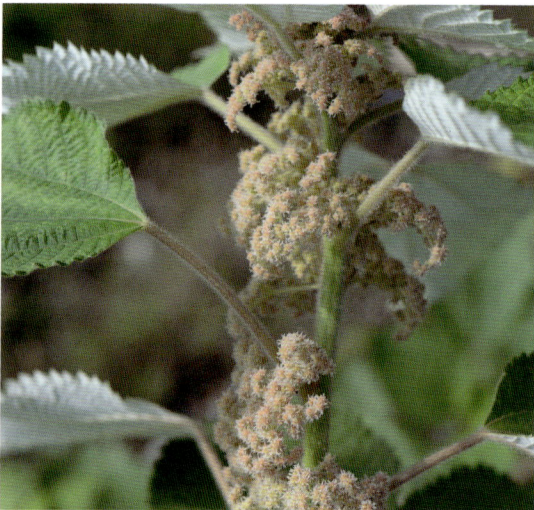

2. 楼梯草属 **Elatostema** J. R. Forst. et G. Forst.

小灌木、亚灌木或草本。叶互生，在茎上排成二列，具短柄或无柄，两侧不对称。花序雌雄同株或异株，无梗或有梗，雄花序有时分枝呈聚伞状，通常雄、雌花序均不分枝。雄花花被 3~5 枚，椭圆形，基部合生。雌花花被片极小，长在子房长度的一半以下，3~4 枚。瘦果狭卵球形或椭圆球形，稍扁，

常有 6~8 条细纵肋，稀光滑或有小瘤状突起。

城南森林公园有 1 种。

华南楼梯草

Elatostema balansae Gagnep.

多年生草本，有时茎下部木质。茎高 20~80 cm，不分枝或分枝，无毛或有短柔毛。叶无柄或有短柄；叶片草质，斜椭圆形至长圆形，长 6~17 cm，宽 3~6 cm，顶端骤尖或渐尖，基部狭侧楔形，宽侧宽楔形或圆形；托叶披针形。花序雌雄异株。雄花序单生叶腋，有短梗。雄花多数，花蕾小；雌花序 1~2 个腋生，无梗或有极短梗。瘦果椭圆球形或椭圆状卵球形，长 0.5~0.6 mm，约有 8 条纵肋。花期 4~6 月。

见于水南村；生于山谷林中或沟谷边潮湿处。分布于中国广东、广西、湖南及西南地区。越南北部、泰国北部也有分布。

3. 糯米团属 **Gonostegia** Turcz.

多年生草本或亚灌木。叶对生，或在同一植株上部的互生，下部的对生，基出脉 3~5 条；托叶分生或合生。团伞花序两性或单性，生于叶腋。雄花花被片 3~5 枚，镊合状排列，通常分生，长圆形，在中部之上成直角向内弯曲，因此花蕾顶部截平，呈陀螺形。雌花花被管状，有 2~4 小齿，在果期有数条至 12 条纵肋，有时有纵翅。瘦果卵球形，果皮硬壳质，常有光泽。

城南森林公园有 1 种。

糯米团

Gonostegia hirta (Blume) Miq.

多年生草本，有时茎基部变木质。茎蔓生、铺地或渐升。叶对生，草质或纸质，宽披针形至狭披针形、狭卵形、稀卵形或椭圆形，长 1~10 cm，宽 0.7~2.8 cm，基出脉 3~5 条；叶柄长 1~4 mm；托叶钻形。团伞花序腋生，通常两性，雌雄异株。雄花花梗长 1~4 mm；花被片 5 枚，分生，倒披针形。雌花花被菱状狭卵形，顶端有 2 小齿，有疏毛，果期呈卵形。瘦果卵球形，白色或黑色，有光泽。花期 5~9 月。

见于城南森林公园生态长廊；生于山林边、灌丛中、沟边草地。分布于中国华南地区至陕西南部及河南南部、西藏、云南。亚洲热带和亚热带地区及澳大利亚广布。茎皮纤维可制人造棉；全草药

用，治消化不良、食积胃痛等症；全草可作猪饲料。

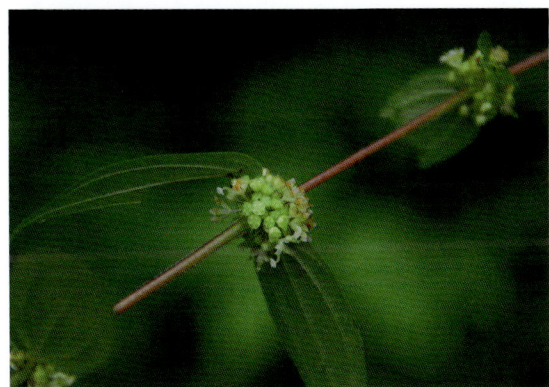

4. 紫麻属 Oreocnide Miq.

灌木和乔木，无刺毛。叶互生，基出 3 脉或羽状脉；托叶干膜质，脱落。花单性，雌雄异株。花序 2~4 回二歧聚伞状分枝、二叉分枝，稀呈簇生状，团伞花序生于分枝的顶端，密集成头状。雄花花被片 3~4 枚，镊合状排列。雌花花被片合生成管状，稍肉质，贴生于子房，在口部紧缩，有不明显的 3~4 小齿。瘦果的内果皮多少骨质，外果皮与花被贴生。种子具油质胚乳。

城南森林公园有 1 种。

紫麻

Oreocnide frutescens (Thunb.) Miq.

灌木，稀小乔木，高 1~3 m；小枝褐紫色或淡褐色，上部常有粗毛或近贴生的柔毛。叶常生于枝的上部，草质，卵形、狭卵形，长 3~15cm，宽 1.5~6cm，先端渐尖或尾状渐尖，基部圆形，侧脉 2~3 对；叶柄

被粗毛；托叶条状披针形。花序生于上年生枝和老枝上，呈簇生状。雄花花被片 3 枚，在下部合生，长圆状卵形，内弯，外面上部有毛。雌花无梗。瘦果卵球状，两侧稍压扁。花期 3~5 月，果期 6~10 月。

见于水南村；生于山谷、林缘半阴湿处。分布于中国广东、广西、浙江、安徽、福建、陕西南部、甘肃东南部、四川、云南及华中地区。中南半岛和日本也有分布。茎皮纤维细长坚韧，可供制绳索、麻袋和人造棉；根、茎、叶入药，能行气活血。

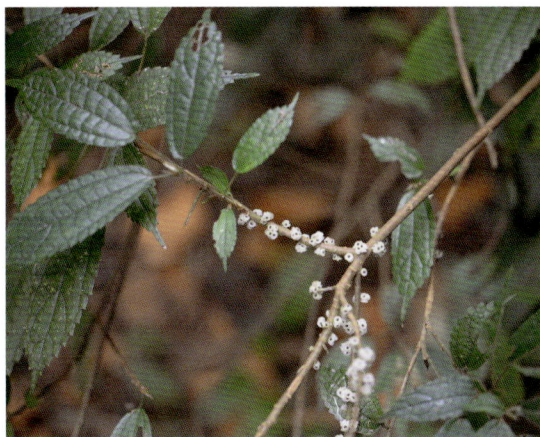

5. 赤车属 Pellionia Gaudich.

草本或亚灌木。叶互生，二列，两侧不相等，狭侧向上，宽侧向下，边缘全缘或有齿，具三出脉、半离基三出脉或羽状脉。花序雌雄同株或异株；雄花序聚伞状，多少稀疏分枝，常具梗；雌花序无梗或具梗，由于分枝密集而呈球状。雄花花被片 4~5 枚，在花蕾中呈覆瓦状排列。雌花花被片 4~5 枚，分生。瘦果小，卵形或椭圆形，稍扁。

城南森林公园有 1 种。

赤车

Pellionia radicans (Siebold. et Zucc.) Wedd.

小草本。茎平卧，长 12~30 cm，下部节上生根，分枝，有反曲或近开展的短糙毛，毛长 0.3~1 mm。叶具短柄；叶片草质，斜椭圆形或斜倒卵形，长 5~32 mm，宽 4~20 mm，顶端钝或圆形，基部在狭侧钝或楔形；叶柄长 1.5~2 mm；托叶钻形。花序雌雄异株或同株。雄花序有长多年生草本。茎下部卧地，在节处生根，上部渐升，通常分枝，无毛或疏被短毛。叶具极短柄或无柄；叶片草质，斜狭菱状卵形或披针形，长 1.5~5(8)cm，宽 0.9~2.5cm，顶端短渐尖至长渐尖，基部在狭侧钝，在宽侧耳形，边缘自基部

之上有小牙齿，两面无毛或近无毛，半离基三出脉，侧脉在狭侧 2~3 条，在宽侧 3~4 条；叶柄长 1~4 mm；托叶钻形。花序通常雌雄异株。雄花序为稀疏的聚伞花序，长 1~5 (8) cm。雌花序通常有短梗，有多数密集的花。瘦果近椭圆球形，长约 0.9 mm，有小瘤状突起。花期 5-10 月。

见于水南村；生于山地林中、山谷阴湿处。分布于中国广西、广东、福建、台湾、云南东南部、江西、湖南、贵州、四川、湖北西南部、安徽南部。越南北部、朝鲜、日本也有分布。全草药用，有消肿、祛瘀、止血之效。

6. 冷水花属 Pilea Lindl.

草本或亚灌木，无刺毛。叶对生，具柄，具三出脉；托叶膜质鳞片状，或草质叶状，在柄内合生。花雌雄同株或异株，花序单生或成对腋生，聚伞状、聚伞总状、聚伞圆锥状、穗状或头状。花单性，稀杂性。雄花四基数或五基数；花被片合生至中部或基部，镊合状排列。雌花通常三基数，有时五、四或二基数。瘦果卵形或近圆形，多少压扁。种子无胚乳。

城南森林公园有 1 种。

小叶冷水花（透明草）

Pilea microphylla (L.) Liebm.

纤细小草本，无毛，铺散或直立。茎肉质，多

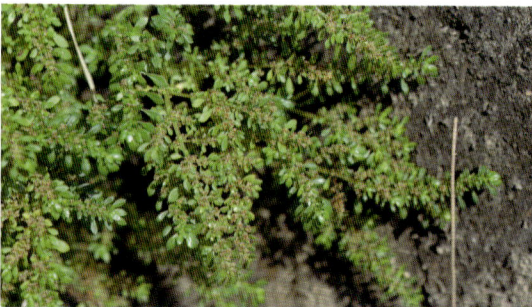

分枝。叶倒卵形至匙形，长 3~7 mm，宽 1.5~3 mm，先端钝，基部楔形或渐狭；侧脉数对；叶柄纤细；托叶不明显，三角形。雌雄同株，聚伞花序密集成近头状，具短梗或近无梗。雄花具梗，花被片 4 枚，卵形。雌花小，花被片 3 枚，稍不等长。瘦果卵形，熟时变褐色，光滑。花期夏秋季，果期秋季。

见于龙井村；生于路边石缝和墙上阴湿处。原分布于南美洲热带，后引入亚洲、非洲热带地区，在我国广东、广西、福建、江西、浙江和台湾低海拔地区已成为广泛的归化植物。株形小巧，嫩绿而秀丽，可作栽培观赏。

7. 雾水葛属 Pouzolzia Gaudich.

灌木、亚灌木或多年生草本。叶互生，稀对生，边缘有锯齿或全缘，基出脉 3 条；托叶分生，常宿存。团伞花序通常两性，有时单性，生于叶腋，稀形成穗状花序；苞片膜质，小。雄花花被片 3~5 枚，镊合状排列，基部合生，通常合生至中部，椭圆形；雄蕊与花被片对生。雌花花被管状，常卵形，顶端缢缩，有 2~4 小齿，果期多少增大，有时具纵翅。瘦果卵球形，果皮壳质，常有光泽。

城南森林公园有 1 种。

雾水葛

Pouzolzia zeylanica (L.) Benn.

多年生草本。茎直立或斜升，高 12~40 cm，不分枝。叶全部对生，或茎顶部的对生；叶片草质，卵形或宽卵形，长 1.2~4 cm，宽 0.8~2.5 cm，短分枝的叶很小；侧脉 1 对；叶柄长 0.3~1.6 cm。团伞花序通常两性；苞片三角形。雄花有短梗，花被片 4 枚。雌花花被椭圆形或近菱形，顶端有 2 小齿。瘦果卵球形，淡黄白色，上部褐色。花期秋季。

见于城南森林公园正门附近；生于疏林边、沟边。分布于中国广东、广西、福建、浙江西部、安徽、四川、甘肃、云南及华中地区。亚洲热带地区广布。

170. 大麻科 Cannabinaceae

乔木或灌木，稀为草本或草质藤本。单叶互生或对生，羽状脉、基出 3 脉或掌状分裂；托叶早落，有时形成托叶环。单被花，两性或单性，雌雄同株或异株；花被裂片 4~8 枚；雄蕊常与花被裂片同数而对生；子房上位，通常 1 室。果常为核果，稀为瘦果或带翅的坚果。

城南森林公园有 1 属，1 种。

葎草属 Humulus L.

一年生或多年生草本，茎粗糙，具棱。叶对生，3~7 裂。花单性，雌雄异株；雄花为圆锥花序式的总状花序；花被 5 裂，雄蕊 5 枚，雌花少数；生于宿存覆瓦状排列的苞片内，排成一假柔荑花序，结果时苞片增大，变成球果状体，每花有一全缘苞片包围子房，花柱 2 枚。果为扁平的瘦果。

城南森林公园有 1 种。

葎草（锯锯藤、拉拉藤）

Humulus japonicus Siebold et Zucc.

缠绕草本；茎、枝、叶柄均具倒钩刺。叶纸质，肾状五角形，掌状 5~7 深裂，稀为 3 裂，长宽约 7~10 cm，基部心脏形，表面粗糙，疏生糙伏毛，裂片卵状三角形，边缘具锯齿；叶柄长 5~10 cm。雄花小，黄绿色，圆锥花序，长约 15~25 cm；雌花序球果状，径约 5 mm，苞片纸质，三角形，顶端渐尖，具白色茸毛。瘦果成熟时露出苞片外。花期春夏季，果期秋季。

见于葛布村；生于林缘沟边、荒地。中国除新疆、青海外，南北各地均有分布。日本、越南也有分布。全草可作药用；茎皮纤维可作造纸原料；种子油可制肥皂。

171. 冬青科 Aquifoliaceae

乔木或灌木，常绿或落叶；单叶互生，革质或纸质，边缘具锯齿、腺状锯齿或具刺齿，或全缘，具柄；托叶无或小，早落。花小，辐射对称，单性，稀两性或杂性，雌雄异株；花萼 4~6 片，覆瓦状排列；花瓣 4~6 片，分离或基部合生。果通常为浆果状核果，具 2 至多数分核，通常 4 枚，每分核具 1 粒种子。

城南森林公园有 1 属，4 种。

冬青属 Ilex L.

常绿或落叶乔木或灌木。单叶互生，革质、纸质或膜质，长圆形、椭圆形、卵形或披针形，全缘或具锯齿或具刺，具柄或近无柄；托叶小。花序为聚伞花序或伞形花序；花小，白色、粉红色或红色，辐射对称。雌雄异株。雄花花萼盘状，4~6 裂，覆瓦状排列；花瓣 4~8 枚，基部略合生。雌花花萼 4~8 裂；花瓣 4~8 枚。果为浆果状核果，通常球形，成熟时红色，稀黑色。分核 1~18 枚，通常 4~6 枚，具 1 粒种子。

城南森林公园有 4 种。

1. 梅叶冬青（秤星树）

Ilex asprella (Hook. et Arn.) Champ. ex Benth.

落叶灌木，高达 3 m。叶膜质，在长枝上互生，长 3~7 cm，宽 1.5~3.5 cm，先端尾状渐尖，侧脉 5~6 对；叶柄长 3~8 mm，无毛；托叶小，宿存。雄花序：2 或 3 花呈束状或单生于叶腋或鳞片腋内；花 4 或 5 基数；花冠白色，辐状；花瓣 4~5 枚，近圆形。雌花序：单生于叶腋或鳞片腋内，无毛；花 4~6 基数；花冠辐状；花瓣近圆形；子房卵球状。果球形，熟时变黑色，具纵条纹及沟，具分核 4~6 枚。花期 3 月，果期 4~10 月。

见于城南森林公园纪念碑至山顶；生于山地疏

林中或路旁灌丛中。分布于中国华南及湖南、浙江、江西、福建、台湾等地。菲律宾群岛亦有分布。根、叶入药，有清热解毒、生津止渴、消肿散瘀的之功效。

2. 榕叶冬青

Ilex ficoidea Hemsl.

常绿乔木，高 8~12 m；幼枝具纵棱沟，无毛。叶片革质，长圆状椭圆形，卵状或稀倒卵状椭圆形，长 4.5~10 cm，宽 1.5~3.5 cm，先端骤然尾状渐尖。聚伞花序或单花簇生于当年生枝的叶腋内，花 4 基数，白色或淡黄绿色，芳香；雄花形成聚伞花序，具 1~3 花；花瓣卵状长圆形。雌花为单花，簇生于当年生枝的叶腋内，基生小苞片 2 枚，具缘毛。果球形或近球形，成熟后红色。花期 3~4 月，果期 8~11 月。

见于葛布村；生于山地杂木林、疏林内或林缘。分布于中国广东、广西及华中、华东、西南地区。琉球群岛也有分布。株形美观，果实成熟时，外果皮颜色艳红，可作为庭园绿化观赏树种。

3. 毛冬青

Ilex pubescens Hook. et Arn.

常绿灌木或小乔木，高 3~4 m。叶片纸质或膜质，椭圆形或长卵形，长 2~6 cm，宽 1~3 cm；侧脉 4~5 对；叶柄密被长硬毛。花序簇生于 1~2 年生枝的叶腋内。雄花序分枝为具 1 或 3 花的聚伞花序；花 4 或 5 基数，粉红色；花冠辐状，花瓣 4~6 枚。雌花序簇生；花 6~8 基数；花萼盘状；花冠辐状，花瓣 5~8 枚。果球形，成熟后红色。花期 4~5 月，果期 8~11 月。

见于城南森林公园纪念碑至山顶；生于疏林

中。分布于中国华南、华东及湖南、贵州地区。根药用，可清热解毒、活血通络。

本种与光叶毛冬青 *Ilex pubescens* Hook. et Arn. var. *glabra* H. T. Chang 近似，不同在于后者植株各部分无毛或近无毛。

4. 铁冬青（救必应、红果冬青）

Ilex rotunda Thunb.

常绿灌木或乔木，高可达 20 m；树皮灰色至灰黑色。叶薄革质或纸质，卵形、倒卵形或椭圆形，长 4~9 cm，宽 1.8~4 cm，先端短渐尖，基部楔形或钝；叶柄无毛；托叶钻状线形。聚伞花序或伞形状花序具 2~13 花，单生于当年生枝的叶腋内。雄花序：总花梗长 3~11 mm；花白色，4 基数。雌花序具 3~7 花，花白色，5~7 基数。果近球形，成熟时红色；分核 5~7 枚。花期 4 月，果期 8~12 月。

见于葛布村；生于林缘。分布于中国华南、华东及湖北、湖南、贵州、云南等地。叶和树皮入药，有清热利湿、消炎解毒、消肿镇痛之功效；枝叶可作造纸糊料原料；木材作细工用材。

173. 卫矛科 Celastraceae

常绿或落叶乔木、灌木或藤状灌木。单叶对生或互生，少为三叶轮生并近似互生；托叶细小，早落或无，稀明显而与叶俱存。花两性或退化为功能性不育的单性花，杂性同株，较少异株；聚伞花序 1 至多次分枝，具有较小的苞片和小苞片；花 4~5 数，花萼有 4~5 枚萼片，花冠具 4~5 分离花瓣。果常为蒴果，亦有核果、翅果或浆果；种子多少被肉质具色的假种皮包围，稀无假种皮。

城南森林公园有 1 属，1 种。

南蛇藤属 Celastrus L.

落叶或常绿藤状灌木，高 1~10 m 或更高；小枝圆柱状，稀具纵棱。单叶互生，边缘具各种锯齿，叶脉为羽状网脉；托叶小，常早落。花通常单性，异株或杂性，聚伞花序成圆锥状或总状；花黄绿色或黄白色，小花梗具关节；花 5 数，花萼钟状，花瓣椭圆形或长方形。蒴果近球状，通常黄色；果轴宿存。种子 1~6 个，椭圆状或新月形到半圆形，假种皮肉质红色。

城南森林公园有 1 种。

过山枫
Celastrus aculeatus Merr.

藤状灌木。小枝幼时被棕褐色短毛；冬芽圆锥状，基部芽鳞宿存。叶多椭圆形或长方形，长 5~10 cm，宽 3~6 cm，先端渐尖或窄急尖，基部阔楔形，稀近圆形；侧脉多为 5 对；叶柄长 10~18 mm。聚伞花序短，腋生或侧生，通常具 3 朵花；萼片三角卵形；花瓣长方针形。蒴果近球状，直径 7~8 mm；宿萼明显增大。种子新月状或弯成半环状。花期 3~4 月，果期 8~9 月。

见于东门岭、锦山公园；生于山地灌丛或路边疏林中。分布于中国广东、广西、浙江、福建、江西。

179. 茶茱萸科 Icacinaceae

乔木、灌木或藤本，有些具卷须或白色乳汁。单叶互生，稀对生，通常全缘，稀分裂或有细齿，大多具羽状脉；托叶无。花两性或有时退化成单性而雌雄异株，辐射对称，通常具短柄或无柄，排列成穗状、总状、圆锥或聚伞花序；花序腋生、顶生或稀对叶生；苞片小或无；花萼小，通常 4~5 裂；花瓣 3~5 枚，分离或合生。果核果状，有时为翅果，具 1 粒种子。

城南森林公园有 1 属，1 种。

定心藤属 Mappianthus Hand.-Mazz.

木质藤本，被硬粗伏毛；卷须粗壮，与叶轮生。叶对生或近对生，全缘，革质，具羽状脉，具柄。雌雄异株，花相当小，被硬毛，形成短而少花、两侧交替腋生的聚伞花序。雄花萼小，杯状，浅 5 裂；花冠较大，钟状漏斗形；花盘无。核果长卵圆形，压扁，外果皮薄肉质，被硬伏毛，黄红色，甜，内果皮薄壳质。

城南森林公园有 1 种。

定心藤（甜果藤）
Mappianthus iodoides Hand.-Mazz.

木质藤本；幼枝深褐色，被黄褐色糙伏毛，具棱。叶长椭圆形至长圆形，稀披针形，长 8~17 cm，宽 3~7 cm，先端渐尖至尾状，基部圆形或楔形。

雄、雌花序交替腋生，被黄褐色糙伏毛；小苞片极小。雄花芳香；花芽淡绿色；花萼杯状；花冠黄色。雌花芽时卵形；花萼浅杯状；花瓣 5 枚。核果椭圆形，由淡绿色、黄绿色转橙黄色至橙红色。种子 1 粒。花期 4~8 月，果期 6~12 月。

见于水南村；生于疏林内。分布于中国广东、广西、湖南、福建、贵州、云南等地。越南也有分布。根或老藤药用，有祛风活络、消肿、解毒之功效，用于风湿性腰腿痛、手足麻痹、跌打损伤等症。

185. 桑寄生科 Loranthaceae

半寄生灌木，多寄生于木质茎枝上。叶常对生，稀互生或轮生，叶片革质、全缘或退化成鳞片，无托叶。花两性或单性，雌雄同株或雌雄异株，辐射对称或两侧对称，排成总状、穗状、聚伞状或伞形花序等，具苞片或小苞片；花被片 3~8 枚；花瓣状或萼片状，镊合状排列，离生或多少合生成冠管。果实浆果状或核果状，果皮具黏胶质。种子 1 粒，稀 2~3 粒，无种皮。

城南森林公园有 2 属，2 种。

1. 鞘花属 Macrosolen (Blume) Rchb.

寄生性灌木。叶对生，革质或薄革质，侧脉羽状，有时具基出脉。花排成总状花序或伞形花序。每朵花具苞片 1 枚，小苞片 2 枚。花两性，6 数，花托卵球形至椭圆状；副萼环状或杯状；花冠在成长的花蕾时管状，冠管通常膨胀，中部具 6 棱；子房初 3 室，稍后变为一室。浆果球形或椭圆状，顶端具宿存副萼或花柱基。种子 1 粒，椭圆状。

城南森林公园有 1 种。

鞘花（鞘花寄生）

Macrosolen cochinchinensis (Lour.) Tiegh.

灌木，高 0.5~1.3 m，全株无毛；小枝灰色，具皮孔。叶革质，阔椭圆形至披针形，有时卵形，长 5~10 cm，宽 2.5~6 cm，顶端急尖或渐尖，基部楔形或阔楔形，侧脉 4~5 对；叶柄长 0.5~1 cm。总状花序 1~3 个腋生或生于小枝已落叶腋部，具花 4~8 朵；苞片阔卵形，小苞片 2 枚，三角形；花冠橙色，冠管膨胀，具 6 棱，裂片 6 枚，披针形。果近球形，橙色，果皮平滑。花期 2~6 月，果期 5~8 月。

见于城南森林公园纪念碑至山顶；生于山地疏林中。分布于中国广东、广西及西南地区。尼泊尔、印度东北部、孟加拉国和亚洲东南部各国均有分布。

全株可药用，有祛风除湿、清热止咳、补肝肾之功效。

2. 钝果寄生属 Taxillus Van Tiegh.

寄生性灌木；嫩枝、叶通常被茸毛。叶对生或互生；侧脉羽状。伞形花序，稀总状花序，腋生，具花 2~5 朵；花 4~5 数，两侧对称，每朵花具苞片 1 枚；花托椭圆状或卵球形，稀近球形，基部圆钝；副萼环状，全缘或具齿；花冠在成长的花蕾时管状，稍弯，下半部多少膨胀，顶部椭圆状或卵球形，开花时顶部分裂。浆果椭圆状或卵球形，稀近球形，顶端具宿存副萼。种子 1 粒。

城南森林公园有 1 种。

广寄生

Taxillus chinensis (DC.) Danser

灌木，高 0.5~1 m；嫩枝、叶密被锈色星状毛，有时其疏生叠生星状毛，稍后茸毛呈粉状脱落，枝、叶变无毛；小枝灰褐色，具细小皮孔。叶对生或近对生，厚纸质，卵形至长卵形，顶端圆钝；侧脉 3~4 对。伞形花序 1~2 个腋生或生于小枝已落叶腋部，具花 1~4 朵；花冠花蕾时管状。果椭圆状或近球形，果皮密生小瘤体，具疏毛，成熟果浅黄色，

长 8~10 mm，直径 5~6 mm。花果期 4 月至翌年 1 月。

　　见于龙井村至山顶；生于林缘。分布于中国广东、广西、福建。越南、老挝、柬埔寨、泰国、马来西亚、印度尼西亚、菲律宾也有分布。全株入药，药材称"广寄生"，系中药材桑寄生主要品种。

190. 鼠李科 Rhamnaceae

　　灌木、藤状灌木或乔木，稀草本。单叶互生或近对生，全缘或具齿，具羽状脉，或 3~5 条基出脉；托叶小，早落或宿存，或有时变为刺。花小，整齐，两性或单性，稀杂性，雌雄异株，通常 4 基数，稀 5 基数；萼钟状或筒状，淡黄绿色；花瓣通常较萼片小，匙形或兜状；雄蕊与花瓣对生。果为核果、浆果状核果、蒴果状核果或蒴果，每分核具 1 种子。

　　城南森林公园有 2 属，2 种。

1. 勾儿茶属 Berchemia Neck. ex DC.

　　藤状或直立灌木，稀小乔木；幼枝常无毛，老枝平滑。叶互生，纸质或近革质，全缘，具羽状平行脉，侧脉每边 4~18 条；托叶基部合生，宿存，稀脱落。花序顶生或兼腋生，通常由 1 至数花簇生排成无总梗、具短或长总花梗的聚伞总状或聚伞圆锥花序；花两性，具梗，无毛，5 基数；萼筒短，半球形或盘状；萼片三角形；花瓣匙形或兜状。核果近圆柱形，稀倒卵形，紫红色或紫黑色，顶端常有残存的花柱，基部有宿存的萼筒。

　　城南森林公园有 1 种。

多花勾儿茶（勾儿茶、扁担果）
Berchemia floribunda (Wall.) Brongn.

　　藤状或直立灌木；幼枝黄绿色，光滑无毛。叶纸质，上部叶较小，卵形或卵状椭圆形至与卵状披针形，长 4~9 cm，宽 2~5 cm，顶端锐尖，下部叶较大，

椭圆形至矩圆形，顶端钝或圆形，稀短渐尖，基部圆形，稀心形，上面绿色，无毛；托叶狭披针形，宿存。花多数，通常数个簇生排成顶生聚伞圆锥花序，或下部兼腋生聚伞总状花序。核果圆柱状椭圆形，有时顶端稍宽，基部有盘状的宿存花盘；果梗长 2~3 mm，无毛。花期 7~10 月，果期翌年 4~7 月。

　　见于水南村；生于山坡、沟谷、林缘。分布于中国华中、华东地区及广东、广西、山西、陕西、甘肃西南部。印度、尼泊尔、不丹、越南、日本也有分布。根入药，有祛风除湿、散瘀消肿、止痛之功效；嫩叶可代茶。

2. 雀梅藤属 Sageretia Brongn.

　　藤状或直立灌木，稀小乔木；无刺或具枝刺，小枝互生或近对生。叶纸质至革质，互生或近对生，幼叶通常被毛，后脱落或不脱落；叶脉羽状，平行，具柄。花两性，5 基数，通常无梗或近无梗；萼片三角形，内面顶端常增厚；花瓣匙形，顶端 2 裂；雄蕊背着药，与花瓣等长或略长于花瓣；花盘厚，肉质，壳斗状。果为浆果状核果，倒卵状球形或圆球形。种子扁平，稍不对称，两端凹陷。

　　城南森林公园有 1 种。

雀梅藤
Sageretia thea (Osbeck) M. C. Johnst.

　　藤状或直立灌木；小枝具刺，互生或近对生，褐色，被短柔毛。叶纸质，近对生或互生，通常椭圆形或卵状椭圆形，长 1~4.5 cm，宽 0.7~2.5 cm，顶端锐尖，钝或圆形，基部圆形或近心形，侧脉每边 3~5 条；叶柄被短柔毛。花无梗，黄色，有芳香；花萼外面被疏柔毛；萼片三角形或三角状卵形；花瓣匙形，顶端 2 浅裂。核果近圆球形，直径约 5 mm，成熟时黑色或紫黑色，具 1~3 分核。种子扁平，两端微凹。花期 7~11 月，果期翌年 3~5 月。

见于水南村、葛布村; 生于山地林下或灌丛中。分布于中国广东、广西、湖北、湖南、四川、云南及华东地区。印度、越南、朝鲜、日本也有分布。叶可代茶,也可供药用,治疮疡肿毒;根可治咳嗽,降气化痰;果酸味可食;植物枝密集具刺,可栽培作绿篱。

193. 葡萄科 Vitaceae

攀缘木质藤本,稀草质藤本,具有卷须,或直立灌木,无卷须。单叶、羽状或掌状复叶,互生;托叶通常小而脱落,稀大而宿存。花小,两性或杂性,同株或异株,排列成伞房状多歧聚伞花序、复二歧聚伞花序或圆锥状多歧聚伞花序,4~5基数;萼呈碟形或浅杯状,萼片细小;花瓣与萼片同数,分离或凋谢时呈帽状黏合脱落。果实为浆果,有种子1至数粒。

城南森林公园有2属,2种,2变种。

1. 蛇葡萄属 Ampelopsis Michaux

木质藤本。卷须2~3分枝。叶为单叶、羽状复叶或掌状复叶,互生。花5数,两性或杂性同株,组成伞房状多歧聚伞花序或复二歧聚伞花序;花瓣5枚,展开,各自分离脱落;花盘发达,边缘波状浅裂。浆果球形,有种子1~4粒。种子倒卵圆形,种脐在种子背面中部呈椭圆形或带形,两侧洼穴呈倒卵形或狭窄。

城南森林公园有1种,2变种。

1. 显齿蛇葡萄

Ampelopsis grossedentata (Hand.-Mazz.) W. T. Wang

木质藤本。小枝圆柱形,有显著纵棱纹,无毛。卷须2叉分枝,相隔2节间断与叶对生。叶为1~2回羽状复叶,2回羽状复叶者基部一对为3小叶,小叶卵圆形、卵状椭圆形或长椭圆形,长2~5 cm,宽1~2.5 cm,顶端急尖或渐尖,基部阔楔形或近圆形。花梗无毛;萼碟形,边缘波状浅裂,无毛;花瓣5枚,卵椭圆形。果近球形,有种子2~4粒。种子倒卵球形,顶端圆形,基部有短喙。花期5~8月,果期8~12月。

见于城南森林公园纪念碑至山顶、葛布村;生于林缘或山坡灌丛。分布于中国广东、广西、江西、福建、湖北、湖南、贵州、云南。全株药用,具有清热解毒、祛风湿、强筋骨等功效,用于治疗感冒发热、咽喉肿痛、黄疸型肝炎等症。

2. 牯岭蛇葡萄

Ampelopsis heterophylla (Thunb.) Siebold et Zucc. var. **kulingensis** (Rehd.) C. L. Li

藤本;植株被短柔毛或几无毛;卷须分叉,顶端不扩大。叶互生,单叶或复叶,五角形,不裂,或分裂不达基部,长5~16 cm,宽4~16 cm,上部明显三浅裂,侧裂片常呈尾状,尖头常向外倾,基部浅心形,边缘具有牙齿。花两性,排成与叶对生的聚伞花序;花萼不明显;花瓣4~5枚,分离而扩展,逐片脱落。果为一小浆果,近球形,红蓝色,有种子1~4粒。花期5~7月,果期8~9月。

见于水南村;生于山坡灌丛。分布于中国广东、广西、安徽、江苏、浙江、江西、福建、湖南、四川、贵州。

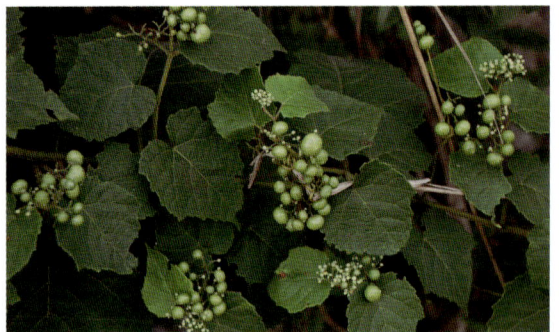

3. 蛇葡萄

Ampelopsis heterophylla (Thunb.) Siebold et Zucc. var. **vestita** Rehd.

[*A. sinica* (Miq.) W. T. Wang]

木质藤本。小枝圆柱形,有纵棱纹,被疏柔毛。卷须2~3叉分枝,相隔2节间断与叶对生。叶为单叶,心形或卵形,3~5中裂,常混生有不分裂者,长 3.5~14 cm，宽 3~11 cm，顶端急尖，基部心形。花序梗被疏柔毛；萼碟形，边缘有波状浅齿，外面疏生短柔毛；花瓣 5 枚，卵椭圆形。果实近球形，有种子 2~4 粒。种子长椭圆形，基部有短喙。花期 4~6 月，果期 7~10 月。

见于龙井村。分布于中国广东、广西、安徽、浙江、江西、河北、河南、福建及西南地区。日本也有分布。

2. 乌蔹莓属 Cayratia Juss.

木质藤本。卷须通常 2~3 叉分枝，稀总状多分枝。叶为 3 小叶或鸟足状 5 小叶，互生。花 4 数，两性或杂性同株，伞房状多歧聚伞花序或复二歧聚伞花序；花瓣展开，各自分离脱落。浆果球形或近球形，有种子 1~4 粒。种子呈半球形，背面凸起，腹部中棱脊突出。

城南森林公园有 1 种。

角花乌蔹莓
Cayratia corniculata (Benth.) Gagnep.

草质藤本。小枝圆柱形，有纵棱纹，无毛。叶为鸟足状 5 小叶，中央小叶长椭圆披针形，长 3.5~9 cm，宽 1.5~3 cm，顶端渐尖，基部楔形；侧脉 5~7 对，网脉不明显；叶柄长 2~4.5 cm；托叶早落。花序为复二歧聚伞花序，腋生；花序梗无毛；萼碟形，无毛；花瓣 4 枚，三角状卵圆形。果实近球形，有种子 2~4 粒。种子倒卵状椭圆形，顶端微凹。花期 4~5 月，果期 7~9 月。

见于水南村；生于山谷疏林或山坡灌丛。分布于中国广东、福建。块茎入药，有清热解毒、祛风化痰的作用之功效。

本种与乌蔹莓 *Cayratia japonica* (Thunb.) Gagnep. 近似，不同在于后者侧生小叶边缘每侧有 6~15 个锯齿，花瓣顶端无角状凸起。

194. 芸香科 Rutaceae

常绿或落叶乔木，灌木或草本，稀攀缘性灌木，有或无刺。叶互生或对生，单叶或复叶，通常有油点。花两性或单性，辐射对称，常排成聚伞花序，稀总状或穗状花序；萼片 4 或 5 片，离生或部分合生；花瓣 4 或 5 片，离生；雄蕊 4 或 5 枚，或为花瓣数的倍数；子房上位，稀半下位。果为蓇葖、蒴果、翅果、核果，或具革质果皮、或具翼、或果皮稍近肉质的浆果。种子有或无胚乳。

城南森林公园有 5 属，10 种。

1. 山油柑属 Acronychia J. R. Forst. et G. Forst.

常绿乔木。叶对生，单小叶，全缘，有透明油点。花排成聚伞圆锥花序；花淡黄白色，略芳香，单性或两性；萼片及花瓣均 4 片；萼片基部合生；花瓣覆瓦状排列；雄蕊 8 枚，生于花盘基部四周；雌蕊由 4 个合生心皮组成，花盘细小，子房 4 室，每室有胚珠 1~2 粒。核果有小核 4 个，每分核有 1 种子；种皮褐黑色。

城南森林公园有 1 种。

山油柑（降真香）
Acronychia pedunculata (L.) Miq.

树高 5~15 m。树皮灰白色至灰黄色，平滑，不开裂，内皮淡黄色。叶有时呈略不整齐对生，单小叶。叶片椭圆形至长圆形，或倒卵形至倒卵状椭圆形，长 7~18 cm，宽 3.5~7 cm；叶柄长 1~2 cm。花两性，黄白色；花瓣狭长椭圆形。果序下垂，果淡黄色，半透明，近圆球形而略有棱角，有 4 条浅沟纹，有小核 4 个，每核有 1 种子。种子倒卵形，种皮褐黑色、骨质。花期 4~8 月，果期 8~12 月。

见于城南森林公园正门至山顶；生于坡地、杂木林中。分布于中国华南地区及台湾、福建、云南。菲律宾、越南、老挝、泰国、柬埔寨、缅甸、印度、斯里兰卡、马来西亚、印度尼西亚、巴布亚新几内

亚也有分布。根、叶、果用作中草药，有柑橘叶香气，可化气、活血、去瘀、消肿、止痛等；木材为散孔材，纹理直行，不变形，易加工。

2. 柑橘属 Citrus L.

小乔木。枝有刺，新枝扁而具棱。单身复叶，翼叶通常明显，很少甚窄至仅具痕迹。花两性，或因发育不全而趋于单性，单花腋生或数花簇生，或为少花的总状花序；花萼杯状，3~5 浅裂，很少被毛；花瓣 5 片，覆瓦状排列，盛花时常向背卷，白色或背面紫红色，芳香。果为柑果，果蒂的一端称为果底或果基或基部，相对一端称为果顶，或顶部，外果皮由外表皮和下表皮细胞组织构成，密生油点，油点又称为油胞；种子甚多或经人工选育成为无籽，种皮平滑或有肋状棱，子叶及胚乳白或绿色。

城南森林公园有 2 种。

1. * 柚
Citrus maxima (Burm.) Merr.

乔木。嫩枝、叶背、花梗、花萼及子房均被柔毛，嫩叶通常暗紫红色，嫩枝扁且有棱。叶质厚，深绿色，阔卵形或椭圆形，连翼叶长 9~16 cm，宽 4~8 cm，顶端钝或圆，有时短尖，基部圆。花排成总状花序，有时兼有腋生单花；花蕾淡紫红色，稀乳白色；花萼不规则 3~5 浅裂。果圆球形，扁圆形，梨形或阔圆锥状，淡黄或黄绿色，瓢囊 10~15 或多至 19 瓣，汁胞白色、粉红或鲜红色；种子多达 200 余粒，亦有无籽的。花期 4~5 月，果期 9~12 月。

水南村有栽培。中国南方有栽培或逸为野生。东南亚各国有栽种。

2. * 沙田柚
Citrus maxima (Burm.) Merr. 'Shatin-you'

与柚 *Citrus maxima* (Burm.) Merr. 近似，不同在于本种果梨形或葫芦形，果顶略平坦，有明显环圈及放射沟，蒂部狭窄而延长呈颈状。果期 10~12 月。

锦城公园有栽培。分布于中国广西、福建。广东有栽培。

3. 蜜茱萸属 Melicope J. R. Forst. et G. Forst.

乔木或灌木。叶对生或互生，单小叶或三出叶，稀羽状复叶，有透明油点。花单性，组成腋生的聚伞花序；萼片及花瓣各 4 片；花瓣镊合状排列，盛花时花瓣顶部向内反卷。成熟的果（蓇葖）开裂为 4 个分果瓣，每分果瓣有 1 种子。种子细小，种皮褐黑或蓝黑色，有光泽。

城南森林公园有 1 种。

三桠苦（三叉苦、三枝枪）
Melicope pteleifolia (Champ. ex Benth.) T. G. Hartley

小乔木，树皮灰白色或灰绿色，纵向浅裂。叶为 3 小叶，小叶长椭圆形，两端尖，有时倒卵状椭圆形，长 4~8 cm，宽 1.5~3 cm，全缘，有较多油点；小叶柄甚短。花序腋生，很少同时有顶生；萼片及花瓣均 4 片；花瓣淡黄或白色。分果瓣淡黄色或茶褐色，散生肉眼可见的透明油点，每分果瓣有 1 种子；种子蓝黑色，有光泽。花期 4~6 月，果期 7~10 月。

见于城南森林公园纪念碑至山顶、水南村、葛布村；生于平地至山坡地。分布于中国华南、西南地区及福建、江西、台湾。印度、菲律宾、日本、越南、老挝、泰国等国也有分布。根、叶、果都用作草药用，在广东"凉茶"中，多有此料，用其根、茎枝作消暑清热剂；木材结构细致，加工易，不耐腐，适作小型家具、文具或箱板材。

4. 四数花属 Tetradium Lour.

灌木或乔木，常绿或落叶，无刺。叶及小叶均对生，常有油点；小叶两侧常不对称，特别在基部。聚伞圆锥花序顶生或腋生；花单性，雌雄异株；萼片及花瓣均 4 或 5 片；花瓣镊合或覆瓦状排列，花盘小。蓇葖果成熟时沿腹、背二缝线开裂，每分果瓣种子 1 或 2 粒，外果皮有油点，内果皮干后薄壳质或呈木质。种子贴生于增大的珠柄上，种皮脆壳质。

城南森林公园有 2 种。

1. 华南吴茱萸

Tetradium austrosinense (Hand.-Mazz.) T. G. Hartley

[*Evodia austrosinensis* Hand.-Mazz.]

乔木，高 6~20 m。嫩枝及芽密被灰色或红褐色短茸毛。叶有小叶 7~11 片，小叶卵状椭圆形或长椭圆形，长 7~15 cm，宽 3~7 cm；生于叶轴基部的通常为卵形，对称或一侧略偏。花序顶生，多花；萼片及花瓣均 5 片；花瓣淡黄白色，长 2.5~3 mm。分果瓣淡紫红至深红色，点微凸起，内果皮薄壳质，蜡黄色，有成熟种子 1 粒。花期 6~7 月，果期 9~11 月。

见于东门岭；生于山地疏林中。分布于中国广东北江以西及西南部、广西、云南南部地区。

2. 楝叶吴茱萸（山苦楝、山漆）

Tetradium glabrifolium (Champ. ex Benth.) T. G. Hartley

[*Evodia glabrifolia* (Champ. ex Benth.) C. C. Huang]

高大乔木或灌木，高达 20 m。树皮暗灰色，嫩枝紫褐色，散生小皮孔。叶长 14~38 cm，有小叶 5~9 片，小叶斜卵形至斜披针形，长 8~16 cm，宽 3~7 cm，叶背灰绿色，干后带苍灰色。花序顶生，花甚多，5 基数；萼片卵形，边缘被短毛；花瓣腹面被短柔毛。成熟心皮常 5 个，紫红色，每分果瓣有 1 种子。种子褐黑色，有光泽。花期 6~8 月，果期 8~10 月。

见于城南森林公园生态步道、东门岭；生于山坡、路旁。分布于中国华南地区及福建、台湾、云南。根、叶、果可入药，可止咳、止痛、解毒敛疮。

5. 花椒属 Zanthoxylum L.

乔木或灌木，或木质藤本，常绿或落叶；茎枝有皮刺。叶常为奇数羽叶复叶，稀单叶或 3 小叶，小叶互生或对生，全缘或通常叶缘有小裂齿，齿缝处常有较大的油点。花排成圆锥花序或伞房状聚伞花序，顶生或腋生；花单性；雄花的雄蕊 4~10 枚。雌花无退化雄蕊。果为蓇葖果，外果皮红色，有油点；每分果瓣有种子 1 粒，很少 2 粒。

城南森林公园有 4 种。

1. 椿叶花椒（樗叶花椒、刺椒）

Zanthoxylum ailanthoides Siebold et Zucc.

落叶乔木，高达 15 m，胸径达 30 cm；茎干有鼓钉状锐刺。叶有小叶 11~27 片或稍多；小叶整齐对生，狭长披针形或位于叶轴基部的近卵形，长 7~18 cm，宽 2~6 cm，顶部渐狭长尖，基部圆，叶缘有明显裂齿。花序顶生，多花；萼片及花瓣均 5 片；花瓣淡黄白色。果梗长 1~3 mm；分果瓣淡红褐色，干后淡灰或棕灰色，顶端无芒尖。花期 8~9 月，果期 10~12 月。

见于城南森林公园正门至山顶；生于山地杂木林中。分布于中国长江以南各地。根皮及树皮均作草药，可治风湿骨痛、跌打肿痛。

2. 竹叶花椒

Zanthoxylum armatum DC.

落叶小乔木，高 3~5 m；茎枝多锐刺，刺基部宽而扁，红褐色，小枝上的刺劲直，小叶背面中脉上常有小刺。叶有小叶 3~9 片，稀 11 片，翼叶明显，稀不明显；小叶对生，通常披针形，长 3~12 cm，宽 1~3 cm，两端尖。花序近腋生或同时生于侧枝之顶，有花约 30 朵以内；花被片 6~8 片。果紫红色，有少数油点。花期 4~5 月，果期 8~10 月。

见于龙井村；生于低丘陵坡地。分布于中国山东以南，南至海南，东南至台湾，西南至西藏东南部地区。日本、朝鲜、越南、老挝、缅甸、印度、尼泊尔也有分布。果亦用作食物的调味料及防腐剂；根、茎、叶、果及种子均用作草药，可祛风散寒、行气止痛，治风湿性关节炎、牙痛、跌打肿痛；又用作驱虫及醉鱼剂。

3. 飞龙掌血

Zanthoxylum asiaticum (L.) Appelhans, Groppo & J. Wen
[*Toddalia asiatica* (L.) Lam.]

老茎干有较厚的木栓层及凸起的皮孔，茎枝及叶轴有甚多向下弯钩的锐刺。小叶无柄，密生透明油点，卵形、倒卵形或倒卵状椭圆形。花梗甚短，基部有极小的鳞片状苞片，花淡黄白色。果橙红或朱红色，有 4~8 条纵向浅沟纹，干后甚明显。花期几乎全年，果期多在秋冬季。

见于葛布村龙底坑水坝；生于山地林中，攀缘于其他树上。分布于中国秦岭南坡以南各地。全株用作草药，多用其根，有小毒，可活血散瘀、祛风除湿、消肿止痛。

4. 大叶臭花椒

Zanthoxylum myriacanthum Wall. ex Hook. f.

落叶乔木，高达 15 m，胸径约 25 cm；茎干有鼓钉状锐刺，花序轴及小枝顶部有较多劲直锐刺。叶有小叶 7~17 片；小叶对生，宽卵形、卵状椭圆形或长圆形，长 10~20 cm，宽 4~10 cm，叶缘有浅而明显的圆裂齿，基部圆或宽楔形。花序顶生，多花，花枝被短柔毛；萼片及花瓣均 5 片；花瓣白色。分果瓣红褐色，顶端无芒尖，油点多。花期 6~8 月，果期 9~11 月。

见于城南森林公园纪念碑至山顶；生于坡地杂木林中。分布于中国华南地区及福建、贵州、云南。越南、缅甸、印度也有分布。枝、叶、果均有浓烈的花椒香气或特殊气味；根皮、树皮及嫩叶均用作草药，治多类痛症。

本种与椿叶花椒 *Zanthoxylum ailanthoides* Siebold et Zucc. 近似，不同在于后者小叶狭长披针形，或位于叶轴基部的近卵形，花瓣淡黄白色。

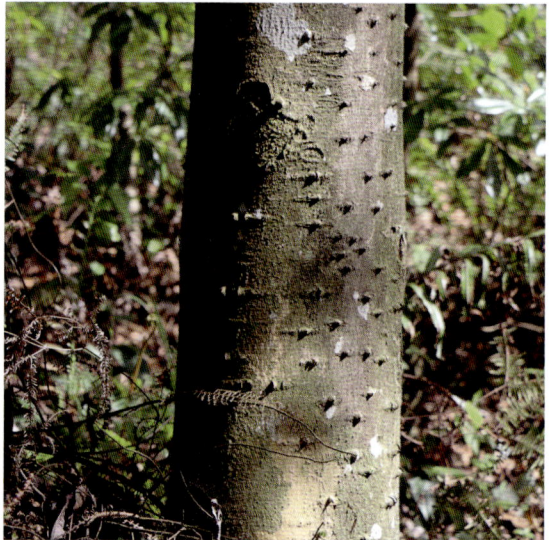

197. 楝科 Meliaceae

乔木或灌木，稀为亚灌木。叶互生，很少对生，通常为羽状复叶；小叶对生或互生。花两性或杂性异株，辐射对称，通常组成圆锥花序；花通常 5 基数；萼小，常浅杯状或短管状；花瓣 4~5 枚，少有 3~7 枚；雄蕊 4~10 枚；子房上位，2~5 室。果为蒴果、浆果或核果；果皮革质、木质或很少肉质。种子常有假种皮。

城南森林公园有 1 属，1 种。

楝属 Melia L.

落叶乔木或灌木，幼嫩部分常被星状粉状毛；小枝有明显的叶痕和皮孔。叶互生，一至三回羽状复叶。圆锥花序腋生，多分枝；花两性；花萼 5~6 深裂，覆瓦状排列；花瓣白色或紫色，5~6 枚，分离；子房近球形，3~6 室。果为核果，近肉质，核骨质，每室有种子 1 粒。

城南森林公园有 1 种。

苦楝（苦楝树、川楝子）

Melia azedarach L.

落叶乔木，高达 10 m 或更高；树皮灰褐色，纵裂。叶为二至三回奇数羽状复叶；小叶对生，卵形、椭圆形至披针形，顶生一片通常略大，长 3~7 cm，宽 2~3 cm。圆锥花序约与叶等长；花芳香；花萼 5 深裂；花瓣淡紫色，倒卵状匙形。核果球形至椭圆形，4~5 室，每室有种子 1 粒；种子椭圆形。花期 4~5 月，果期 10~12 月。

见于东门岭、锦山公园；生于路旁或疏林中。分布于我国黄河以南各地。木材质轻软，有光泽，施工易，是家具、建筑、乐器等良好用材；根皮粉调醋可治疥癣；果核仁油可供制油漆、润滑油和肥皂；株形和花可供观赏。

198. 无患子科 Sapindaceae

乔木或灌木，有时为草质或木质藤本。羽状复叶或掌状复叶，很少单叶，互生，通常无托叶。聚伞圆锥花序顶生或腋生；苞片和小苞片小；花通常小，单性，很少杂性或两性，辐射对称或两侧对称；雄花萼片 4 或 5 枚；花瓣 4 或 5 枚，离生。雌花花被和花盘与雄花相同；子房上位，通常 3 室。果为室背开裂的蒴果，或不开裂而浆果状或核果状，1~4 室；种子每室 1 粒。

城南森林公园有 1 属，1 种。

栾树属 Koelreuteria Laxm.

落叶乔木或灌木。叶互生，一回或二回奇数羽状复叶，无托叶；小叶互生或对生，通常有锯齿或分裂，很少全缘。聚伞圆锥花序大型，顶生，很少腋生；分枝多，广展；花中等大，杂性同株或异株，两侧对称；萼片镊合状排列；花瓣 4 或有时 5 片，略不等长，具爪。蒴果膨胀，卵形、长圆形或近球形，具 3 棱。

城南森林公园有 1 种。

* 复羽叶栾树

Koelreuteria bipinnata Franch.

乔木，高可达 20 余米；皮孔圆形至椭圆形；枝具小疣点。叶平展，二回羽状复叶，长 45~70 cm；小叶 9~17 片，互生，很少对生，纸质或近革质，斜卵形，顶端短尖至短渐尖，基部阔楔形或圆形，略偏斜。圆锥花序大型，分枝广展，与花梗同被短柔毛；萼5裂达中部；花瓣4枚，长圆状披针形。蒴果椭圆形或近球形，具3棱，淡紫红色，老熟时褐色。花期7~9月，果期8~10月。

城南森林公园正门附近有栽培。分布于中国广东、广西、云南、贵州、四川、湖北、湖南。速生树种，常栽培于庭园供观赏。木材可制家具；根入药，有消肿、止痛、活血、驱蛔之功效，又可用于制作黄色染料。

200. 槭树科 Aceraceae

乔木或灌木，落叶，稀常绿。冬芽具多数覆瓦状排列的鳞片，稀仅具2或4枚对生的鳞片或裸露。叶对生，具叶柄，无托叶，单叶稀羽状或掌状复叶，不裂或掌状分裂。花序伞房状、穗状或聚伞状；花小，绿色或黄绿色，稀紫色或红色，整齐，两性、杂性或单性，雄花与两性花同株或异株；萼片5或4枚，覆瓦状排列；花瓣5或4枚，稀不发育。果实为小坚果，常有翅，又称翅果。

城南森林公园有1属，1种。

槭树属 Acer L.

乔木或灌木，落叶或常绿。冬芽具多数覆瓦状排列的鳞片，或仅具2或4枚对生的鳞片。叶对生，单叶或复叶，不裂或分裂。花序由着叶小枝的顶芽生出，下部具叶，或由小枝旁边的侧芽生出，下部无叶；花小，整齐，雄花与两性花同株或异株，稀单性，雌雄异株；萼片与花瓣均5或4枚，稀缺花瓣。果实为2枚相连的小坚果，凸起或扁平，侧面有长翅，张开。

城南森林公园有1种。

* 鸡爪槭（七角枫）

Acer palmatum Thunb.

落叶小乔木。树皮深灰色。小枝细瘦，多年生枝淡灰紫色或深紫色。叶纸质，基部常心脏形，稀截形，上面深绿色，无毛，下面淡绿色；叶柄细瘦，无毛。花紫色，杂性，雄花与两性花同株；生于无毛的伞房花序；萼片5枚，卵状披针形，先端锐尖；花瓣5枚，椭圆形或倒卵形，先端钝圆。翅果嫩时紫红色，成熟时淡棕黄色；小坚果球形。花期5月，果期9~10月。

城南森林公园生态长廊有栽培。分布于中国华中、华东、贵州地区。朝鲜和日本也有分布。本种是优良的园林观赏植物。

201. 清风藤科 Sabiaceae

乔木、灌木或攀缘木质藤本，落叶或常绿。叶互生，单叶或奇数羽状复叶。花两性或杂性异株，辐射对称或两侧对称，通常排成腋生或顶生的聚伞花序或圆锥花序；萼片5枚，分离或基部合生；花瓣5枚；子房上位，无柄，通常2室。核果由1或2个成熟心皮组成，1室，不开裂。种子单生。

城南森林公园有1属，1种。

清风藤属 Sabia Colebr.

落叶或常绿攀缘木质藤本。叶为单叶，全缘，边缘干膜质。花小，两性，很少杂性，单生于叶腋，或组成腋生的聚伞花序，有时再呈圆锥花序式排列；萼片5~15片，覆瓦状排列，绿色、白色、黄色或紫色；花瓣通常5片；子房2室，基部为肿胀的或齿裂的花盘所围绕。果由2个心皮发育成2个分果爿，中果皮肉质，平滑，白色、红色或蓝色，核（内果皮）脆壳质。种子1粒。

城南森林公园有1种。

柠檬清风藤（毛萼清风藤）

Sabia limoniacea Wall. ex Hook. f. & Thomson [*S. limoniacea* var. *ardisoides* (Hook. et Arn.) L. Chen]

常绿、攀缘木质藤本；老枝褐色，具白蜡层。叶革质，椭圆形、长圆状椭圆形或卵状椭圆形，长 7~15 cm，宽 4~6 cm，先端短渐尖或急尖，基部阔楔形或圆形，两面均无毛。聚伞花序有花 2~4 朵，再排成狭长的圆锥花序；花淡绿色，黄绿色或淡红色；萼片 5 枚，卵形或长圆状卵形；花瓣 5 片，倒卵形或椭圆状卵形，顶端圆。分果爿近圆形或近肾形，红色。花期 8~11 月，果期翌年 1~5 月。

见于水南村；生于疏林中。分布于中国云南地区。印度北部、缅甸、泰国、马来西亚和印度尼西亚也有分布。

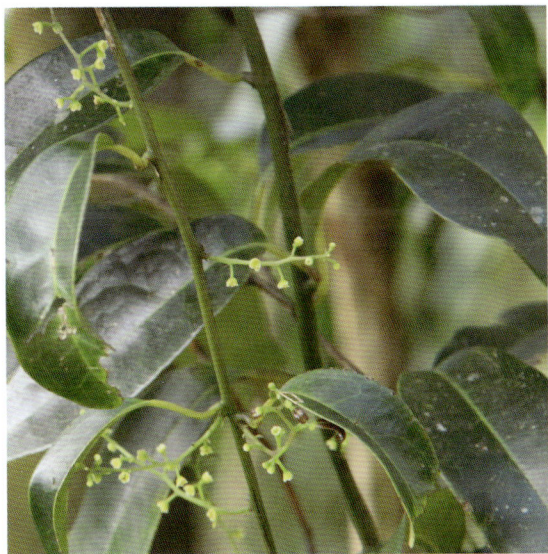

204. 省沽油科 Staphyleaceae

乔木或灌木。叶对生或互生，奇数羽状复叶或稀为单叶，有托叶或稀无托叶。花整齐，两性或杂性；萼片 5 枚，分离或连合，覆瓦状排列；花瓣 5 枚，覆瓦状排列；子房上位，3 室，联合或分离。果实为蒴果状，常为多少分离的蓇葖果或不裂的核果或浆果。种子数枚，肉质或角质。

城南森林公园有 1 属，1 种。

野鸦椿属 Euscaphis Siebold et Zucc.

落叶灌木或小乔木，平滑无毛，芽具二鳞片。叶对生，为奇数羽状复叶，小叶革质，有细锯齿，有小叶柄及小托叶。圆锥花序顶生，花两性，花萼宿存，5 裂，覆瓦状排列；子房上位，花柱 2~3 枚，在基部稍连合。种子 1~2 粒，具假种皮，白色，近革质。

城南森林公园有 1 种。

野鸦椿

Euscaphis japonica (Thunb.) Kanitz

落叶小乔木或灌木，高 2~8 m，树皮灰褐色，具纵条纹，小枝及芽红紫色，枝叶揉碎后发出恶臭气味。叶对生，为奇数羽状复叶；小叶厚纸质，长卵形或椭圆形，稀为圆形。圆锥花序顶生，花梗长达 20 cm，花多，较密集，黄白色，萼片与花瓣均 5 枚，椭圆形，萼片宿存。蓇葖果长 1~2 cm，果皮软革质，紫红色，有纵脉纹。种子近圆形。花期 5~6 月，果期 8~9 月。

见于城南森林公园纪念碑至山顶；生于林缘。除西北各地外，中国均产。日本、朝鲜也有分布。木材可为器具用材；种子油可制胶；根及干果入药，用于祛风除湿；也可栽培作观赏植物。

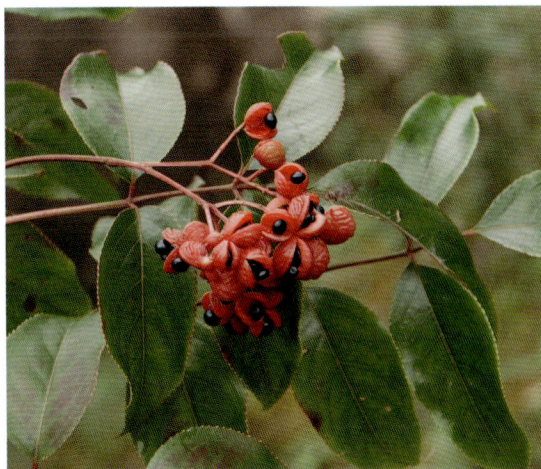

205. 漆树科 Anacardiaceae

乔木或灌木，稀为木质藤本或亚灌木状草本。叶互生，稀对生，单叶、掌状三小叶或奇数羽状复叶。花小，辐射对称，两性或多为单性或杂性，排列成顶生或腋生的圆锥花序；花萼多少合生，3~5 裂；花瓣 3~5 片，分离或基部合生；心皮 1~5 枚，子房上位，每室有胚珠 1 粒。果多为核果。

城南森林公园有 4 属，4 种。

1. 南酸枣属 Choerospondias B. L. Burtt et A. W. Hill

落叶乔木或大乔木。奇数羽状复叶互生，常集生于小枝顶端；小叶对生，具柄。花单性或杂性异株，雄花和假两性花排列成腋生或近顶生的聚伞圆锥花序，雌花通常单生于上部叶腋。花萼浅杯状，5 裂；花瓣 5 片；雄蕊 10 枚，着生在花盘外面基部；子房上位，5 室，每室具 1 胚珠。核果卵圆形或长圆形或椭圆形，中果皮肉质浆状，内果皮骨质。种子无胚乳。

城南森林公园有 1 种。

南酸枣

Choerospondias axillaris (Roxb.) B. L. Burtt et A. W. Hill

落叶乔木，高 8~20 m；树皮灰褐色，片状剥落。奇数羽状复叶，有小叶 3~6 对，叶柄纤细，基部略膨大；小叶近纸质，长 4~12 cm，宽 2~4.5 cm，先端长渐尖，基部多少偏斜；侧脉 8~10 对；小叶柄纤细。雄花序被微柔毛或近无毛；苞片小；花萼外面疏被白色微柔毛或近无毛；花瓣长圆形。雌花单生于上部叶腋，较大；子房卵圆形，无毛。核果椭圆形或倒卵状椭圆形，成熟时黄色。

见于城南森林公园纪念碑至山顶、东门岭、锦城公园；生于山坡或沟谷林中。分布于中国广东、广西、福建、浙江及华中、西南地区。印度、中南半岛和日本也有分布。生长快且适应性强，为良好的速生造林树种；果可生食或酿酒；果核可作活性炭原料；树皮和果入药，有消炎解毒、止血止痛的之功效。

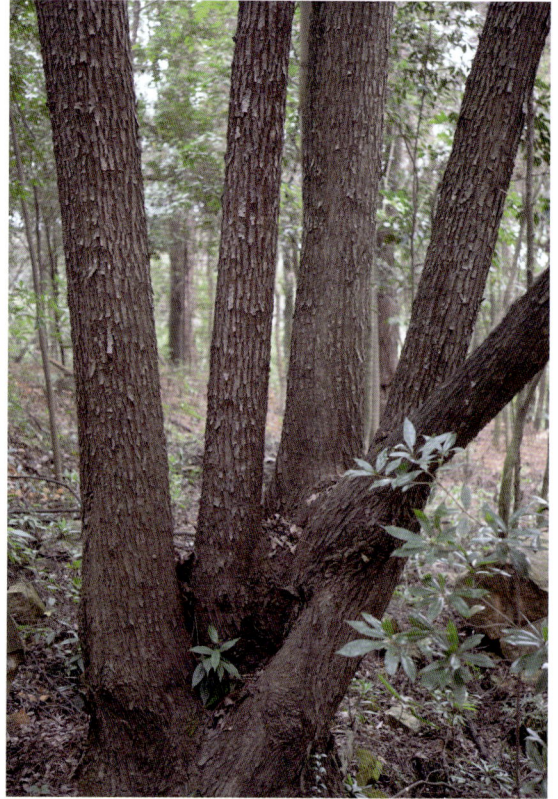

2. 芒果属 Mangifera L.

常绿乔木。单叶互生，全缘，具柄。圆锥花序顶生，花小，杂性，4~5 基数，花梗具节；苞片小，早落，萼片 4~5 枚，覆瓦状排列，有时基部略合生；花瓣 4~5 枚，着生在花盘基部，分离或与花盘合生。核果多形，中果皮肉质或纤维质，果核木质；种子大，种皮薄。

城南森林公园有 1 种。

* 杧果（芒果）

Mangifera indica L.

常绿大乔木，高 10~20 m；树皮灰褐色，小枝褐色，无毛。叶薄革质，常集生枝顶，叶形和大小变化较大，通常为长圆形或长圆状披针形，先端渐尖、长渐尖或急尖，基部楔形或近圆形，边缘皱波状，无毛。圆锥花序多花密集，被灰黄色微柔毛，分枝开展；苞片披针形，被微柔毛；花小，杂性，黄色或淡黄色。核果大，肾形，压扁，成熟时黄色，中果皮肉质，肥厚，鲜黄色，果核坚硬。

锦城公园有栽培。分布于中国广东、广西、云南、福建、台湾。印度、孟加拉国、中南半岛和马来西亚也有分布。芒果为热带著名水果，亦可酿酒；叶和树皮可作黄色染料；木材坚硬，耐海水，宜作舟车或家具等；树形优美，可作为热带亚热带地区的庭园和行道树种。

3. 盐肤木属 Rhus Tourn. ex L.

落叶灌木或乔木。叶互生，奇数羽状复叶、3小叶或单叶，叶轴具翅或无翅；小叶具柄或无柄，边缘具齿或全缘。花小，杂性或单性异株，多花，排列成顶生聚伞圆锥花序或复穗状花序；花萼5裂，裂片覆瓦状排列，宿存；花瓣5，覆瓦状排列。核果球形，略压扁，成熟时红色，外果皮与中果皮连合。

城南森林公园有1种。

盐肤木
Rhus chinensis Mill.

落叶小乔木或灌木，高2~10 m；小枝棕褐色，被锈色柔毛。奇数羽状复叶有小叶2~6对，叶轴具宽的叶状翅；小叶多形，卵形或椭圆状卵形或长圆形，无柄。圆锥花序宽大，多分枝。苞片披针形；小苞片极小，花白色。雄花花萼外面被微柔毛；花瓣倒卵状长圆形。雌花花萼裂片较短；花瓣椭圆状卵形。核果球形，成熟时红色。花期8~9月，果期10~11月。

见于城南森林公园纪念碑至山腰、龙井村、水南村，常见；生于向阳山坡、疏林或灌丛中。中国除东北、内蒙古和新疆外，其余地区均有分布。印度、马来西亚、印度尼西亚、日本、朝鲜及中南半

岛也有分布。本种为五倍子蚜虫寄主植物，在幼枝和叶上形成虫瘿，即五倍子，可供鞣革、医药、塑料和墨水等工业上用；幼枝和叶可作土农药；根、叶、花及果均可供药用。

本种与白背漆 *Rhus hypoleuca* Champ. ex Benth. 近似，不同在于后者叶轴无翅。

4. 漆树属 Toxicodendron Mill.

落叶乔木或灌木，稀为木质藤本，具白色乳汁，干后变黑，有臭气。叶互生，奇数羽状复叶或掌状3小叶；小叶对生，叶轴通常无翅。花序腋生，为聚伞圆锥状或聚伞总状花序；花小，单性异株；苞片披针形；花萼5裂；花瓣5片。雌花花瓣较小。核果近球形或侧向压扁；果核坚硬。种子具胚乳。

城南森林公园有1种。

野漆树（痒漆树、山漆树）
Toxicodendron succedaneum (L.) Kuntze

落叶乔木或小乔木，高达10 m。小枝粗壮，无毛。奇数羽状复叶互生，常集生小枝顶端，无毛，有小叶4~7对；小叶对生或近对生，坚纸质至薄革质，长5~16 cm，宽2~5.5 cm，先端渐尖或长渐尖，基部多少偏斜。圆锥花序长7~15 cm，多分枝；花黄绿色，花瓣长圆形；花萼无毛。核果大，偏斜；果核坚硬，压扁。

见于城南森林公园纪念碑至山顶、锦山公园；生于向阳山坡林中或林缘。分布于中国华北至长江以南各地。印度、朝鲜、日本及中南半岛也有分布。根、叶及果入药，治跌打骨折、湿疹疮毒、毒蛇咬伤等症；种子油可制皂或掺合干性油作油漆；中果皮之漆蜡可制蜡烛，膏药和发蜡等；树干乳液可代生漆用。

207. 胡桃科 Juglandaceae

落叶或半常绿乔木或小乔木，有芳香。叶互生或稀对生，无托叶，奇数或稀偶数羽状复叶；小叶对生或互生。花单性，雌雄同株。花序单性或稀两性。雄花序常柔荑花序。雌花序穗状，顶生，具少数雌花而直立，或有多数雌花而成下垂的柔荑花序；花被片 2~4 枚，贴生于子房。假核果或坚果状，外果皮肉质或革质或者膜质。

城南森林公园有 1 属，1 种。

黄杞属 Engelhardtia Leschen. ex Blume

落叶或半常绿乔木或小乔木。叶常为偶数羽状复叶；小叶全缘或具锯齿。雌性及雄性花序均为柔荑状，长而具多数花。雄花具短柄或无柄；苞片三裂；小苞片 2 枚，有时不存在；花被片 4 枚。雌花具短柄或无柄；苞片 3 裂，基部贴生于房下端；小苞片 2 枚；花被片 4 枚，排列成 2 轮；子房下位，2 心皮合生。果序长而下垂；果实坚果状，有毛或无毛，外侧具由苞片发育而成的果翅。

城南森林公园有 1 种。

黄杞（少叶黄杞）

Engelhardtia roxburghiana Wall.

半常绿乔木，高达 10 m 或更高，全株无毛，被有橙黄色盾状着生的圆形腺体。偶数羽状复叶长 12~25 cm；小叶 3~5 对，叶片革质，

长椭圆状披针形至长椭圆形，长 6~14 cm，宽 2~5 cm，全缘，顶端渐尖或短渐尖，基部歪斜；侧脉 10~13 对。雌雄同株或稀异株。雄花花被片 4 枚，兜状。雌花苞片 3 裂；花被片 4 枚；子房近球形。果实坚果状，球形。花期 5~6 月，果实 8~9 月成熟。

见于东门岭；生于林缘。分布于中国广东、广西、台湾、湖南及西南地区。印度、缅甸、泰国、越南也有分布。树皮纤维可制人造棉，亦含鞣质可提栲胶；叶有毒，制成溶剂能防治农作物病虫害，亦可毒鱼。

210. 八角枫科 Alangiaceae

落叶乔木或灌木，稀攀缘。枝圆柱形。单叶互生，有叶柄，无托叶，全缘或掌状分裂，基部两侧常不对称。花序腋生，聚伞状，极稀伞形或单生，小花梗常分节；苞片线形、钻形或三角形，早落。花两性，淡白色或淡黄色，通常有香气；花萼小，萼管钟形，与子房合生；花瓣 4~10 片，线形。核果椭圆形、卵形或近球形。种子 1 粒。

城南森林公园有 1 属，1 种。

八角枫属 Alangium Lam.

属的特征与科相同。
城南森林公园有 1 种。

八角枫

Alangium chinense (Lour.) Harms

落叶乔木或灌木，高 3~5 m；小枝略呈"之"字形，幼枝紫绿色，无毛或有稀疏的疏柔毛。叶纸质，近圆形或椭圆形、卵形，长 13~26 cm，宽 9~22 cm，顶端短锐尖或钝尖，基部两侧常不对称。聚伞花序腋生，有 7~50 朵花；花冠圆筒形花；花瓣 6~8 枚，线形。核果卵圆形，具种子 1 粒。花期 5~9 月，果期 7~11 月。

见于东门岭、城南森林公园生态长廊；生于山坡疏林中。分布于中国广东、广西、陕西、甘肃及华中、华东、西南地区。东南亚及非洲东部各国也有分布。根和茎药用，治风湿、跌打损伤、外伤止血等；树皮纤维可编绳索；木材可制作家具。

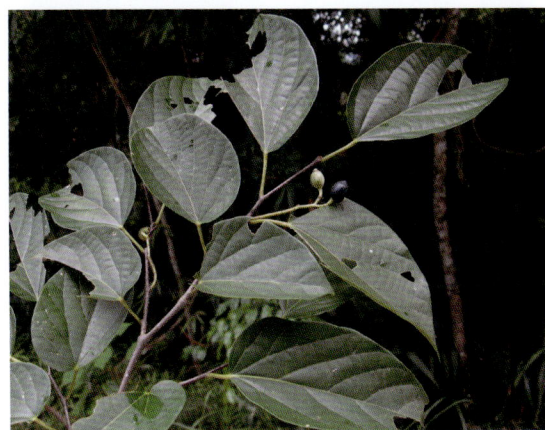

212. 五加科 Araliaceae

乔木、灌木，有时为木质藤本，有刺或无刺。叶互生，稀轮生，单叶、掌状复叶或羽状复叶。花整齐，两性或杂性，稀单性异株，聚生为伞形花序、头状花序、总状花序或穗状花序；小苞片不显著；萼筒与子房合生；花瓣 5~10 枚，在花芽中镊合状排列或覆瓦状排列。果实为浆果或核果。种子通常侧扁。

城南森林公园有 2 属，3 种。

1. 楤木属 Aralia L.

小乔木、灌木或多年生草本，通常有刺。叶大，一至数回羽状复叶；托叶和叶柄基部合生，先端离生，稀不明显或无托叶。花杂性，聚生为伞形花序，稀为头状花序，再组成圆锥花序；苞片和小苞片宿存或早落；花梗有关节；花瓣在花芽中覆瓦状排列。果实球形，有 5 棱。种子白色，侧扁。

城南森林公园有 2 种。

1. 黄毛楤木
Aralia decaisneana Hance

灌木，高 1~5 m；茎皮灰色，有纵纹和裂隙；新枝密生黄棕色茸毛，有刺；刺短而直，基部稍膨大。叶为二回羽状复叶；羽片有小叶 7~13 片，基部有小叶 1 对；小叶片革质，卵形至长圆状卵形，长 7~14 cm，宽 4~10 cm，先端渐尖或尾尖，基部圆形。圆锥花序大，密生黄棕色茸毛。伞形花序有花 30~50 朵；花淡绿白色；花瓣卵状三角形。果实球形，黑色。花期 10 月至翌年 1 月，果期 12 月至翌年 2 月。

见于城南森林公园正门至山顶；生于阳坡或疏林中。分布于中国华南、华东、华中、西南地区。根皮为民间草药，有祛风除湿、散瘀消肿之功效。

本 种 与 虎 刺 楤 木 Aralia finlaysoniana (Wall. ex G. Don) Seem. 近似，但后者幼干、小枝、叶柄密生向下倒钩的皮刺而不同。

2. 虎刺楤木
Aralia finlaysoniana (Wall. ex G. Don) Seem.

小乔木，高达 4 m；幼干、小枝密生向下倒钩的皮刺；刺短，长 2~4 mm，基部宽扁，先端通常弯曲；叶柄、羽轴、伞梗疏生向下倒钩的皮刺。叶为三回羽状复叶，长可达 1 m；小叶片纸质，长 4~11 cm，先端渐尖，边缘有不整齐的细锯齿，两面有刺毛。伞形花序再组成长达 50 cm 以上的圆锥花序，主轴

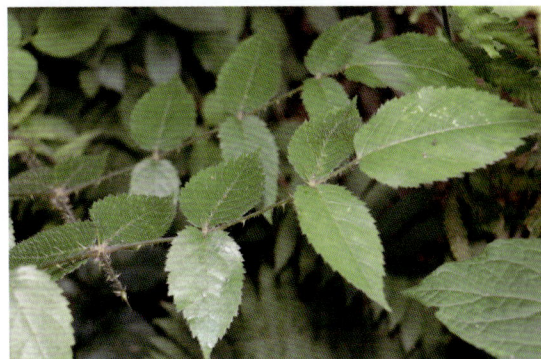

和分枝有短柔毛或无毛，有花多数。果实球形，直径约 4 mm。花期 8~10 月，果期 9~11 月。

见于城南森林公园纪念碑至山腰；生于林中和林缘。分布于中国广东、广西、云南、贵州、湖南等地。中南半岛及印度、马来西亚也有分布。

2. 鹅掌柴属 Schefflera J. R. Forst. et G. Forst.

直立无刺乔木或灌木，有时攀缘状；小枝粗壮，被星状茸毛或无毛。叶为单叶或掌状复叶；托叶和叶柄基部合生成鞘状。花聚生成总状花序、伞形花序或头状花序，稀为穗状花序再组成圆锥花序；花梗无关节；萼筒全缘或有细齿；花瓣 5~11 枚，在花芽中镊合状排列。果实近球形或卵球形。种子通常扁平。

城南森林公园有 1 种。

鹅掌柴（大叶伞、鸭脚木）

Schefflera heptaphylla (L.) Frodin
[*S. octophylla* (Lour.) Harms]

乔木或灌木，高 2~8 m；小枝粗壮，干时有皱纹。叶有小叶 6~9 片；叶柄长 15~30 cm，疏生星状短柔毛或无毛；小叶片纸质至革质，椭圆形或倒卵状椭圆形，长 9~17 cm，宽 3~5 cm，幼时密生星状短柔毛，后渐脱落；小叶柄长 1.5~5 cm，中央的较长。圆锥花序顶生，长 20~30 cm；分枝斜生，有总状排列的伞形花序几个至十几个；伞形花序有花 10~15 朵；总花梗纤细，长 1~2 cm；花白色；花瓣 5~6 枚，开花时反曲。果实球形，黑色，直径约 5 mm。花期 10~12 月，果期 11~12 月。

见于城南森林公园纪念碑至山顶、葛布村、龙井村，常见；生于山谷林中、路旁。分布于中国华南及云南、西藏、浙江、福建、台湾等地。日本、越南和印度也有分布。该种是南方冬季的蜜源植物；叶及根皮供药用，治疗流感、跌打损伤等症；木材质软，为制作火柴杆等原料。

213. 伞形科 Umbelliferae

一年生至多年生草本。根通常直生，肉质而粗，有时有分枝自根颈斜出。茎直立或匍匐上升，通常圆形。叶互生，叶片通常分裂或多裂，1 回掌状分裂或为 1~4 回羽状分裂的复叶；叶柄的基部有叶鞘。花小，两性或杂性，成顶生或腋生的复伞形花序或单伞形花序；花萼与子房贴生，萼齿 5 或无；花瓣 5 枚。果实通常为干果。

城南森林公园有 2 属，2 种。

1. 积雪草属 Centella L.

多年生草本，有匍匐茎。叶有长柄，圆形、肾形或马蹄形，边缘有钝齿，基部心形，光滑或有柔毛；叶柄基部有鞘。单伞形花序，梗极短，单生或 2-4 个聚生于叶腋，通常有花 3-4 朵；花近无柄，草黄色、白色至紫红色；花瓣 5，花蕾时复瓦状排列，卵圆形。果实肾形或圆形，两侧扁压，合生面收缩，分果有主棱 5。种子侧扁。

城南森林公园有 1 种。

积雪草（崩大碗、马蹄草）

Centella asiatica (L.) Urban

茎匍匐，节上生根。叶片膜质至草质，圆形、肾形或马蹄形，长 1~2.8 cm，边缘有钝锯齿，基部阔心形，两面无毛或在背面脉上疏生柔毛；掌状脉 5~7，两面隆起；叶柄长 1.5~27 cm，无毛或上部有柔毛，基部叶鞘透明，膜质。每一伞形花序有花 3~4 朵，聚集呈头状；花瓣卵形，紫红色或乳白色，膜质，长 1.2~1.5 mm，宽 1.1~1.2 mm。果实两侧扁压，圆球形，基部心形至平截形。花果期 4~10 月。

见于水南村；生于路旁阴湿地、水沟边。分布于中国华南、华中、中南及西南各省。亚洲热带地区、大洋洲群岛、澳大利亚及中非、南非（阿扎尼亚）也有分布。全草入药，有清热利湿、消肿解毒、治痧氙腹痛、暑泻、痢疾等功效。

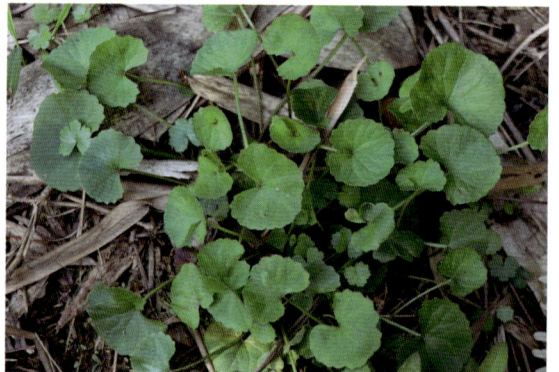

2. 天胡荽属 Hydrocotyle L.

多年生草本。茎细长，常匍匐生长。叶片心形、圆形、肾形或五角形，边缘有裂齿或掌状分裂；叶柄细长；托叶细小，膜质。花序通常为单伞形花序，细小，有多数小花，密集呈头状；花序梗通常生自叶腋；花白色、绿色或淡黄色；花瓣卵形，在花蕾时镊合状排列。果实心状圆形，两侧扁压，背部圆钝，背棱和中棱显著。

城南森林公园有 1 种。

2. 天胡荽（满天星、小叶铜钱草）
Hydrocotyle sibthorpioides Lam.

多年生草本。茎细长而匍匐，平铺地上成片，节上生根。叶片膜质至草质，圆形或肾圆形，长 0.5~1.5 cm，宽 0.8~2.5 cm，基部心形；叶柄无毛或顶端有毛；托叶略呈半圆形。伞形花序与叶对生，单生于节上；小伞形花序有花 5~18 朵；花瓣卵形，绿白色，有腺点。果实略呈心形，两侧扁压。花果期 4~9 月。

见于水南村、城南森林公园生态步道；常生长在湿润的草地、林下沟边。分布于中国广东、广西、陕西及华东、华中、西南等地。朝鲜、日本及东南亚至印度也有分布。全草入药，有清热、利尿、消肿、解毒之功效。

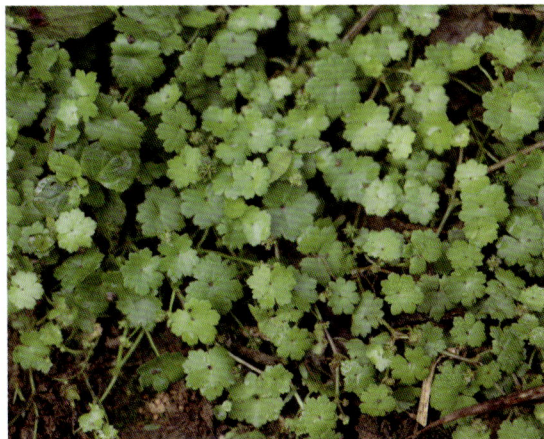

215. 杜鹃花科 Ericaceae

木本植物，灌木或乔木，通常常绿，少有半常绿或落叶，有具芽鳞的冬芽。叶革质，少有纸质，互生，极少假轮生，稀交互对生，全缘或有锯齿，不分裂，被各式毛或鳞片，或光滑；不具托叶。花单生或组成总状、圆锥状或伞形总状花序，顶生或腋生，两性，辐射对称或略两侧对称；花萼 4~5 裂，

宿存，有时花后肉质；花瓣合生成钟状。果为蒴果或浆果，少有浆果状蒴果。

城南森林公园有 3 属，5 种。

1. 南烛属 Lyonia Nutt.

常绿或落叶灌木，稀小乔木。单叶互生，全缘，具短叶柄。花小，白色，组成顶生或腋生的总状花序；花萼 4~5 裂，稀 8 裂，花后宿存，但不增大，与花梗之间有关节；花冠筒状或坛状，稀钟状，浅 5 裂。蒴果室背开裂，缝线通常增厚。种子细小，多数，种皮膜质。

城南森林公园有 1 种。

珍珠花（南烛、米饭花）
Lyonia ovalifolia (Wall.) Drude

常绿灌木或小乔木，高 2~9 m；分枝多，幼枝被短柔毛或无毛，老枝紫褐色，无毛。叶片薄革质，椭圆形、菱状椭圆形、披针状椭圆形至披针形，顶端锐尖、渐尖，基部楔形、宽楔形。总状花序顶生和腋生，有多数花，序轴密被短柔毛稀无毛；苞片叶状，披针形；小苞片 2 枚，线形或卵形；花冠白色，筒状。浆果直径 5~8 mm，熟时紫黑色，外面通常被短柔毛。花期 6~7 月，果期 8~10 月。

见于水南村；生于近山顶的山坡林内。分布于中国华南、华东、华中、西南地区。朝鲜、日本、印度尼西亚及中南半岛、马来半岛也有分布。

2. 杜鹃花属 Rhododendron L.

灌木或乔木，有时矮小成垫状，地生或附生；植株无毛或被各式毛被或鳞片。叶常绿或落叶、半落叶，互生，全缘，稀有不明显的小齿。花芽被多数形态大小有变异的芽鳞。花显著，通常排列成伞形总状或短总状花序，稀单花，通常顶生，少有腋生；花萼宿存；花冠漏斗状、钟状、管状或高脚碟状。蒴果自顶部向下室间开裂，果瓣木质。种子多数，细小，纺锤形。

城南森林公园有 3 种。

1. 刺毛杜鹃（毛叶杜鹃、太平杜鹃）
Rhododendron championae Hook.

常绿灌木，高 2~5 m；枝褐色，被开展的腺头刚毛和短柔毛。叶厚纸质，长圆状披针形，长达 17.5 cm，宽 2~5 cm，先端渐尖，基部楔形，稀近于圆形，边缘密被长刚毛和疏腺头毛，上面深绿色，疏被短刚毛，下面苍白色，密被刚毛和

短柔毛；叶柄长 1.2~1.7 cm。花芽长圆状锥形，外面及边缘被短柔毛。伞形花序生枝顶叶腋，有花 2~7 朵；花冠白色或淡红色，狭漏斗状，长 5~7 cm。蒴果圆柱形，长达 5.5 cm，微弯曲，具 6 条纵沟，密被腺头刚毛和短柔毛。花期 4~5 月，果期 5~11 月。

　　见于水南村至山腰；生于山坡杂木林内。分布于中国广东、广西、浙江、江西、福建、湖南。枝繁叶茂，花美丽，可供观赏。

基部楔形，边缘反卷，全缘，上面深绿色；叶柄密被棕褐色糙伏毛。花芽卵球形。伞形花序密被淡黄褐色长柔毛；花萼大，绿色；花冠玫瑰紫色，阔漏斗形。蒴果长圆状卵球形，被刚毛状糙伏毛，花萼宿存。花期 4~5 月，果期 9~10 月。

　　城南森林公园纪念碑附近有栽培。本种常栽培供观赏；木材致密坚硬，可做农具、手杖及供雕刻之用；根、叶药用，根利尿、驳骨、祛风湿，治跌打腹痛，叶可止血。

3. 映山红（杜鹃花、照山红）

Rhododendron simsii Planch.

　　落叶灌木，高 2~5 m；分枝多而纤细，密被亮棕褐色扁平糙伏毛。叶革质，常集生枝端，卵形、椭圆状卵形至倒披针形，先端短渐尖，基部楔形或宽楔形，边缘微反卷；叶柄密被亮棕褐色扁平糙伏毛。花芽卵球形。花 2~6 朵簇生枝顶；花萼 5 深裂，裂片三角状长卵形；花冠阔漏斗形，玫瑰色、鲜红色或暗红色。蒴果卵球形，长达 1 cm，密被糙伏毛；花萼宿存。花期 4~5 月，果期 6~8 月。

2. * 锦绣杜鹃（毛杜鹃）

Rhododendron × pulchrum Sweet

　　半常绿灌木，高 1.5~2.5 m；枝开展，淡灰褐色，被淡棕色糙伏毛。叶薄革质，椭圆状长圆形至椭圆状披针形或长圆状倒披针形，先端钝尖，

见于城南森林公园纪念碑、东门岭、龙井村；生于山坡或马尾松林下。分布于中国广东、广西、湖北及华东、西南地区。为优良的观花灌木；全株供药用，可治疗内伤咳嗽、肾虚耳聋、月经不调、风湿等疾病。

3. 越橘属 Vaccinium L.

灌木或小乔木，通常地生，少数附生。叶常绿，少数落叶，具叶柄，互生，稀假轮生，全缘或有锯齿。总状花序顶生、腋生或假顶生，稀腋外生，或花少数簇生叶腋，稀单花腋生；花小形；花萼 4~5 裂，稀檐状不裂；花冠坛状、钟状或筒状。浆果球形，顶部冠以宿存萼片。种子多数，细小，卵圆形或肾状侧扁。

城南森林公园有 1 种。

南烛（乌饭树、米饭树、乌饭叶）
Vaccinium bracteatum Thunb.

常绿灌木或小乔木，高 2~9 m；分枝多，幼枝被短柔毛或无毛，老枝紫褐色，无毛。叶片薄革质，椭圆形、菱状椭圆形至披针形，长 4~9 cm，宽 2~4 cm，顶端锐尖或渐尖，基部楔形至宽楔形。

总状花序顶生和腋生，有多数花，序轴密被短柔毛稀无毛；苞片叶状，披针形。浆果直径 5~8 mm，熟时紫黑色，外面通常被短柔毛。花期 6~7 月，果期 8~10 月。

见于城南森林公园纪念碑至山顶；生于山坡林内或灌丛中。分布于中国华南、华东、华中、西南地区。朝鲜、日本、印度尼西亚及中南半岛、马来半岛也有分布。果实成熟后酸甜，可食；果实入药，名"南烛子"，有强筋益气、固精之功效。

221. 柿树科 Ebenaceae

乔木或直立灌木，少数有枝刺。单叶互生，全缘，无托叶，具羽状叶脉。花多半单性，通常雌雄异株或杂性。雌花腋生，单生；雄花常生在小聚伞花序上或簇生。花萼 3~7 裂；花冠 3~7 裂，早落。雌花常具退化雄蕊或无雄蕊；子房上位，2~16 室，每室具 1~2 悬垂的胚珠。浆果多肉质；种子有胚乳。

城南森林公园有 1 属，2 种。

柿树属 Diospyros L.

落叶或常绿乔木或灌木。叶互生。花单性，雌雄异株或杂性。雄花常较雌花为小，组成聚伞花序；雌花常单生叶腋。萼通常深裂，4~7 裂，有时顶端截平，绿色，雌花的萼结果时常增大；花冠壶形、钟形或管状。在雌花中有退化雄蕊 1~16 枚或无雄蕊。浆果肉质，基部通常有增大的宿存萼片。种子较大，常两侧压扁。

城南森林公园有 2 种。

1. 柿
Diospyros kaki Thunb.

落叶大乔木，通常高达 10~14 m，树皮深灰色至灰黑色，或者黄灰褐色至褐色，沟纹较密，裂成长方块状。叶纸质，卵状椭圆形至倒卵形或近圆形，通常较大，长 5~18 cm，宽 2.8~9 cm，新叶疏生柔毛。花雌雄异株，花序腋生，为聚伞花序；雄花序小，弯垂，有短柔毛或茸毛，有花 3~5 朵。雌花单生叶腋。果实球形、扁球形或略呈方形等。花期 5~6 月，果期 9~10 月。

见于东门岭、龙井村。中国大部分地有栽培或野生。朝鲜、日本、北非的阿尔及利亚、法国、俄罗斯、美国及东南亚、大洋洲等地有栽培。为重要的果树，也是优良的风景观赏树。

2. 罗浮柿（山柿、山红柿）

Diospyros morrisiana Hance

乔木或小乔木，高可达 20 m。叶薄革质，长椭圆形或下部的为卵形，长 5~10 cm，宽 2.5~4 cm，先端短渐尖或钝，基部楔形；侧脉纤细，每边 4~6 条；叶柄嫩时疏被短柔毛。雄花序短小，腋生，下弯，聚伞花序式；雄花白色；花萼钟状；花冠在芽时为卵状圆锥形。雌花腋生；花萼浅杯状；花冠近壶形。果球形，黄色，有光泽。种子近长圆形。花期 5~6 月，果期 9~11 月。

见于城南森林公园纪念碑、生态步道向上；生于山坡、山谷疏林中。分布于中国广东、广西、湖南、江西及华东、西南等地区。越南北部也有分布。木材可制家具；茎皮、叶、果入药，有解毒消炎之功效。

223. 紫金牛科 Myrsinaceae

灌木、乔木或攀缘灌木。单叶互生，稀对生或近轮生；无托叶。花排成总状花序、伞房花序、伞形花序或聚伞花序，腋生、侧生、顶生或生于侧生特殊花枝顶端。花通常两性或杂性，辐射对称，覆瓦状或镊合状排列，或螺旋状排列，4 或 5 数；花冠通常仅基部连合或成管；雄蕊与花冠裂片同数；雌蕊 1 枚，子房上位。浆果核果状，有种子 1 粒或多数。

城南森林公园有 3 属，11 种。

1. 紫金牛属 Ardisia Sw.

小乔木、灌木或亚灌木状。叶互生，稀对生或近轮生。聚伞花序、伞房花序、伞形花序或由上述花序组成的圆锥花序，顶生、腋生、侧生或着生于侧生或腋生特殊花枝顶端。花两性，通常为 5 数；花萼通常仅基部连合；花瓣基部微微连合。浆果核果状，球形或扁球形，通常为红色，有种子 1 粒。

城南森林公园有 4 种。

1. 朱砂根（天青地红、叶下红）

Ardisia crenata Sims

灌木，高 1~2 m；茎粗壮，除侧生特殊花枝外，无分枝。叶片革质或坚纸质，椭圆形、椭圆状披针形至倒披针形，顶端急尖或渐尖，基部楔形。花排成伞形花序或聚伞花序，着生于侧生特殊花枝顶端；萼片长圆状卵形；花瓣白色，稀略带粉红色。果球形，鲜红色，具腺点。花期 5~6 月，果期 10~12 月或翌年春季。

见于城南森林公园纪念碑至山腰；生于疏、密林下或灌木丛中。分布于中国西藏东南部至台湾，湖北至海南等地。印度及缅甸经马来半岛、印度尼西亚至日本均有。为民间常用的中草药之一，根、叶可祛风除湿、散瘀止痛、通经活络；果可食，亦可榨油；亦为优良的观赏植物。

2. 山血丹（细罗伞树、小罗伞）

Ardisia lindleyana D. Dietr.
[*Ardisia punctata* Lindl.]

灌木或小灌木，高 1~2 m；茎幼时被细微柔毛，无皱纹，除侧生特殊花枝外，无分枝。叶片革质或近坚纸质，长圆形至椭圆状披针形，长 10~15 cm，宽 2~3.5 cm，近全缘或具微波状齿，齿尖具边缘腺点，边缘反卷，侧脉 8~12 对，连成远离边缘的边缘腺；叶柄长 1-1.5 cm，被微柔毛。亚伞形花序，单生或稀为复伞形花序；花瓣白色，椭圆状卵形，顶端圆形，具明显的腺点。果球形，直径约 6 mm，深红色，微肉质，具疏腺点。花期 5~7 月，果期 10~12 月。

　　见于城南森林公园纪念碑、水南村；生于山谷、山坡、疏林下。分布于中国华南、浙江、江西、福建、湖南。根药用可通经、活血、祛风、止痛，亦作洗药，可去无名肿毒。

3. 虎舌红（红毛毡、老虎脷）

Ardisia mamillata Hance

　　小灌木，具匍匐的木质根茎，直立茎高不超过 15 cm。叶互生或簇生于茎顶端，叶片坚纸质，倒卵形至长圆状倒披针形，长 7~14 cm，宽 3~5 cm，顶端急尖或钝，基部楔形或狭圆形，两面被锈色或有时为紫红色糙伏毛，毛基部隆起如小瘤；侧脉 6~8 对，不明显。伞形花序着生于侧生特殊花枝顶端，每植株有花枝 1~2 个；花枝有花约 10 朵；花萼基部连合；花瓣粉红色。果球形，鲜红色。花期 6~7 月，果期 11 月至翌年 1 月。

　　见于东门岭、葛布村；生于较阴湿的林下。分布于中国华南、华中、西南地区。越南也有分布。为民间常用的中草药，全草有清热利湿、活血止血、去腐生肌等功效；叶外敷可拔刺拔针、去疮毒等。

　　本种与莲座紫金牛 *Ardisia primulaefolia* Gardn. et Champ. 相似，区别在于前者植株较高，茎较长，叶面的毛基部隆起。

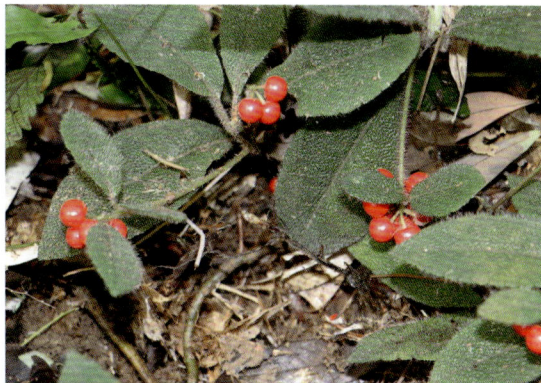

4. 罗伞树

Ardisia quinquegona Blume

　　灌木或灌木状小乔木，高约 2 m；小枝细，有纵纹，嫩时被锈色鳞片。叶片坚纸质，长圆状披针形、椭圆状披针形至倒披针形，长 8~16 cm，宽 2~4 cm，顶端渐尖，基部楔形，全缘。聚伞花序或亚伞形花序腋生；花萼仅基部连合，萼片三角状卵形；花瓣白色，广椭圆状卵形。果扁球形，具钝 5 棱。花期 5~6 月，果期 12 月或翌年 2~4 月。

　　见于水南村、城南森林公园正门至生态步道；生于山坡疏、密林中。分布于中国广东、广西、云南、福建、台湾。从马来半岛至琉球群岛均有分布。全株入药，有消肿、清热解毒的作用；亦作兽用药；树干也可作薪炭柴。

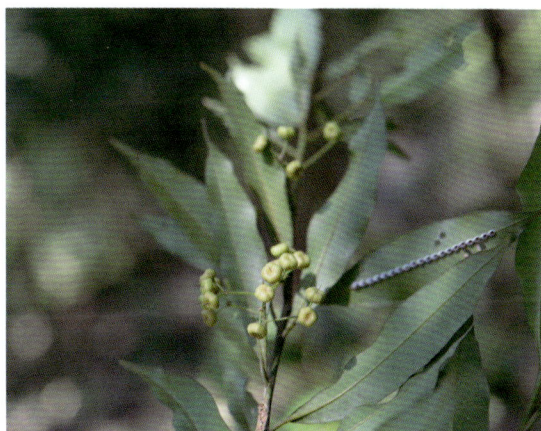

2. 酸藤子属 Embelia Burm. f.

　　攀缘灌木或藤本，稀直立。单叶互生或二列或近轮生，全缘或具齿，具柄，稀无柄。花排成总状花序、圆锥花序、伞形花序或聚伞花序，顶生、腋生或侧生，基部具苞片；花通常单性，4 或 5 数；花萼基部连合；花瓣分离或仅基部连合。雌蕊在雄花中退化，子房极小，在雌花中发达，子房成球形或卵形。浆果核果状，球形或扁球形，光滑，有种子1粒。

城南森林公园有5种。

1. 酸藤子

Embelia laeta (L.) Mez

攀缘灌木或藤本；幼枝无毛，老枝具皮孔。叶片坚纸质，倒卵形或长圆状倒卵形，长 3~4 cm，宽 1~1.5 cm，顶端圆形、钝或微凹，基部楔形。总状花序腋生或侧生，有花 3~8 朵，基部具 1~2 轮苞片。花4数；萼片卵形或三角形；花瓣白色或带黄色，分离。果球形。花期 12 月至翌年 3 月，果期 4~6 月。

见于水南村、东门岭；生于山坡疏林下或开阔的灌木丛中。分布于中国广东、广西、云南、江西、福建、台湾。越南、老挝、泰国、柬埔寨也有分布。根、叶药用可治跌打肿痛、肠炎腹泻、咽喉炎、胃酸少、痛经闭经等症；嫩尖和叶可生食，味酸；果亦可食，有强壮补血之功效。

2. 当归藤（小花酸藤子）

Embelia parviflora Wall. ex A. DC.

攀缘灌木或藤本；老枝具皮孔，但不明显，小枝密被锈色长柔毛。叶二列，叶片坚纸质，卵形，顶端钝或圆形，基部广钝或近圆形，稀截形，长 1~2 cm，宽 0.6~1 cm，全缘，多少具缘毛。亚伞形花序或聚伞花序腋生，通常下弯，有花 2~4 朵或略多；小苞片披针形至钻形；花萼基部微微连合；花瓣白色或粉红色，分离。果球形，暗红色，无毛，宿存萼片反卷。花期 12 月至翌年 5 月，果期 5~7 月。

见于水南村；生于山间密林中、林缘或灌木丛中。分布于中国广东、广西、西藏、贵州、云南、浙江、福建。印度、缅甸至印度尼西亚亦有分布。根与老藤供药用，配伍治月经不调、白带、萎黄病等。

3. 网脉酸藤子

Embelia rudis Hand.-Mazz.

攀缘灌木，分枝多，枝条无毛，密布皮孔。叶片坚纸质，稀革质，长圆状卵形或卵形，长 5~10 cm，宽 2~4 cm，先端急尖或渐尖，基部圆或钝，稀楔形，边缘具细或粗锯齿，有时具重锯齿或几乎全缘，两面无毛，叶面中脉下凹，背面隆起，侧脉多数，细脉网状，明显隆起；叶柄长 6~8 mm，具狭翅，多少被微柔毛。总状花序腋生，长 1~2 cm；花5数，长 1~2 mm；花瓣分离，淡绿色或白色，长 1~2 mm。果球形，直径 4~5 mm，蓝黑色或带红色。花期 10~12 月，果期 4~7 月。

见于城南森林公园纪念碑至山腰；生于林下或林缘。分布于中国广东、广西、浙江、江西、福建、台湾、湖南、四川、贵州及云南。根、茎可供药用，有清凉解毒、滋阴补肾之功效。

4. 长叶酸藤子（平叶酸藤子）
Embelia undulata (Wall.) Mez

攀缘灌木、藤本或小乔木，高 2~4 m；小枝无毛，通常无皮孔。叶片纸质至坚纸质，椭圆形或长圆状椭圆形，长 4~9.5 cm，宽 2~4 cm，全缘，两面无毛，中脉于叶面平整，侧脉不甚明显。总状花序侧生或腋生，通常着生于翌年无叶的枝条上；小苞片三角状卵形，具缘毛；花 4 数；花瓣淡黄色或绿白色，分离。果球形或扁球形，有明显的纵肋及腺点，果梗长约 5 mm，宿存萼紧贴果。花期 4~6 月，果期 9~11 月。

见于龙井村；生于密林中。分布于中国云南。印度、尼泊尔亦有分布。果熟后可食；全株可药用。

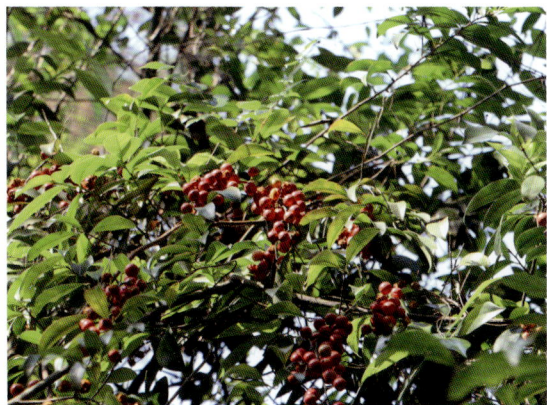

5. 密齿酸藤子
Embelia vestita Roxb.

攀缘灌木或小乔木，高 5 m 以上；小枝无毛或嫩枝被极细的微柔毛，具皮孔。叶片坚纸质，卵形至卵状长圆形，稀椭圆状披针形，长 5~11 cm，宽 2~3.5 cm，边缘具细据齿，稀成重锯齿。总状花序腋生，长 2~6 cm，被细茸毛；花萼基部连合，萼片卵形；花瓣白色或粉红色，分离。果球形或略扁，红色，具腺点。花期 10~11 月，果期 10 月至翌年 2 月。

见于水南村附近；生于山坡林下。分布于中国云南。尼泊尔、缅甸、印度亦有分布。果熟后可生食，味酸甜。

本种与网脉酸藤子 *Embelia rudis* Hand.-Mazz. 近似，不同在于后者细脉网状，明显隆起，总状花序长 1~2 cm。

3. 杜茎山属 Maesa Forsk.

灌木或大灌木，直立或枝条倾斜，常多分枝。叶全缘或具各式锯齿，无毛或被毛，常具脉状腺条纹或腺点。花排成总状花序或呈圆锥花序，腋生；苞片小，卵形或披针形；花 5 数，两性或杂性；花萼漏斗形；花冠白色或浅黄色，裂片通常卵状圆形。果为肉质浆果或干果，球形或卵圆形，通常具坚脆的中果皮。种子细小，多数。

城南森林公园有 2 种。

1. 杜茎山
Maesa japonica (Thunb.) Moritzi et Zoll.

直立灌木，高 1~5 m；小枝无毛，具细条纹，疏生皮孔。叶片革质，有时较薄，披针形、椭圆形、披针状椭圆形或长圆状倒卵形，顶端渐尖、急尖或钝，基部楔形、钝或圆形，长 9~11 cm，宽约 3 cm。花排成总状花序或圆锥花序；苞片卵形；花冠白色，长钟形。果球形，肉质。花期 1~3 月，果期 5~6 月。

见于城南森林公园纪念碑至山腰、葛布村；生于山坡杂木林下，或路旁灌木丛中。分布于我国西南至台湾。日本及越南北部亦有分布。果可食，微甜；全株供药用，有祛风寒、消肿之功效；茎、叶外敷治跌打损伤，止血。

2. 鲫鱼胆
Maesa perlarius (Lour.) Merr.

小灌木，高 1~3 m；分枝多，小枝被长硬毛或短柔毛，有时无毛。叶片纸质或近坚纸质，广椭圆状卵形至椭圆形，长 7~11 cm，宽 3~5 cm，顶端急尖或渐尖，基部楔形。总状花序或圆锥花序腋生；苞片小，披针形或钻形；萼片广卵形，被长硬毛；花冠白色，钟形；雄蕊在雌花中退化，在雄花中着生于花冠管上部，内藏。果球形，无毛。花期3~4月，果期12月至翌年5月。

见于葛布村；生于疏林或灌丛中。分布于中国四川、贵州至台湾以南沿海各地。越南、泰国亦有分布。全株供药用，有消肿去腐、生肌接骨之功效。

本种与杜茎山 *Maesa japonica* (Thunb.) Moritzi et Zoll. 近似，不同在于本种叶片较宽，宽3~5 cm，苞片披针形或钻形，而后者叶片较狭窄，宽约3 cm，苞片卵形。

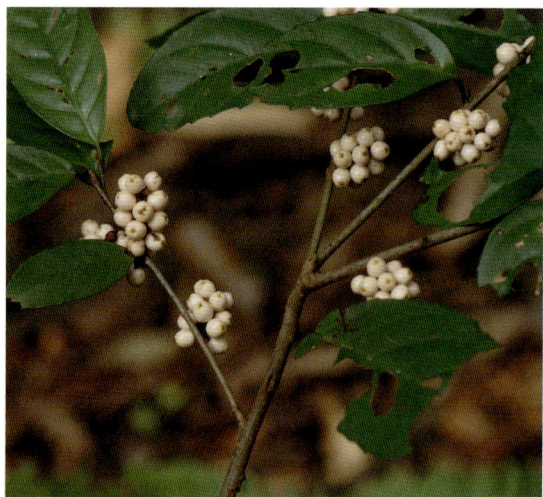

224. 安息香科 Styracaceae

乔木或灌木，常被星状毛或鳞片状毛。单叶互生，无托叶。总状花序、聚伞花序或圆锥花序顶生或腋生，很少单花或数花丛生；小苞片常早落；花两性，很少杂性，辐射对称。核果有一肉质外果皮或为蒴果，稀浆果，具宿存花萼；种子无翅或有翅，有一宽大种脐。

城南森林公园有1属，4种。

安息香属 Styrax L.

属的形态特征同科。
城南森林公园有4种。

1. 赛山梅

Styrax confusus Hemsl.

小乔木，高2~8 m；树皮灰褐色，平滑，嫩枝扁圆柱形，密被黄褐色星状短柔毛。叶革质或近革质，椭圆形或倒卵状椭圆形，长4~14 cm，宽

2.5~7 cm，顶端急尖或钝渐尖，基部圆形或宽楔形，边缘有细锯齿；叶柄长1~3 mm，上面有深槽。总状花序顶生，有花3~8朵，下部常有2~3花聚生叶腋；花白色，长1.2~2.2 cm。果实近球形或倒卵形，外面密被灰黄色星状茸毛和星状长柔毛，果皮常具皱纹；种子倒卵形，褐色。花期4~6月，果期9~11月。

见于城南森林公园姐妹亭；生于林中或林缘。分布于中国华南、西南、华中及华东地区。种子油供制润滑油、肥皂和油墨等；花可供观赏。

2. 白花龙

Styrax faberi Perk.

灌木，高1~2 m。叶互生，纸质，有时侧枝最下两叶近对生而较大，椭圆形、倒卵形或长圆状披针形，长4~11 cm，顶端急渐尖或渐尖，基部宽楔形或近圆形，边缘具细锯齿。总状花序顶生，有花3~5朵，下部常单花腋生；花白色，长1.2~1.8 cm；花萼杯状，膜质，外面密被灰黄色星状茸毛和星状短柔毛。果实倒卵形或近球形，外面密被灰色星状短柔毛，果皮平滑。花期4~6月，果

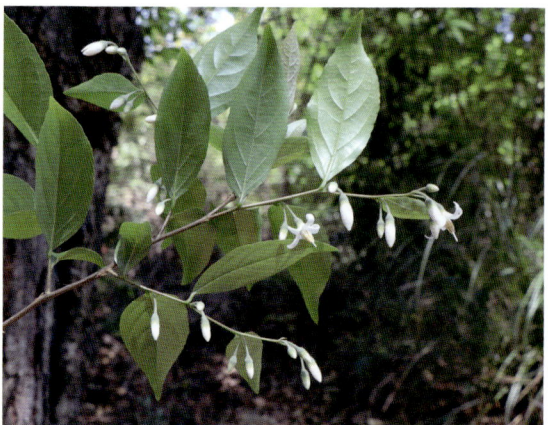

期 8~10 月。

见于城南森林公园纪念碑至山顶；生于山坡林中。分布于中国华南、华东、华中、西南地区。

本种与赛山梅 *Styrax confusus* Hemsl. 近似，但本种为一小灌木，叶纸质，总状花序有花 3~5 朵，下部常单花腋生。

3. 芬芳安息香

Styrax odoratissimus Champ. ex Benth.

小乔木，高 4~10 m。树皮灰褐色，不开裂。嫩枝稍扁，疏被黄褐色星状短柔毛，成长后圆柱形，无毛。叶互生，薄革质至纸质，卵形或卵状椭圆形，长 4~15 cm，顶端渐尖或急尖，基部宽楔形至圆形，边全缘或上部有疏锯齿。花白色，长 1.2~1.5 cm。果实近球形，顶端骤缩而具弯喙，密被灰黄色星状茸毛；种子卵形，密被褐色鳞片状毛和瘤状突起。

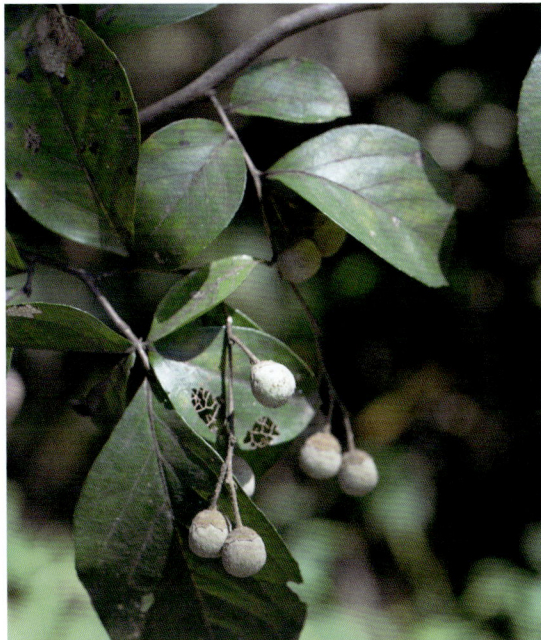

花期 3~4 月，果期 6~9 月。

见于城南森林公园纪念碑至山顶、正门至生态步道；生于山坡林中。分布于中国华南、华东、华中地区、贵州。木材坚硬，可作建筑、船舶和家具等用材；种子油供制肥皂和机械润滑油。

4. 越南安息香

Styrax tonkinensis (Pierre) Craib. ex Hartw.

乔木，高 6~25 m，树冠圆锥形，树皮有不规则纵裂纹；枝稍扁，被褐色茸毛。叶互生，纸质至薄革质，椭圆形至卵形，长 5~18 cm，宽 4~10 cm，顶端短渐尖，基部圆形或楔形，边近全缘。花组成圆锥花序，或渐缩小成总状花序；花序梗和花梗密被黄褐色星状短柔毛；花白色。果实近球形，顶端急尖或钝，外面密被灰色星状茸毛；种子卵形，栗褐色。花期 4~6 月，果熟期 8~10 月。

见于水南村；生于山坡林中或林缘。分布于中国华南、西南、华中地区。越南也有分布。木材结构致密，材质松软，可作火柴杆、家具及板材；种子油称"白花油"，可供药用，治疥疮；树脂称"安息香"，是医药上贵重药材，也可制造高级香料。

本种与芬芳安息香 *Styrax odoratissimus* Champ. ex Benth. 的种子均被鳞片状毛或星状毛，不同在于前者叶背密被灰白色星状茸毛。

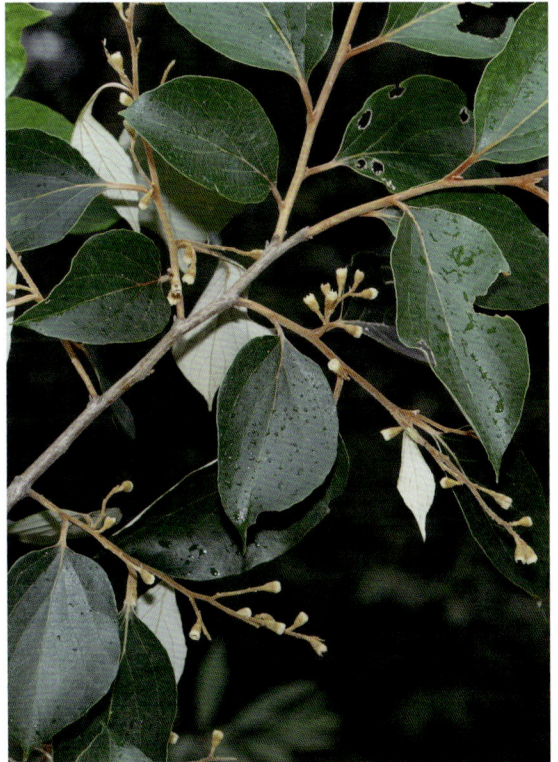

225. 山矾科 Symplocaceae

灌木或乔木。单叶互生，通常具锯齿、腺质锯齿或全缘。花辐射对称，排成穗状花序、总状花序、圆锥花序或团伞花序，很少单生。果为核果，顶端冠以宿存的萼裂片，通常具薄的中果皮和坚硬木质的核；核光滑或具棱，1~5室，每室有种子1粒，具丰富的胚乳。

城南森林公园有1属，5种。

山矾属 Symplocos Jacq.

属的形态特征同科。

城南森林公园有5种。

1. 华山矾

Symplocos chinensis (Lour.) Druce

灌木。嫩枝、叶柄、叶背均被灰黄色皱曲柔毛。叶纸质，椭圆形或倒卵形，长4~10 cm，宽2~5 cm，先端急尖或短尖，有时圆，基部楔形或圆形，边缘有细尖锯齿，叶面有短柔毛。花冠白色，芳香。核果卵状圆球形，歪斜，熟时蓝色。花期4~5月，果期8~9月。

见于葛布村；生于林缘或路旁。分布于中国华南、华中、华东、西南地区。根和叶药用；种子油制肥皂。

2. 越南山矾

Symplocos cochinchinensis (Lour.) S. Moore

乔木。小枝粗壮，芽、嫩枝、叶柄、叶背中脉均被红褐色茸毛。叶纸质，椭圆形、倒卵状椭圆形或狭椭圆形，长9~30 cm，宽3~10 cm，先端急尖或渐尖，基部阔楔形或近圆形，叶背被柔毛，边缘有细锯齿或近全缘。花芳香，白色或淡黄色。核果圆球形，顶端宿萼裂片合成圆锥状，基部有宿存苞片。花期8~9月，果期10~11月。

见于葛布村；生于山坡地。分布于中国华南、西南地区及福建、台湾。中南半岛及印度尼西亚爪哇、印度也有分布。

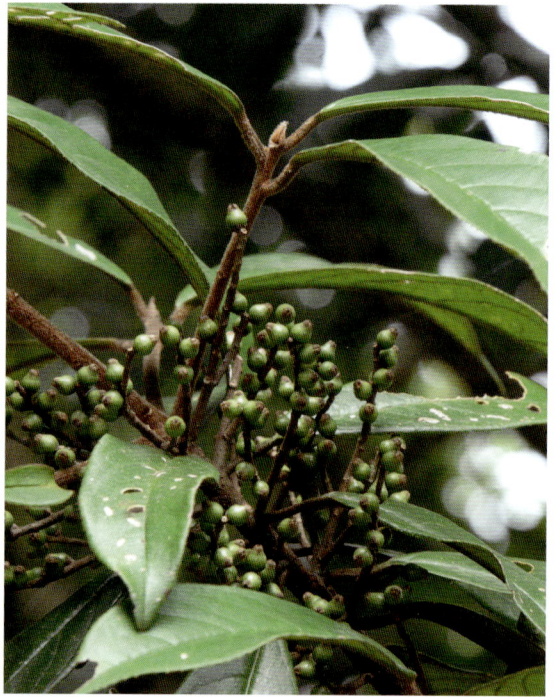

3. 光叶山矾

Symplocos lancifolia Siebold et Zucc.

小乔木。芽、嫩枝、嫩叶背面脉上、花序均被黄褐色柔毛，小枝细长，黑褐色，无毛。叶纸质或近膜质，干后有时呈红褐色，卵形至阔披针形，长3~9 cm，宽1.5~3.5 cm，先端尾状渐尖，基部阔楔形或稍圆，边缘具稀疏的浅钝锯齿。花冠淡黄色。核果近球形，直径约4 mm，顶端宿萼裂片直立。花期3~11月，果期6~12月，边开花边结果。

见于城南森林公园纪念碑至山顶；生于疏林中或林缘。分布于中国华南、华中、西南及华东地区。日本也有分布。叶可作茶用；根药用，治跌打损伤。

4. 黄牛奶树

Symplocos laurina (Retz.) Wall.

乔木。小枝无毛，芽被褐色柔毛。叶革质，倒卵状椭圆形或狭椭圆形，长 7~14 cm，宽 2~5 cm，先端急尖或渐尖，基部楔形或宽楔形，边缘有细小的锯齿。花冠白色，长约 4 mm。核果球形，直径 4~6 mm，顶端宿萼裂片直立。花期 8~12 月，果期翌年 3~6 月。

见于葛布村；生于山坡或林缘。分布于中国华南、华中、西南及华东地区。印度、斯里兰卡也有分布。木材可作板料、木尺；种子油作滑润油或制肥皂；树皮药用，可治感冒。

5. 铁山矾

Symplocos pseudobarberina Gontsch.

乔木，全株无毛，幼枝黄绿色，老枝灰黑色，被白蜡层。叶纸质，卵形或卵状椭圆形，长 5~9 cm，宽 2~4 cm，先端渐尖或尾状渐尖，基部楔形或稍圆，边缘有稀疏的浅波状齿或全缘。总状花序基部常分枝，无毛，花冠白色。核果绿色或黄色，长圆状卵形，长 6~8 mm，顶端宿萼裂片向内倾斜或直立。花期 10~11 月，果期 5~6 月。

见于东门岭；生于近山顶的山坡密林中。分布于中国华南区地及云南、福建、湖南。越南也有分布。

228. 马钱科 Loganiaceae

乔木、灌木、藤本，稀草本。植株无乳汁，通常无刺，稀枝条变态而成伸直或弯曲的腋生棘刺。单叶对生或轮生，稀互生，全缘或有锯齿，通常为羽状脉，具叶柄。花通常两性，辐射对称，单生或孪生。果为蒴果、浆果或核果。种子有时具翅。

城南森林公园有 1 属，1 种。

钩吻属 Gelsemium Juss.

木质藤本。冬芽具鳞片数对。叶对生或有时轮生，全缘，具羽状脉，有短柄。花单生或组成三歧聚伞花序，顶生或腋生；花萼 5 深裂；花冠漏斗状或窄钟状，裂片 5 枚，花冠管圆筒状，上部稍扩大。果为蒴果，2 室，室间开裂为 2 个 2 裂的果瓣。种子扁压状椭圆形或肾形，边缘具有不规则齿裂状膜质翅。

城南森林公园有 1 种。

钩吻（大茶药、断肠草、胡蔓藤）

Gelsemium elegans (Gardn. et Champ.) Benth.

常绿木质藤本，长 3~12 m。小枝圆柱形，幼时具纵棱；除苞片边缘和花梗幼时被毛外，全株均无毛。叶片膜质，卵形、卵状长圆形或卵状披针形，长 5~12 cm，宽 2~6 cm，顶端渐尖，基部阔楔形至近圆形；侧脉上面扁平，下面凸起。花密集，组成顶生和腋生的三歧聚伞花序；花冠黄色，漏斗状，长 12~20 mm，内面有淡红色斑点。果皮薄革质，种子扁压状椭圆形或肾形，边缘具有不规则齿裂状膜质翅。花期 5~11 月，果期 7 月至翌年 3 月。

见于城南森林公园纪念碑至山顶、龙井村；生于疏林下、山坡地。分布于中国华南、西南以及华东地区。亚洲东南部也有分布。全株有大毒，可供药用，有消肿止痛、拔毒杀虫之功效；华南地区常用作兽医草药，对猪、牛、羊有驱虫之功效。

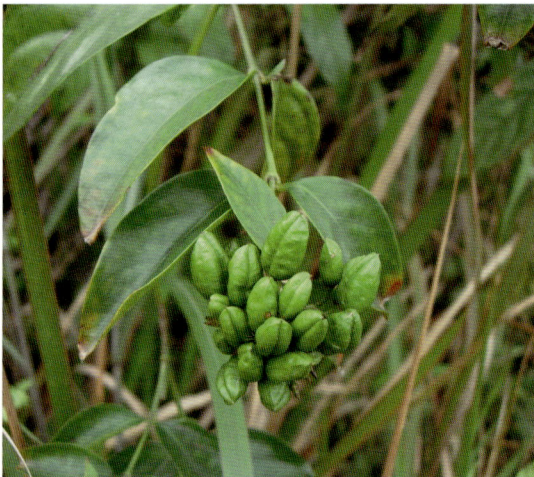

229. 木犀科 Oleaceae

乔木，直立或藤状灌木。叶对生，稀互生或轮生，单叶、三出复叶或羽状复叶，稀羽状分裂，全缘或具齿，具叶柄，无托叶。花辐射对称，两性，稀单性或杂性，雌雄同株、异株或杂性异株，通常聚伞花序排列成圆锥花序，或为总状、伞状、头状花序，顶生或腋生，或聚伞花序簇生于叶腋，稀花单生。果为翅果、蒴果、核果、浆果或浆果状核果。

城南森林公园有 3 属，3 种。

1. 素馨属 Jasminum L.

直立或攀缘状灌木，稀小乔木。小枝圆柱形或具棱角和沟。叶对生或互生，稀轮生，单叶、三出复叶或为奇数羽状复叶，全缘或深裂；叶柄有时具关节，无托叶。花两性，排成聚伞花序，聚伞花序再排列成圆锥状、总状、伞房状、伞状或头状；苞片常呈锥形或线形；花常芳香；花萼钟状、杯状或漏斗状，花柱常异长，丝状。浆果双生或其中一个不育而成单生，果成熟时呈黑色或蓝黑色。种子无胚乳。

城南森林公园有 1 种。

* 野迎春（云南黄素馨）
Jasminum mesnyi Hance

常绿直立亚灌木，枝条下垂。小枝四棱形，具沟，光滑无毛。叶对生，三出复叶或小枝基部具单叶；叶片和小叶片近革质，两面几乎无毛，叶缘反卷，具睫毛，侧脉不甚明显；小叶片长卵形或长卵状披针形，先端钝或圆，具小尖头，顶生小叶片长 2.5~6.5 cm，宽 0.5~2.2 cm。花冠黄色，漏斗状，裂片极开展，长于花冠管。果椭圆形，两心皮基部愈合。花期 11 月至翌年 8 月，果期 3~5 月。

城南森林公园纪念碑附近、水南村有栽培。分布于中国西南地区。花大，黄色，可供园林观赏。

本种和迎春花 Jasminum nudiflorum Lindl. 相似，区别在于后者为落叶植物，花较小，花冠裂片较不开展，短于花冠管。

2. 女贞属 Ligustrum L.

落叶或常绿、半常绿灌木、小乔木或乔木。叶对生，单叶，叶片纸质或革质，全缘，具叶柄。聚伞花序常排列成圆锥花序，多顶生于小枝顶端，稀腋生；花两性；花萼钟状；花冠白色。果为浆果状核果，内果皮膜质或纸质，稀为核果状而室背开裂，种皮薄。

城南森林公园有 1 种。

小蜡（山指甲）

Ligustrum sinense Lour.

落叶灌木或小乔木。小枝圆柱形，幼时被淡黄色短柔毛或柔毛，老时近无毛。叶片纸质或薄革质，卵形、椭圆状卵形、长圆形至披针形，或近圆形，长 2~8 cm，宽 1~3.5 cm，先端锐尖、短渐尖至渐尖，或钝而微凹，基部楔形至近圆形。圆锥花序顶生或腋生，塔形，长 4~11 cm，宽 3~8 cm；花冠长 3.5~5.5 mm；筒部稍短于裂片。果近球形。花期 3~6 月，果期 9~12 月。

见于城南森林公园纪念碑附近。分布于中国华南、华东、华中以及西南地区。越南也有分布。种子榨油供制肥皂；树皮和叶入药，具清热降火等功效；各地普遍栽培作绿篱。

3. 木犀属 Osmanthus Lour.

常绿灌木或小乔木。单叶对生，叶片厚革质或薄革质，全缘或具锯齿，两面通常具腺点，具叶柄。花两性，通常雌蕊或雄蕊不育而成单性花，雌雄异株或雄花、两性花异株。果为核果，椭圆形或歪斜椭圆形，内果皮坚硬或骨质；胚乳肉质。

城南森林公园有 1 种。

* 桂花

Osmanthus fragrans (Thunb.) Lour.

常绿乔木或灌木，树皮灰褐色。小枝黄褐色，无毛。叶片革质，椭圆形、长椭圆形或椭圆状披针形，长 7~14.5 cm，宽 2.6~4.5 cm，先端渐尖，基部渐狭呈楔形或宽楔形，全缘或通常上半部具细锯齿，两面无毛。聚伞花序簇生于叶腋，或近于帚状，每腋内有花多朵；苞片宽卵形，质厚；花冠黄白色、淡黄色、黄色或橘红色。果歪斜，椭圆形，熟时紫黑色。花期 9~10 月，果期翌年 3 月。

城南森林公园纪念碑附近有栽培。原产我国西南部。现各地广泛栽培。花为名贵香料，并作食品香料。

230. 夹竹桃科 Apocynaceae

乔木，直立灌木或木质藤木，也有多年生草本，具乳汁或水液，无刺，稀有刺。单叶对生、轮生，稀互生，边缘全缘，稀有细齿，具羽状脉，通常无托叶或退化成腺体，稀有假托叶。花两性，辐射对称，单生或多杂组成聚伞花序，顶生或腋生。果为浆果、核果、蒴果或蓇葖。种子通常一端被毛，稀两端被毛或仅有膜翅，或毛和翅均缺。

城南森林公园有 4 属，4 种。

1. 羊角拗属 Strophanthus DC.

小乔木或灌木，枝的顶部蔓延。叶对生，具羽状脉。聚伞花序顶生；花大，花冠漏斗状，花冠筒圆筒形，上部钟状，无花盘。蓇葖木质，叉生，长圆形，种子扁平，多数，顶端具细长的喙，沿喙周围生有丰富的种毛。

城南森林公园有 1 种。

羊角拗

Strophanthus divaricatus (Lour.) Hook. et Arn.

灌木，全株无毛，上部枝条蔓延，小枝圆柱形，棕褐色或暗紫色，密被灰白色圆形的皮孔。叶薄纸质，椭圆状长圆形或椭圆形，顶端短渐尖或急尖，基部楔形，边缘全缘或有时略带微波状，叶面深绿色，叶背浅绿色，两面无毛；花冠漏斗状，花冠筒淡黄色。外果皮绿色，干时黑色，具纵条纹；种子纺锤形、扁平，中部略宽，上部渐狭而延长成喙，喙长约 2 cm，轮生着白色绢质种毛，种毛具光泽。

花期 3~7 月，果期 6 月翌年 2 月。

见于锦山公园、科普长廊和姐妹亭交叉口。分布于中国华南、西南地区及福建。越南、老挝也有分布。药用强心剂，治血管硬化、跌打、扭伤、风湿性关节炎、蛇咬伤等症；农业上用作杀虫剂及毒雀鼠，羊角拗制剂可作浸苗和拌种用。

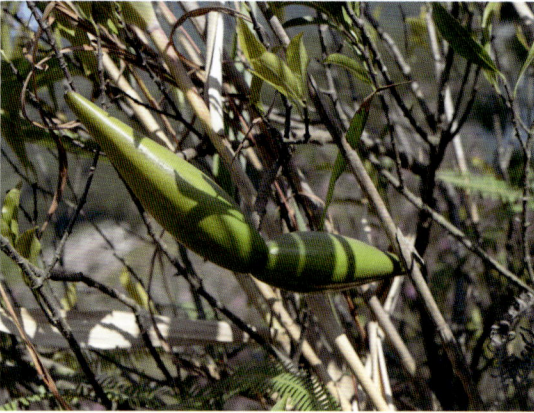

2. 黄花夹竹桃属 Thevetia L.

灌木或小乔木，具乳汁。叶互生，具羽状脉。聚伞花序顶生或腋生；花大；花萼 5 深裂，裂片三角状披针形；花冠漏斗状，裂片阔，花冠筒短，下部圆筒状，无花盘。核果的内果皮木质，坚硬，2 室，每室有种子 2 粒。

城南森林公园有 1 种。

* 黄花夹竹桃

Thevetia peruviana (Pers.) K. Schum.

乔木，全株无毛，具丰富乳汁；树皮棕褐色，皮孔明显；分枝柔软，小枝下垂。叶互生，近革质，无柄，线形或线状披针形，两端长尖，光亮，全缘，边稍背卷。花大，黄色，具香味；花冠漏斗状；

花丝丝状。核果扁三角状球形，内果皮木质，绿色而亮，干时黑色。种子 2~4 粒。花期 5~12 月，果期 8 月至翌年春季。

城南森林公园生态步道有栽培。分布于中国华南地区及福建、台湾。植株多分枝，柔软下垂，花期长，为一美丽的观赏植物；树液和种子有毒，误食可致命；种子可榨油，供制肥皂、杀虫和鞣料用油；果仁有强心、祛痰、发汗、催吐等功效。

3. 络石属 Trachelospermum Lem.

攀缘灌木，全株具白色乳汁，无毛或被柔毛。叶对生，具羽状脉。花序聚伞状，有时呈聚伞圆锥状，顶生、腋生或近腋生，花白色或紫色。蓇葖双生，长圆状披针形；种子线状长圆形，顶端具种毛；种毛白色绢质。

城南森林公园有 1 种。

络石

Trachelospermum jasminoides (Lindl.) Lem.

常绿木质藤本，具乳汁。茎赤褐色，圆柱形，有皮孔；小枝被黄色柔毛，老时渐无毛。叶革质或近革质，椭圆形至卵状椭圆形或宽倒卵形，长 2~10 cm，宽 1~4.5 cm，顶端锐尖至渐尖或钝，有时微凹或有小凸尖，基部渐狭至钝，叶面无毛，叶背被疏短柔毛，老渐无毛；叶面中脉微凹。花白色，芳香。蓇葖双生，叉开，无毛，线状披针形，向先端渐尖；种子多粒，褐色，线形，顶端具白色绢质种毛。花期 3~7 月，果期 7~12 月。

见于葛布村、锦城公园；生于林下、路旁。分布于中国陕西以南大部分地区。日本、朝鲜和越南也有分布。根、茎、叶、果实供药用，我国民间用来治关节炎、感冒、肌肉痹痛、跌打损伤等；茎皮纤维可制绳索、造纸及人造棉；花芳香，可提取"络石浸膏"。

长 3~7 cm，宽 1~4 cm，顶端急尖，基部楔形，两面无毛，叶背被白粉。聚伞花序圆锥状，展开，多歧，顶生，着花多朵；总花梗略具白粉和被短柔毛；花小，粉红色。蓇葖 2 枚，叉开成近一直线，圆筒状披针形，长达 15 cm，外果皮有明显斑点。种子长圆形，顶端具白色绢质种毛。花期 4~12 月，果期 7 月至翌年 1 月。

见于葛布村；生于疏林中。分布于长江以南各地至台湾。越南、印度尼西亚也有分布。植株含胶质地良好；全株供药用，民间有用作治跌打瘀肿、风湿骨痛、疔疮、喉痛等。

4. 水壶藤属 Urceola Roxb.

藤本，具乳汁。叶对生。聚伞花序圆锥状，顶生或腋生。花小；花萼深裂，内面基部具腺体；花冠近坛状，裂片短，向右覆盖，喉部无鳞片；雄蕊着生花冠筒基部，内藏；花盘环状，顶端被长柔毛。蓇葖双生，叉开，圆筒形或窄椭圆形。种子多数，扁长圆形或线形，顶端具绢毛。

城南森林公园有 1 种。

酸叶胶藤

Urceola rosea (Hook. et Arn.) D. J. Middleton
[*Ecdysanthera rosea* Hook. et Arn.]

攀缘木质大藤本，具乳汁。叶纸质，阔椭圆形，

231. 萝藦科 Asclepiadaceae

多年生草本、藤本、直立或攀缘灌木，具乳汁。叶对生或轮生，具柄，全缘，具羽状脉；叶柄顶端通常具有丛生的腺体；通常无托叶。聚伞花序通常伞形，有时成伞房状或总状，腋生或顶生；花两性，整齐；花萼筒短，裂片 5 枚，双盖覆瓦状或镊合状排列，内面基部通常有腺体；花冠合瓣，辐状、坛状，稀高脚碟状。蓇葖双生，或因 1 个不发育而成单生。种子多数，其顶端具有丛生的绢质种毛。

城南森林公园有 1 属，1 种。

娃儿藤属 Tylophora R. Br.

缠绕或攀缘灌木，稀多年生草本或直立小灌木。叶对生，具羽状脉。花组成伞形或短总状式的聚伞花序，腋生，稀顶生；通常总花梗曲折，单歧、二歧或多歧；花小；花冠辐状或广辐状，裂片向右覆盖或近镊合状排列；花丝合生成筒状的合蕊冠。蓇葖双生，稀单生，通常平滑，长圆状披针形，顶端渐尖。种子顶端具白色绢质种毛。

城南森林公园有 1 种。

娃儿藤

Tylophora ovata (Lindl.) Hook. ex Steud.

攀缘灌木。茎上部缠绕；茎、叶柄、叶的两面、花序梗、花梗及花萼外面均被锈黄色柔毛。叶卵形，顶端急尖，具细尖头，基部浅心形；侧脉明显。聚伞花序伞房状，丛生于叶腋，通常不规则两歧，着花多朵；花小，淡黄色或黄绿色。蓇葖双生，圆柱状披针形，无毛。种子卵形，顶端截形，具白色绢质种毛。花期 4~8 月，果期 8~12 月。

见于城南森林公园正门至生态步道、葛布村至龙底坑。分布于我国华南地区以及云南、湖南、台湾。根及全株可药用，可治风湿腰痛、跌打损伤、

胃痛、哮喘、毒蛇咬伤等。

232. 茜草科 Rubiaceae

乔木、灌木、藤本或草本。单叶对生或轮生，常全缘；托叶常生于叶柄间，稀生于叶柄内，分离或合生，宿存或脱落，稀退化，有时叶状。花序各式，由聚伞花序复合而成，很少单花或少花的聚伞花序；花两性、单性或杂性，通常花柱异长；萼通常 4~5 裂，裂片通常小或几乎消失，有时其中 1 或几个裂片明显增大成叶状，其色白或艳丽；花冠合瓣，管状、漏斗状、高脚碟状或辐状，通常 4~5 裂。果为蒴果、浆果、核果或小坚果，开裂或不裂，或为分果，有时为分果爿。种子稀具翅，多具胚乳。

城南森林公园有 14 属，15 种，2 变种，1 亚种。

1. 水团花属 Adina Salisb.

灌木或乔木。顶芽不明显，有托叶疏散包被。叶对生；托叶窄三角形。头状花序顶生或腋生，不分枝，或二歧聚伞状分枝，或圆锥状，节上的托叶小，苞片状。蒴果具硬的内果皮，有宿存萼片。种子卵球状或三角形，扁平，略具翅。

城南森林公园有 1 种。

水团花（水杨梅）

Adina pilulifera (Lam.) Franch. ex Drade

常绿灌木或小乔木。叶对生，厚纸质，椭圆形、椭圆状披针形、倒卵状长圆形或倒卵状披针形，长 4~12 cm，宽 1.5~3 cm，先端短尖或渐尖，基部楔形，上面无毛，下面无毛或被疏柔毛。头状花序腋生，稀顶生，花冠白色，窄漏斗状，冠筒被微柔毛，裂片卵状长圆形。果序直径 8~10 mm；小蒴果楔形，长 2~5 mm。种子长圆形，两端有窄翅。花期 6~7 月。

见于城南森林公园纪念碑至山腰、生态长廊、龙井村；生于林缘或路旁。分布于中国长江以南各地。日本和越南也有分布。全株可治家畜瘰疬热症；木材供雕刻用；根、花、果、叶可入药，有清热解毒、散瘀止痛的功效。

2. 茜树属 Aidia Lour.

无刺灌木或乔木，稀藤本。叶对生，具柄；托叶着生叶柄间，常脱落。聚伞花序腋生或与叶对生，或生于无叶节上，少顶生；有苞片和小苞片；花两性，无梗或具梗；花冠高脚碟状，外面通常无毛，喉部有毛，冠管圆柱形。浆果球形，通常较小，平滑或具纵棱。种子常数至多粒，形状多样。

城南森林公园有 2 种。

1. 香楠

Aidia canthioides (Champ. ex Benth.) Masam. [*Randia canthioides* Champ. ex Benth.]

无刺灌木或乔木；枝无毛。叶纸质或薄革质，对生，长圆状椭圆形、长圆状披针形或披针形，长 4~18 cm，顶端渐尖至尾状渐尖，有时短尖，基部阔楔形或有时稍圆，亦有时稍不等侧，两面无毛，下面脉腋内常有小窝孔；托叶早落。聚伞花序腋生；花冠高脚碟形，白色或黄白色，外面无毛，喉部被长柔毛，冠管圆筒形。浆果球形，有紧贴的锈色疏毛或无毛。花期 4~6 月，果期 5 月至翌年 2 月。

见于城南森林公园正门至山顶；生于山坡。国内多分布于华南地区及福建、云南、台湾。日本和越南也有分布。

2. 茜树（越南山黄皮）

Aidia cochinchinensis Lour.
[*Randia cochinchinensis* (Lour.) Merr.]

灌木或乔木。枝无毛。叶革质或纸质，对生，椭圆状长圆形、长圆状披针形或狭椭圆形，长 5~22 cm，顶端渐尖至尾状渐尖，有时短尖，基部楔形，两面无毛，上面稍光亮，下面脉腋内的小窝孔中常簇生短柔毛。花排成聚伞花序；花冠黄色或白色，有时红色，外面无毛，喉部密被淡黄色长柔毛。浆果球形，无毛或有疏柔毛，紫黑色，顶部有或无环状的萼檐残迹。种子多数。花期 3~6 月，果期 5 月至翌年 2 月。

见于城南森林公园正门、纪念碑至山顶；生于山坡、林缘。在我国西南、华南、华东地区有分布。日本南部、亚洲南部和东南部至大洋洲也有分布。

3. 流苏子属 Coptosapelta Korth.

藤本或攀缘灌木。小枝圆柱形。叶对生，具柄；托叶小；生于叶柄间，三角形或披针形，脱落。花单生于叶腋，或为顶生的圆锥状聚伞花序。蒴果近球形。种子小，多数，种皮膜质，周围扩展成流苏

状的翅，胚乳肉质。

城南森林公园有 1 种。

流苏子（流苏藤）

Coptosapelta diffusa (Champ. ex Benth.) Van Steenis

藤本或攀缘灌木。枝多数，圆柱形，节明显，幼嫩时密被黄褐色倒伏的硬毛。叶坚纸质至革质，卵形、卵状长圆形至披针形，顶端短尖、渐尖至尾状渐尖，基部圆形，干时黄绿色，两面无毛或稀被长硬毛，中脉在两面均有疏长硬毛，边缘无毛或有疏睫毛。花冠白色或黄色，高脚碟状，外面被绢毛，内面有柔毛。蒴果稍扁球形，淡黄色，果皮硬，木质，顶有宿存萼裂片，果柄纤细。种子多数，近圆形，棕黑色，边缘流苏状。花期 5~7 月，果期 5~12 月。

见于城南森林公园纪念碑至山腰、龙井村；生于山坡灌丛。分布于中国华南、西南、华东地区及湖北、湖南。琉球群岛也有分布。根辛辣，可治皮炎。

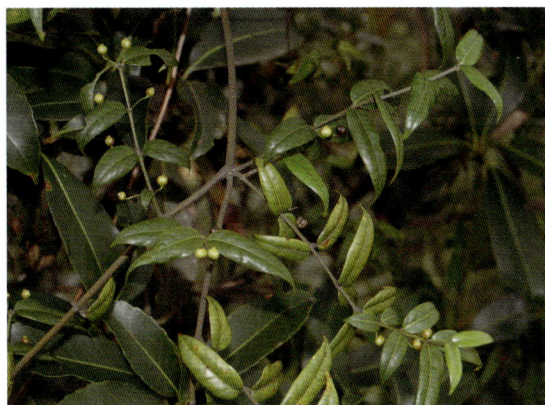

4. 狗骨柴属 Diplospora DC.

灌木或小乔木。叶交互对生；托叶具短鞘和稍长的芒。聚伞花序腋生和对生，多花，密集；花小，两性或单性，花冠高脚碟状，白色、淡绿色或淡黄色，花冠裂片旋转排列；雄蕊着生在花冠喉部，花丝短。核果淡黄色、橙黄色至红色，近球形或椭圆球形，小，常具宿存萼片。种子具角，半球形、球形、近卵形或稍扁平。

城南森林公园有 1 种。

狗骨柴

Diplospora dubia (Lindl.) Masam

灌木或乔木。叶革质，少为厚纸质，卵状长圆形、长圆形、椭圆形或披针形，长 4~20 cm，顶端

短渐尖、骤然渐尖或短尖，尖端常钝，基部楔形或短尖、全缘而常稍背卷，有时两侧稍偏斜，两面无毛，干时常呈黄绿色而稍有光泽。花冠白色或黄色，冠管长约 3 mm，花冠裂片长圆形，约与冠管等长，向外反卷。浆果近球形，有疏短柔毛或无毛，成熟时红色，顶部有萼檐残迹。种子近卵形，暗红色。花期 4~8 月，果期 5 月至翌年 2 月。

见于城南森林公园纪念碑至山顶；生于林下、路旁。我国多分布于华南、华东地区及湖南、四川、云南。日本、越南也有分布。木材致密强韧，加工容易，可为器具及雕刻细工用材；也可供观赏。

5. 拉拉藤属 Galium L.

草本，稀基部木质而成灌木状，直立、攀缘或匍匐。茎通常柔弱，分枝或不分枝，无毛、具毛或具小皮刺。叶宽或狭，无柄或具柄；托叶叶状。花小，两性，稀单性同株，组成腋生或顶生的聚伞花序，常再排成圆锥花序式，稀单生，无总苞；花冠辐状，稀钟状或短漏斗状。果为小坚果，小，革质或近肉质，有时膨大，干燥，不开裂，常为双生、稀单生的分果爿。种子附着在外果皮上，背面凸，腹面具沟纹。

城南森林公园有 1 变种。

拉拉藤

Galium aparine L. var. **echinospermum** (Wallr.) T. Durand

多枝、蔓生或攀缘状草本。茎有 4 棱角；棱上、叶缘、叶脉上均有倒生的小刺毛。叶纸质或近膜质，带状倒披针形或长圆状倒披针形，长 1~5 cm，顶端有针状凸尖头，基部渐狭，两面常有紧贴的刺状毛，干时常卷缩，近无柄。聚伞花序腋生或顶生，

少至多花，花小，有纤细的花梗；花冠黄绿色或白色，辐状，裂片长圆形。果干燥，密被钩毛。花期 3~7 月，果期 4~11 月。

见于葛布村；生于山坡林下。中国除海南及南海诸岛外，均有分布。日本、朝鲜、俄罗斯、印度、尼泊尔、巴基斯坦及欧洲、非洲、美洲北部等地区均有分布。全草药用，可治淋浊、尿血、跌打损伤、肠痈、疖肿、中耳炎等。

6. 栀子属 Gardenia Ellis

灌木或很少为乔木，无刺或很少具刺。叶对生，少有 3 片轮生或与总花梗对生的 1 片不发育；托叶生于叶柄内，三角形。花大，腋生或顶生，单生、簇生或很少组成伞房状的聚伞花序；花冠高脚碟状、漏斗状或钟状，扩展或外弯，旋转排列。浆果常大，平滑或具纵棱，革质或肉质；种子多数，常与肉质的胎座胶结而成一球状体，扁平或肿胀。

城南森林公园有 1 种。

栀子

Gardenia jasminoides Ellis

灌木。嫩枝常被短毛，枝圆柱形，灰色。叶对生，革质，稀为纸质，叶形多样，通常为长圆状披针形、倒卵形或椭圆形，长 3~25 cm，宽 1.5~8 cm，顶端渐尖、骤然长渐尖或短尖而钝，基部楔形或短尖，两面常无毛，上面亮绿，下面色较暗。花芳香，通常单朵生于枝顶；花冠白色或乳黄色，高脚碟状，喉部有疏柔毛。果卵形、近球形、椭圆形或长圆形，黄色或橙红色。花期 3~7 月，果期 5 月至翌年 2 月。

见于城南森林公园纪念碑至山顶、龙井村；生于林下灌丛中。分布于中国华南、华中和西南地区。日本、朝鲜及南亚、东南亚、太平洋岛屿和美洲北部也有分布。花大而美丽、芳香，广植于庭园或作盆景供观赏；干燥成熟果实是常用中药，能清热利

尿、泻火除烦、凉血解毒、散瘀，叶、花、根亦可作药用；从成熟果实亦可提取栀子黄色素，在民间作染料用，又是一种天然食品色素；花可提制芳香浸膏。

7. 耳草属 Hedyotis L.

草本、亚灌木或灌木，直立或攀缘。茎圆柱形或方柱形。叶对生，罕有轮生或丛生状；托叶分离或基部连合成鞘状。花序顶生或腋生，通常为聚伞花序或聚伞花序再复合成其他花序式，很少为单花；苞片和小苞片有或无，有或无花梗；花冠管状、漏斗状或辐状，被毛或无毛。果小，膜质、脆壳质，罕为革质，成熟时不开裂、室间或室背开裂；种子小，具棱角或平凸。

城南森林公园有 1 种。

白花蛇舌草

Hedyotis diffusa Willd.

一年生无毛纤细披散草本。茎稍扁，从基部开始分枝。叶对生，无柄，膜质，线形，长 1~3 cm，顶端短尖，边缘干后常背卷，上面光滑，下面有时粗糙；中脉在上面下陷。花单生或双生于叶腋；花梗略粗壮；花冠白色，管形，喉部无毛，花冠裂片卵状长圆形，顶端钝。蒴果膜质，扁球形，成熟时顶部室背开裂。种子具棱，干后深褐色，有深而粗的窝孔。花期春季。

见于城南森林公园正门附近；生于林下路旁。分布于中国华南地区及安徽、云南。亚洲热带地区，西至尼泊尔及日本也有分布。全草入药，内服治蛇咬伤、小儿疳积，外用主治泡疮、刀伤、跌打等。

8. 龙船花属 Ixora L.

常绿灌木或小乔木。小枝圆柱形或具棱。叶对生，具柄或无柄；托叶在叶柄间，基部阔，常合生成鞘，顶端延长或芒尖，宿存或脱落。花具梗或缺，排成顶生稠密或扩展的伞房花序式或三歧分枝的聚伞花序；花冠高脚碟形，喉部无毛或具髯毛。核果球形或略呈压扁形，有 2 小核，革质或肉质。种子与小核同形，种皮膜质。

城南森林公园有 1 种。

龙船花

Ixora chinensis Lam.

灌木，无毛；小枝初时深褐色，有光泽，老时呈灰色，具线条。叶对生，披针形、长圆状披针形至长圆状倒披针形，长 6~13 cm，顶端钝或圆形，基部短尖或圆形；中脉在上面扁平成略凹入，在下面凸起；叶柄极短而粗或无。花序顶生，多花，具短总花梗；花冠红色或红黄色。果近球形，双生。种子长，上面凸，下面凹。花期 5~7 月。

见于城南森林公园正门附近；生于山地林中。分布于中国华南地区及福建。东南亚也有分布。可供药用及观赏。

9. 巴戟天属 Morinda L.

藤本、藤状灌木、直立灌木或小乔木。叶对生；托叶生于叶柄内或叶柄间。头状花序桑果形或近球形，由少数至多数花聚合而成；花无梗，两性；花冠白色，漏斗状，高脚碟状或钟状，管部与檐部近等长或远较长，喉部密被毛或无毛，檐部裂片蕾时镊合状排列。果卵形、桑果形或近球形；分核近三棱形，外面弯拱，两侧面平或具槽。种子与分核同形或长圆形，胚乳丰富。

城南森林公园有 2 种，1 亚种。

1. 巴戟天

Morinda officinalis How

藤本。肉质根不定位肠状缢缩，根肉略紫红色。嫩枝被长短不一粗毛，后脱落变粗糙，老枝无毛，具棱。叶薄或稍厚，纸质，干后棕色，长圆形、卵状长圆形或倒卵状长圆形，长 6~13 cm，顶端急尖或具小短尖，基部纯、圆或楔形，边全缘，有时具稀疏短缘毛，上面初时被稀疏、紧贴长粗毛，后变无毛，中脉线状隆起，多少被刺状硬毛或弯毛。头状花序顶生；花萼顶端具 2~3 齿；花冠白色，近钟状，稍肉质。聚花核果由多花或单花发育而成，熟时红色，扁球形或近球形；分核三棱形。种子熟时黑色，略呈三棱形。花期 5~7 月，果熟期 10~11 月。

见于城南森林公园纪念碑至山腰、龙井村；生于山坡林下或路旁。分布于中国华南地区及福建。国家二级保护野生植物。

2. 鸡眼藤

Morinda parvifolia Bartl. et DC.

攀缘、缠绕或平卧藤本。嫩枝密被短粗毛，老枝棕色或稍紫蓝色，具细棱。叶形依生境不同而多变，长 2~7 cm，宽 0.3~3 cm，叶面初时被粗毛，后被短粗毛或无毛，两面中脉均被毛；托叶筒状。头状花序顶生，2~9 朵排成伞形花序状；花萼顶端具 1~3 齿或无齿；花冠白色。聚花核果近球形，熟时橙红色至橘红色；分核三棱形，外侧弯拱。种子与分核同形，角质，无毛。花期 4~6 月，果期 7~8 月。

见于水南村、城南森林公园纪念碑至山腰；生于山坡林中。分布于中国华南地区及福建、台湾、江西。菲律宾和越南也有分布。全株药用，有清热利湿、化痰止咳等药效。

本种与巴戟天 *Morinda officinalis* How 近似，不同在于后者叶面中脉被刺状硬毛或弯毛，花萼顶端具 2~3 齿。

3. 羊角藤

Morinda umbellata L. subsp. **obovata** Y. Z. Ruan

藤本或披散灌木状。嫩枝无毛，绿色，老枝具细棱，蓝黑色。叶纸质或革质，倒卵形、倒卵状披针形或倒卵状长圆形，长 6~9 cm，顶端渐尖或具小短尖，全缘，上面光亮，干时淡棕色至棕黑色，无毛，下面淡棕黄色或禾秆色。头状花序顶生，3~11 朵排成伞形花序状；花冠白色，稍呈钟状。

聚花核果由 3~7 花发育而成，成熟时红色，近球形或扁球形，核果具分核 2~4，分核近三棱形，外侧弯拱。种子角质，棕色，与分核同形。花期 6~7 月，果熟期 10~11 月。

见于城南森林公园正门至生态步道、龙井村；生于山坡林中。多分布于我国华南、华东地区。

本种与鸡眼藤 *Morinda parvifolia* Bartl. ex DC. 近似，不同在于前者嫩枝和叶面光滑无毛。

10. 玉叶金花属 Mussaenda L.

乔木、灌木或缠绕藤本。叶对生，托叶生叶柄间。聚伞花序顶生；花冠黄色、红色或稀为白色，高脚碟状，花冠管通常较长，外面有绢毛或长毛，里面喉部密生黄色棒形毛；花盘大，环形。浆果肉质，萼裂片宿存或脱落。种子小，种皮有小孔穴状纹，胚乳丰富。

城南森林公园有 1 种。

玉叶金花

Mussaenda pubescens Ait. f.

攀缘灌木，嫩枝被贴伏短柔毛。叶对生或轮生，膜质或薄纸质，卵状长圆形或卵状披针形，长 5~8 cm，顶端渐尖，基部楔形，上面近无毛或疏被毛，下面密被短柔毛。聚伞花序顶生，有密花；花冠黄色，花冠裂片长圆状披针形。浆果近球形，疏被柔毛，顶部有萼檐脱落后的环状疤痕，干时黑色，果柄疏被毛。花期 6~7 月。

见于城南森林公园纪念碑至山顶、东门岭、龙井村，较常见；生于山坡林中或林缘。分布于中国华南、华东地区及湖南。茎、叶入药，有清凉消暑、清热疏风之功效，也可晒干代茶。

11. 鸡矢藤属 Paederia L.

柔弱缠绕藤本，揉之发出强烈的臭味。茎圆柱形，蜿蜒状。叶对生，具柄，通常膜质；托叶在叶柄内，三角形，脱落。花排成腋生或顶生的圆锥花序式的聚伞花序；花冠漏斗形或管形，被毛，顶端4~5裂，喉部无毛或被茸毛。果球形或扁球形，外果皮膜质，分裂为2个小坚果；小坚果膜质或草质，背面压扁。种子与小坚果合生，种皮薄。

城南森林公园有 1 种，1 变种。

1. 鸡矢藤（鸡屎藤、牛皮冻）

Paederia scandens (Lour.) Merr.

藤木，无毛或近无毛。叶对生，膜质，卵形或披针形，长 5~10 cm，顶端短尖或削尖，基部近圆形或心状形，上面无毛，在下面脉上被微毛。花冠浅紫色，顶端 5 裂。果阔椭圆形，压扁，长和宽 6~8 mm，光亮，顶部冠以圆锥形的花盘和微小宿存的萼檐裂片。小坚果浅黑色，具 1 阔翅。花期 5~7 月。

见于东门岭、科普长廊和姐妹亭交叉处；生于山坡或路旁。分布于中国华南、华中、西南、华东地区。朝鲜、日本、印度及东南亚也有分布。

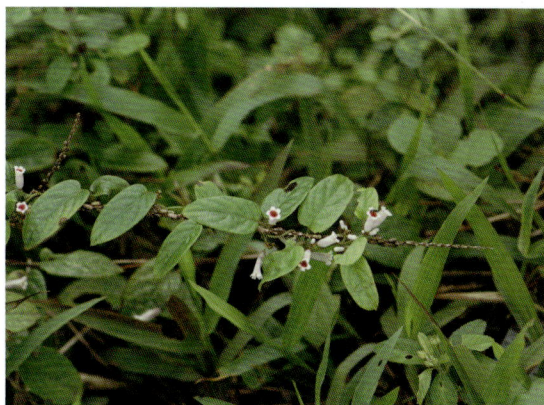

2. 毛鸡矢藤

Paederia scandens (Lour.) Merr. var. **tomentosa** (Blume) Hand.-Mazz.

本变种与鸡矢藤 *Paederia scandens* (Lour.) Merr. 的区别是：小枝被柔毛或茸毛，叶上面被柔毛或无毛，下面被小茸毛或近无毛；花冠白色。花期夏秋。

见于水南村、葛布村；生于山坡或路旁。分布于中国华南地区及江西、云南。

12. 茜草属 Rubia L.

直立或攀缘草本，基部有时木质化，通常有糙毛或小皮刺。茎延长，有直棱或翅。叶近无柄，4~6 片或多片轮生，极罕对生而有托叶，具掌状脉或羽状脉。花小，通常两性，有花梗，组成聚伞花序腋生或顶生；萼管卵圆形或球形，萼檐不明显；花冠辐状或近钟状。果 2 裂，肉质浆果状。种子近直立，腹面平坦或无网纹，和果皮贴连。

城南森林公园有 1 种。

多花茜草

Rubia wallichiana Decne.

草质攀缘藤本。茎、枝均有 4 钝棱角，棱上生有倒生短刺或短刺不明显。叶 4 或 6 片轮生，极薄纸质至近膜质，披针形，偶有卵状披针形，长通常 2~7 cm，宽 0.5~2.5 cm，顶端渐尖或长渐尖，基部圆心形或近圆，上面无毛或多少粗糙，中脉上常有短小皮刺；叶柄长约 1~6 cm，生有倒生皮刺。花序腋生和顶生，由多数小聚伞花序排成圆锥花序式，长 1~5 cm 或更长；小苞片披针形，长约 2~3.5 mm；萼管近球形，浅 2 裂；花冠紫红色、绿黄色或白色，辐状。浆果球形，径 3.5~4 mm，单生或孪生。

见于锦城公园；生于疏林下。分布于中国华南地区及江西、湖南、四川、云南。

13. 丰花草属 Spermacoce L.

一年生或多年生草本或亚灌木,无刺。茎和枝通常四棱柱形。叶对生,无柄或具柄。花微小,无梗,数朵簇生或排成聚伞花序,腋生或顶生;苞片多数,线形;萼管倒卵形或圆筒形,萼檐宿存,2~4裂,很少5裂;花冠高脚碟形或漏斗形,白色,有时带蓝色或粉红色等色,喉部被毛或无毛,裂片4,扩展,镊合状排列。果为蒴果状,成熟时2瓣裂或仅顶部纵裂。种子腹面有槽,种皮薄。

城南森林公园有1种。

阔叶丰花草

Spermacoce alata Aublet

披散、粗壮草本,被毛。茎和枝均为四棱柱形,棱上具狭翅。叶椭圆形或卵状长圆形,长2~7.5 cm,顶端锐尖或钝,基部阔楔形而下延,边缘波形。花数朵丛生于托叶鞘内,无梗;花冠漏斗形,浅紫色,罕有白色。蒴果椭圆形,被毛,成熟时从顶部纵裂至基部。种子近椭圆形,两端钝,干后浅褐色或黑褐色。花果期5~7月。

见于城南森林公园正门附近,葛布村;生于路旁或灌木林下。分布于中国华南、华东地区及台湾。原产南美洲。

14. 乌口树属 Tarenna Gaertn.

灌木或乔木。叶对生,具柄,干时常呈黑褐色;托叶生在叶柄间,基部合生或离生,常脱落。花组成顶生、多花或少花、常为伞房状的聚伞花序,有或无小苞片;花冠漏斗状或高脚碟状。浆果革质或肉质。种子平凸或凹陷,种皮膜质、革质或脆壳质。

城南森林公园有1种。

白花苦灯笼(密毛乌口树)

Tarenna mollissima (Hook. et Arn.) Rob.

灌木或小乔木,全株密被灰色或褐色柔毛或短茸毛,老枝毛渐脱落。叶纸质,披针形、长圆状披针形或卵状椭圆形,长5~25 cm,顶端渐尖或长渐尖,基部楔尖、短尖或钝圆,干后变黑褐色。伞房状的聚伞花序顶生,多花;苞片和小苞片线形;花冠白色,喉部密被长柔毛,裂片4或5枚,长圆形,开放时外反。果近球形,被柔毛,黑色。花期5~7月,果期5月至翌年2月。

见于城南森林公园正门至生态步道、东门岭、科普长廊和姐妹亭交叉处；生于山坡林下或林缘。分布于中国华南、华东、西南地区。越南也有分布。根和叶入药，有清热解毒、消肿止痛之功效。

233. 忍冬科 Caprifoliaceae

灌木或藤本，有时为小乔木，很少为草本。茎干有皮孔或否，有时纵裂，木质松软。叶对生，很少轮生，多为单叶，全缘、具齿或有时羽状或掌状分裂，具羽状脉；叶柄短，有时两叶柄基部连合，通常无托叶。聚伞或轮伞花序，或由聚伞花序集合成伞房式或圆锥式复花序。花两性；花冠合瓣，辐状、钟状、筒状、高脚碟状或漏斗状。果实为浆果、核果或蒴果。种子具骨质外种皮，平滑或有槽纹。

城南森林公园有 2 属，3 种。

1. 忍冬属 Lonicera L.

直立灌木或缠绕藤本，稀小乔木状，落叶或常绿。枝有时中空，老枝树皮常作条状剥落。花常成对生于腋生的总梗顶端；花冠白色、黄色、淡红色或紫红色，钟状、筒状或漏斗状，花冠筒长或短，基部常一侧肿大或具浅或深的囊，很少有长距。果实为浆果，红色、蓝黑色或黑色，具少数至多数种子。

城南森林公园有 1 种。

忍冬（金银花）

Lonicera japonica Thunb.

半常绿藤本。幼枝密被黄褐色的硬直糙毛、腺毛和短柔毛，下部常无毛。叶纸质，卵形、矩圆状卵形或卵状披针形，长 3~9.5 cm，顶端尖，少有钝、圆或微凹缺，基部圆或近心形，小枝上部叶常两面密被短糙毛，下部叶常平滑无毛。苞片大，叶状；花冠白色，后变黄色，唇形，筒稍长于唇瓣，很少近等长。果实圆形，熟时蓝黑色，有光泽。种子卵圆形或椭圆形。花期 4~6 月或秋季，果期 10~11 月。

见于水南村；生于山坡地。中国除黑龙江、内蒙古、宁夏、青海、新疆、海南和西藏无自然生长外，各地均有分布。日本和朝鲜也有分布。花供药用，是中药"金银花"的正品；也可供观赏。

2. 荚蒾属 Viburnum L.

灌木或小乔木，常被簇状毛。茎干有皮孔。单叶对生，全缘或有锯齿或牙齿，有时掌状分裂，有柄；托叶小或无。花小，两性，整齐；花序由聚伞合成顶生或侧生的伞形式、圆锥式或伞房式，很少紧缩成簇状，有时具白色大型的不孕边花或全部由大型不孕花组成。果实为核果，卵圆形或圆形，冠以宿存的萼齿和花柱；核扁平，较少圆形，骨质，有背、腹沟或无沟。

城南森林公园有 2 种。

1. 南方荚蒾

Viburnum fordiae Hance

灌木或小乔木。幼枝、芽、叶柄、花序、萼和花冠外面均被由暗黄色或黄褐色簇状毛组成的茸毛。枝灰褐色或黑褐色。叶纸质至厚纸质，宽卵形或菱状卵形，长 4~9 cm，顶端钝或短尖至短渐尖，基部圆形至截形或宽楔形，稀楔形，边缘基部除外常有小尖齿。复伞形聚伞花序顶生；花冠白色，辐状。果实红色，卵圆形，核扁。花期 4~5 月，果期 10~11 月。

见于城南森林公园纪念碑至山顶；生于山坡林中。分布于中国华南、华东地区及云南、贵州。

2. 常绿荚蒾（坚荚蒾）

Viburnum sempervirens K. Koch

常绿灌木。当年小枝淡黄色或灰黄色，四棱形，散生簇状短糙毛或近无毛，2 年生枝近圆柱状。叶革质，干后上面变黑色至黑褐色或灰黑色，椭圆形至椭圆状卵形，较少宽卵形，有时矩圆形或倒披针形，长 4~16 cm，顶端尖或短渐尖，基部渐狭至钝形，有时近圆形，全缘或上至近顶部具少数浅齿，下面全面有微细褐色腺点。复伞形聚伞花序顶生；花冠白色，辐状。果实红色，卵圆形；核扁圆形，腹面深凹陷。花期 5~6 月，果熟期 10~12 月。

见于龙井村；生于山谷林中或灌丛中。分布于中国广东、广西和江西南部。植株可供观赏。

238. 菊科 Compositae

草本、亚灌木或灌木，稀为乔木，有时有乳汁管或树脂道。叶通常互生，全缘或具齿或分裂，无托叶，或有时叶柄基部扩大成托叶状。花两性或单性，极少有单性异株，5 基数，少数或多数密集成头状花序或为短穗状花序；花序托平或凸起；花冠常辐射对称，管状，两唇形，或舌状，头状花序盘状或辐射状，有同型或异型小花；子房下位。瘦果不开裂。种子无胚乳。

城南森林公园有 18 属，21 种，1 变种。

1. 藿香蓟属 Ageratum L.

一年生或多年生草本或灌木。叶对生或上部叶互生。头状花序小，同型，有多数管状小花，在茎枝顶端排成紧密伞房状花序。总苞钟状；总苞片 2~3 层；花托平或稍突起。瘦果有 5 纵棱；冠毛膜片状或鳞片状，5 个，急尖或长芒状渐尖，分离或联合成短冠状，或冠毛鳞片 10~20 片，不等长。

城南森林公园有 1 种。

胜红蓟

Ageratum conyzoides L.

一年生草本，高 50~100 cm。茎基不分枝或自基部或自中部以上分枝。茎枝淡红色或绿色，被白色短柔毛或上部密被开展的长茸毛。叶对生，有时上部互生，全部叶基部钝或宽楔形，基出三脉或不明显五出脉，边缘圆锯齿，叶柄长 1~3 cm，两面稀被白色短柔毛和黄色腺点。头状花序 4~18 个在茎顶排成伞房状花序；花冠淡紫色或白色。瘦果黑褐色，有稀疏细柔毛。花果期全年。

见于城南森林公园正门附近、水南村；生于路旁或荒地。分布于中国华南、西南及江西、福建等地。原产于中南美洲。全草药用，可治感冒发热、疔疮湿疹、外伤出血、烧烫伤等。

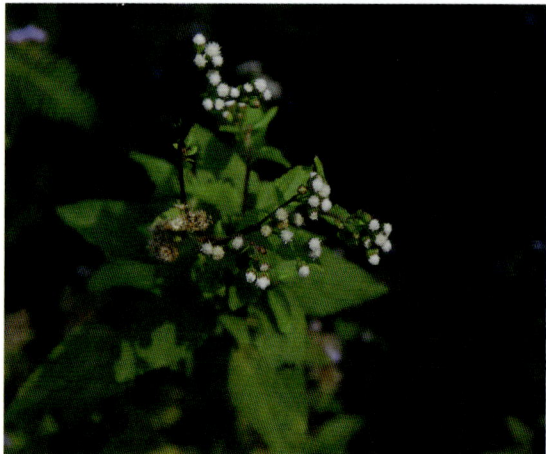

2. 蒿属 Artemisia L.

一年生、二年生或多年生草本，少数为半灌木或小灌木，常有浓烈的挥发性香气。茎直立，丛生，具明显的纵棱。叶互生，分裂或不分裂，叶缘或裂片边缘有裂齿或锯齿。头状花序小，具短梗或无梗，基部常有小苞叶，在茎或分枝上排成疏松或密集的穗状花序；花异型：边缘雌花 1~2 层，花冠狭圆锥状或狭管状。瘦果小，无毛。种子 1 枚。

城南森林公园有 1 种。

蒙古蒿
Artemisia mongolica (Fisch. ex Bess.) Nakai

多年生草本。根状茎短，半木质化。茎少数或单生，高 40~120 cm，具纵棱；分枝多，长（6）10~20 cm，被灰白色蛛丝状柔毛。叶纸质或薄纸质，长（3）5~9 cm，宽 4~6 cm，一至二回羽状分裂；叶柄长 0.5~2 cm，裂片无柄。雌花 5~10 朵，花冠狭管状，紫色，花柱伸出花冠外；两性花 8~15 朵，花冠管状，背面具黄色小腺点，檐部紫红色，花柱与花冠近等长。瘦果小，长圆状倒卵形。花果期 8~10 月。

见于水南村；生于山谷阴湿路旁。分布于中国华中、东北、华北、华东及广东（北部）、四川、贵州等地。蒙古国、朝鲜、日本及俄罗斯（西伯利亚）也有分布。全草入药，作"艾"（家艾）的代用品，有止血、散寒、祛湿等功效；全株作牲畜饲料，又可作纤维与造纸的原料。

3. 紫菀属 Aster L.

多年生草本，亚灌木或灌木。茎直立。叶互生，有齿或全缘。头状花序作伞房状或圆锥伞房状排列，或单生，外围有 1~2 层雌花，中央有多数两性花；雌花花冠舌状，舌片狭长，白色，浅红色、紫色或蓝色；两性花花冠管状，黄色或顶端紫褐色，通常有 5 等形的裂片。瘦果长圆形或倒卵圆形，扁或两面稍凸，有 2 边肋，被毛或有腺。

城南森林公园有 2 种。

1. 白舌紫菀
Aster baccharoides Steetz.

木质草本或亚灌木。幼枝被卷曲密毛。叶片下部叶匙状长圆形，长达 10 cm，上部有疏齿；中部叶长圆形或长圆状披针形，长 2~5.5 cm，基部渐窄或骤窄，有短柄，全缘或上部有小尖头状疏锯齿；上部叶近全缘。头状花序径 1.5~2 cm，在枝端排成圆锥伞房状，或在短枝单生；舌状花管部长约 3 mm，舌片白色，长约 5 mm；冠毛 1 层，白色。瘦果窄长圆形，稍扁，被密毛。花期 7~10 月；果期 8~11 月。

见于城南森林公园正门附近；生于山坡或林缘。分布于中国华东、广东及香港、澳门、湖南等地。

2. 钻形紫菀
Aster subulatus Michx.

一年生草本植物，高可达 1.5 m。茎和分枝具粗棱，光滑无毛。基生叶在花期凋落；叶片披针状线形，极稀狭披针形，两面绿色，光滑无毛，中脉在背面凸起。头状花序极多数，花序梗纤细、光滑；雌花花冠舌状，舌片淡红色、红色、紫红色或紫色，线形，两性花花冠管状，冠管细。瘦果线状长圆形，稍扁。花期为 6~10 月。

见于城南森林公园正门附近；生于路旁、荒地。中国华中、华东、西南及广东、广西、香港、台湾等地有分布。原产北美洲。全草药用，外用治湿疹、疮疡肿毒。

4. 鬼针草属 Bidens L.

一年生或多年生草本。茎直立或匍匐，通常有纵条纹。叶对生或有时在茎上部互生，很少三枚轮生，全缘或具齿牙，或一至三回三出或羽状分裂。头状花序单生茎、枝端或多数排成不规则的伞房状圆锥花序丛。总苞钟状或近半球形；苞片通常 1~2 层；花杂性，外围一层为舌状花。瘦果扁平或具 4 棱，顶端截形或渐狭，有芒刺 2~4 枚，其上有倒刺状刚毛。

城南森林公园有 1 种，1 变种。

1. 白花鬼针草
Bidens alba (L.) DC.

一年生草本，高可达 1 m 或更高。茎钝四棱形。叶对生；茎下部叶为一回羽状复叶，小叶常 3 枚，椭圆形或卵状椭圆形；茎上部叶常为单叶，不分裂，条状披针形。头状花序排成顶生疏伞房状花序；总苞片 2 层，条状匙形，外层托片披针形，内层条状披针形；边缘舌状花 5~8 朵，白色；中央管状花 26~80 朵，黄色。瘦果条形，顶端有 2 条芒刺。花期 6~11 月，果期 9~11 月。

见于东门岭；生于路边及荒地中。原产于美洲热带，现广泛分布于热带地区。

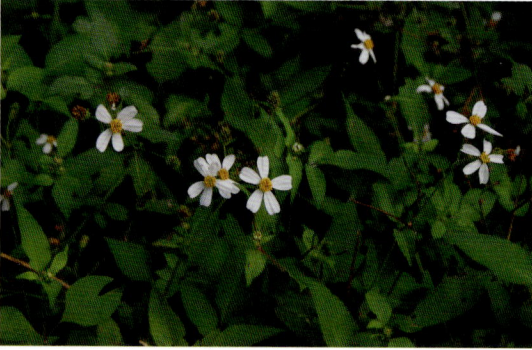

2. 三叶鬼针草
Bidens pilosa L. var. **radiata** Sch.-Bip.

一年生草本，高可达 1 m。茎下部叶 3 裂或不裂，花前枯萎；中部叶柄长 1.5~5 cm，无翅，小叶 3 枚，两侧小叶椭圆形或卵状椭圆形，长 2~4.5 cm，顶生小叶长椭圆形或卵状长圆形，长 3.5~7 cm，有锯齿；上部叶 3 裂或不裂，线状披针形。头状花序径 8~9 mm；总苞基部被柔毛，外层总苞片 7~8，线状匙形；边缘舌状花 5~7 枚，舌片椭圆状倒卵形，白色，长 5~8 mm，宽 3.5~5 mm，先端钝或有缺刻。瘦果熟时黑色，线形，具棱，顶端有 3~4 条芒刺，具倒刺毛。

见于水南村、东门岭；生于村旁、路边及荒地中。分布于中国华南、华中、华东、西南地区。广布于亚洲和美洲的热带和亚热带地区。

本种与鬼针草 Bidens pilosa L. 近似，区别在于前者头状花序边缘具舌状花 5~7 枚，舌片椭圆状倒卵形，白色。

5. 艾纳香属 Blumea DC.

一年生或多年生草本，亚灌木或藤本，常被毛，并有香气。茎直立、斜升、平卧或攀缘状，粗壮或纤细，圆柱形，基部少有木质，被毛。叶互生，无柄、具柄或沿茎下延成茎翅。总苞半球形、圆柱形或钟状，总苞片多层，覆瓦状排列，绿色或紫红色，花托平或稍凸起，雌花花冠细管状，檐部 2~4 齿裂。瘦果小，圆柱形或近纺锤形，无毛或被短柔毛；冠毛 1 层，白色、淡红色或黄褐色。

城南森林公园有 1 种。

东风草
Blumea megacephala (Randeria) Chang et Tseng

攀缘状草质藤本，长 1~3 m。茎下部和中部叶卵形、卵状长圆形或长椭圆形，长 7~10 cm，边缘有疏细齿或点状齿，上面被疏毛，侧脉 5~7 对，叶柄长 2~6 mm；小枝上部叶椭圆形或卵状长圆形，长 2~5 cm，有细齿，具短柄。头状花序径 1.5~2 cm，1~7 在腋生枝顶排成总状或近伞房状，再组成具叶圆锥花序；总苞半球形，总苞片 5~6 层；花托平，径 0.8~1.1 cm，密被白色长柔毛；花黄色。瘦果圆柱形，被疏毛；冠毛白色。花期 8~12 月。

见于东门岭；生于林缘、灌丛或山坡阳处。分布于中国华南、华东、西南地区。越南北部也有分布。

6. 白酒草属 Conyza Less.

一年生、二年生或多年生草本，稀灌木。茎直立或斜升，不分枝或上部多分枝。叶互生，全缘或具齿，或羽状分裂。头状花序伞房状或圆锥状排列，少有单生。总苞半球形至圆柱形，总苞片 3~4 层，或不明显的 2~3 层，披针形或线状披针形。花托半球状；外围雌花多数。花冠管状，顶端 5 齿裂。瘦果小，长圆形，极扁，两端缩小；冠毛污白色或变红色，细刚毛状。

城南森林公园有 1 种。

香丝草

Conyza bonariensis (L.) Cronq.
[*Erigeron bonariensis* L.]

一年生或二年生草本，根纺锤状，常斜升，具纤维状根。茎直立或斜升，高 20~50 cm，中部以上常分枝，密被贴短毛。叶密集，下部叶倒披针形或长圆状披针形，长 3~5 cm，宽 0.3~1 cm，顶端尖或稍钝，基部渐狭成长柄，通常具粗齿或羽状浅裂，中部和上部叶狭披针形或线形。头状花序多数，径约 8~10 mm，在茎端排列成总状或总状圆锥花序；雌花多层，白色，花冠细管状，两性花淡黄色，花冠管状。瘦果线状披针形，长约 1.5 mm，被疏短毛；冠毛 1 层，淡红褐色。花期 5~10 月。

见于城南森林公园正门附近；生于荒地、路旁。分布于中国华南、华东、华中、西南地区。原产南美洲，热带及亚热带地区也有分布。全草入药，可治感冒、疟疾、急性关节炎及外伤出血等症。

7. 鱼眼草属 Dichrocephala L'Hér. ex DC.

一年生草本，叶互生或大头羽状分裂。头状花序小，异型，球状或长圆状，在枝端和茎顶排成小圆锥花序或总状花序，少有单生。总苞小，总苞片近 2 层。花托突起，球形或倒圆锥形，顶端平或尖，无托片。全部花管状；边花多层，雌性，白色或黄色；中央两性花紫色或淡紫色，顶端 4~5 齿裂。花药顶端有附片，基部楔形，有尾。两性花花柱分枝短，上部有披针形附片。瘦果压扁，边缘脉状加厚；冠毛无或易脱落。

城南森林公园有 1 种。

鱼眼菊

Dichrocephala integrifolia (L. f.) Kuntze

一年生草本，直立或铺散，高达 50 cm。茎枝被白色长或短茸毛，上部及接花序处的毛较密，后近无毛。叶卵形，椭圆形或披针形，中部茎叶长 3~12 cm，宽 2~4.5 cm，自中部向上或向下的叶渐小且同形，全部叶边缘有重粗锯齿或缺刻状，两面被稀疏的短柔毛，或稀毛或无毛。头状花序小，球

形，直径 3~5 mm，生枝端。外围雌花多层，紫色，花冠线形，顶端通常有 2 齿；中央两性花黄绿色，檐部长钟状，顶端 4~5 齿裂。瘦果扁，倒披针形，无冠毛。花果期全年。

见于水南村；生于山谷阳处、路旁。分布于中国长江以南各地。亚洲与非洲的热带和亚热带地区也有分布。药用可消炎止泻，治小儿消化不良。

8. 一点红属 Emilia Cass.

一年生或多年生草本，常有白霜。叶互生，具叶柄，茎生叶少数，羽状浅裂，全缘或有锯齿，基部常抱茎。头状花序盘状，具同形的小花。总苞筒状，基部无外苞片，总苞片 1 层，等长。花序托平坦，无毛，具小窝孔。小花全部管状，两性，黄色或粉红色，管部细长，檐部 5 裂。花药顶端有窄附片，基部钝。花柱分枝长，顶端具短锥形附器，被短毛。瘦果近圆柱形，两端截形，5 棱或具纵肋；冠毛细软，雪白色，刚毛状。

城南森林公园有 1 种。

一点红

Emilia sonchifolia (L.) DC.

一年生草本。茎直立或斜升，高达 40 cm，常基部分枝，无毛或疏被短毛。下部叶密集，大头羽状分裂，长 5~10 cm，下面常变紫色，两面被卷毛；中部叶疏生，较小，卵状披针形或长圆状披针形，无柄，基部箭状抱茎，全缘或有细齿；上部叶少数，线形。头状花序长达 1.4 cm，常 2~5 个排成疏伞房状，花序梗无苞片；总苞圆柱形，长 0.8~1.4 cm，总苞片 8~9，长圆状线形或线形，黄绿色；小花粉红或紫色，长约 9 mm。瘦果圆柱形，肋间被微毛；冠毛多，细软。花果期 7~10 月。

见于水南村、城南森林公园正门附近；生于路旁、山坡边。分布于中国华南、华东、华中、西南部各地。亚洲热带、亚热带和非洲广泛分布。全草

药用，主治腮腺炎、乳腺炎、小儿疳积、皮肤湿疹等症。

9. 泽兰属 Eupatorium L.

多年生草本、半灌木或灌木。叶对生，少有互生。头状花序在茎枝顶端排成复伞房花序或单生于长花序梗上，花两性，管状；总苞长圆形、卵形、钟形或半球形；总苞片多层或 1~2 层，覆瓦状排列；花托平、突起或圆锥状，无托片；花紫色，红色或白色；花冠等长，辐射对称，钟状，顶端 5 裂或 5 齿。瘦果 5 棱，顶端截形；冠毛多数，刚毛状，1 层。

城南森林公园有 3 种。

1. 假臭草

Eupatorium catarium Veldkamp.
[*Praxelis clematidea* R. M. King et H. Robinson]

一年生或多年生草本。全株被长柔毛，茎直立，高 0.3~1 m，多分枝。叶对生，长 2.5~6 cm，宽 1~4 cm，卵圆形至菱形，具腺点，先端急尖，基部圆楔形，具三脉，边缘明显齿状，每边有 5~8 齿；揉搓叶片可闻到刺激性味道。头状花序生于茎、枝端，总苞钟形，小花 25~30 朵，蓝紫色。瘦果黑色，条状，具 3~4 棱。种子长 2~3 mm，宽约 0.6 mm，顶端具一圈白色冠毛。

见于东门岭、城南森林公园正门附近；生于路边、荒地、田边。分布于中国华南、华东等地。原产南美洲，现散布于东半球热带地区。

2. 华泽兰（白头翁）

Eupatorium chinense L.

多年生草本，或小灌木或亚灌木状；全株多分枝，茎枝被污白色柔毛。叶对生，中部茎生叶卵形或宽卵形，长 4.5~10 cm，基部圆，具羽状脉，叶

两面被白色柔毛及黄色腺点。头状花序在茎顶及枝端排成大型疏散复伞房花序，直径达 30 cm；总苞钟状，总苞片 3 层：外层苞片卵形或披针状卵形；花白色、粉色或红色，疏被黄色腺点。瘦果熟时淡黑褐色，椭圆状，疏被黄色腺点。花果期 6~11 月。

见于水南村；生于林下、灌丛中。分布于中国东南至西南地区。

3. 泽兰

Eupatorium japonicum Thunb.

多年生草本。茎枝被白色皱波状柔毛，花序分枝毛较密。叶对生，质稍厚，中部茎生叶椭圆形、长椭圆形、卵状长椭圆形或披针形，长 6~20 cm，基部楔形，羽状脉，侧脉约 7 对，自中部向上及向下部的叶渐小，边缘有细尖锯齿；叶柄长 1~2 cm。总苞钟状，长 5~6 mm，花白色，或带红紫色或粉红色。瘦果熟时淡黑褐色，椭圆形，被多数黄色腺点，无毛；冠毛白色。花果期 6~11 月。

见于水南村；生于林缘。分布于中国华南、华东、华中、西南各地。日本、朝鲜也有分布。本种全草药用，可清热消炎。

10. 鼠麴草属 Gnaphalium L.

一年生、稀多年生草本。茎直立或斜升，草质或基部稍带木质，被白色棉毛或茸毛。叶互生，全缘。头状花序小，排列成聚伞花序或开展的圆锥状伞房花序，稀穗状、总状或紧缩而成球状，顶生或腋生；总苞卵形或钟形，总苞片 2~4 层，覆瓦状排列，背面被棉毛；花冠黄色或淡黄色。瘦果无毛或罕有疏短毛或有腺体；冠毛 1 层，分离或基部联合成环，易脱落，白色或污白色。

城南森林公园有 1 种。

鼠麴草

Gnaphalium affine D. Don

一年生草本。茎直立或基部发出的枝下部斜升，高 10~40 cm，有沟纹，被白色厚棉毛。叶匙状倒披针形或倒卵状匙形，长 5~7 cm，两面被白色棉毛。头状花序在枝顶密集成伞房花序，花黄色至淡黄色；总苞钟形，径约 2~3 mm；总苞片 2~3 层。雌花花冠细管状，3 齿裂，裂片无毛。两性花管状，檐部 5 浅裂。瘦果倒卵形或倒卵状圆柱形，有乳头状突起；冠毛易脱落，基部联合成 2 束。花期 1~4 月及 8~11 月。

见于水南村；生于草地、路旁。分布于我国华东、华南、华中、华北、西北、西南地区。东亚和东南亚也有分布。茎叶入药，可镇咳、祛痰，治气喘、支气管炎、非传染性溃疡等。

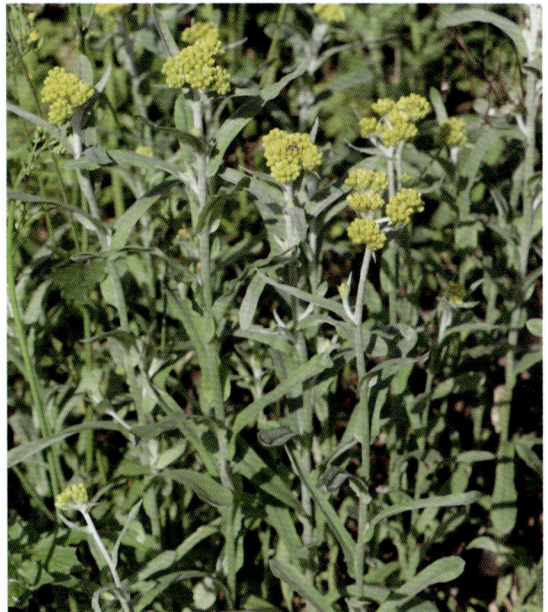

11. 田基黄属 Grangea Adans.

一年生或多年生草本。叶互生。头状花序中等大小或较小，有异形花，通常顶生或与叶对生；总苞宽钟状，总苞片2~3层；花托突起；外围有1~12多层雌花，中央有多数或少数两性花；花冠全部管状，雌花线形，外层的顶端通常2齿裂，内层的通常顶端3~4齿裂；两性花的檐部钟状，顶端4~5齿裂。瘦果扁或几乎圆柱形，顶端平截。

城南森林公园有1种。

田基黄

Grangea maderaspatana (L.) Poir.

一年生草本，高10~30 cm。茎纤细，基部直径1~2 mm，分枝铺展，被白色长柔毛或下部花期稀被毛或光滑。叶两面被短柔毛及棕黄色小腺点，叶片倒卵形、倒披针形或倒匙形，长3.5~7.5 cm，基生叶有时长达10 cm，顶裂片边缘有锯齿，侧裂片2~5对。头状花序单生于茎顶或枝端，稀2枝组生；总苞宽杯状；总苞片2~3层，花托突起；雌花2~6层，黄色，顶端有3~4个短齿。瘦果扁，顶端截形，环状，环缘有冠毛。花果期3~8月。

见于水南村；生于干旱荒地、路旁。分布于我国华南地区及云南。南亚、东南亚及西非也有分布。

12. 千里光属 Senecio L.

一年生或多年生草本，或亚灌木。茎通常具叶，稀近攀缘状。叶不分裂，边缘多少具齿，基部常具耳，具羽状脉。头状花序通常少数至多数，排列成顶生、简单或复伞房花序或圆锥聚伞花序，稀单生于叶腋，具异形小花。总苞具外层苞片，花托平，总苞片5~22，舌片黄色，顶端通常具3细齿。管状花3至多数，花冠黄色；裂片5。瘦果圆柱形，具肋；冠毛毛状，顶端具叉状毛。

城南森林公园有1种。

千里光

Senecio scandens Buch.-Ham. ex D. Don

多年生草本，根状茎木质，径达1.5 cm。茎伸长而攀缘，弯曲，长2~5 m，多分枝。叶具柄，叶片卵状披针形至长三角形，长2.5~12 cm，宽2~4.5 cm，顶端渐尖，基部宽；侧脉7~9对。头状花序有舌状花，多数，在茎枝端排列成顶生复聚伞圆锥花序。总苞圆柱状钟形，具外层苞片，舌片黄色；管状花多数，花冠黄色，长约7.5 mm，檐部漏斗状，裂片上端有乳头状毛。瘦果圆柱形，长约3 mm，被柔毛；冠毛白色。花期8月至翌年4月。

见于水南村；生于林下、灌丛中、岩石上以及溪边。分布于中国华南、华中、华东、西南地区。印度、尼泊尔、不丹、缅甸、泰国、菲律宾、日本及中南半岛也有分布。

13. 豨莶属 Siegesbeckia L.

一年生草本。茎直立，有双叉状分枝，多少有腺毛。叶对生，边缘有锯齿。头状花序排列成疏散的圆锥花序，有多数异型小花，外围有1~2层雌性舌状花；总苞片2层，花托小；雌花花冠舌状，舌片顶端3浅裂；两性花花冠管状。瘦果倒卵状4棱形或长圆状4棱形，顶端截形，黑褐色，无冠毛，外层瘦果通常内弯。

城南森林公园有1种。

豨莶

Siegesbeckia orientalis L.

茎上部分枝常成复二歧状，分枝被灰白色柔毛，茎中部叶三角状卵圆形或卵状披针形，长4~10 cm，基部下延成具翼的柄，边缘有不规则浅裂或粗齿，两面被毛，基脉三出。上部叶卵状长圆形，边缘浅波状或全缘，近无柄。头状花序径1.5~2 cm，多数聚生枝端，排成具叶的圆锥花序。总苞宽钟状，总苞片2层。瘦果倒卵圆形，有4棱，顶端有灰褐色环状突起。花期4~9月，果期6~11月。

　　见于葛布村；生于灌丛、林缘、林下。分布于中国华南、华中、华东、西北、西南等地。俄罗斯高加索地区及欧洲、东亚、东南亚及北美也有分布。全草供药用，可解毒、镇痛，并有平降血压作用。

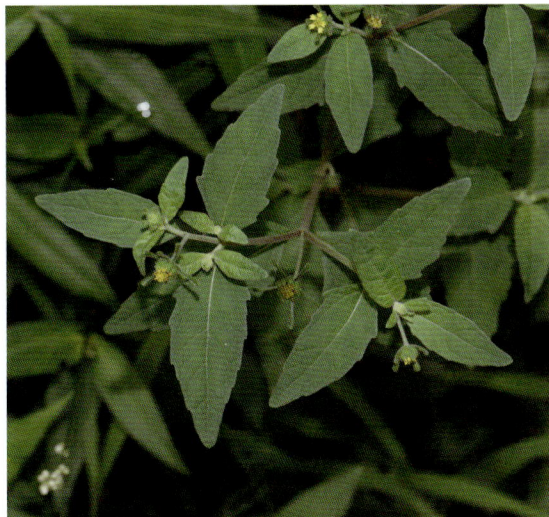

14. 裸柱菊属 Soliva Ruiz et Pavon.

　　一年生，矮小草本。叶互生，通常羽状全裂，裂片极细。头状花序无柄，异型；总苞半球形，总苞片2层，近等长，边缘膜质，花托平，无托毛；边缘花数层，雌性，能育，无花冠，盘花两性，通常不育，花冠管状，略粗，基部渐狭，冠檐具极短4齿裂，稀2~3齿裂。雌花瘦果扁平，边缘有翅，顶端有宿存的花柱，无冠毛。

　　城南森林公园有1种。

裸柱菊

Soliva anthemifolia (Juss.) R. Br.

　　一年生矮小草本。茎极短，平卧。叶互生，长5~10 cm，二至三回羽状分裂，裂片线形，全缘或3裂，被长柔毛或近无毛，有柄。头状花序近球形，无梗；生于茎基部，径0.6~1.2 cm；总苞片2层，长圆形或披针形，边缘干膜质；边缘雌花无花冠；中央两性花少数，花冠管状，黄色，顶端3裂齿，常不结实。瘦果倒披针形，有厚翅，顶端圆，有长柔毛，花柱宿存。花果期全年。

　　见于水南村；生于荒地、路旁。分布于中国广东、海南、江西、浙江、福建、台湾。原产南美洲。

15. 苦苣菜属 Sonchus L.

　　一年生、二年生或多年生草本。叶互生。头状花序稍大，同型，舌状，含多数舌状小花，在茎枝顶端排成伞房花序或伞房圆锥花序；总苞卵状、钟状、圆柱状或碟状；总苞片3~5层，覆瓦状排列；花托平，无托毛；舌状小花黄色，两性，结实，舌状顶端截形，5齿裂。瘦果卵形或椭圆形；冠毛多层，多数，白色。

　　城南森林公园有1种。

苣荬菜

Sonchus arvensis L.

　　多年生草本。茎直立，高30~150 cm，有细条纹。基生叶多数，与中下部茎叶倒披针形或长椭圆形，羽状或倒向羽状深裂、半裂或浅裂，全长6~24 cm，宽1.5~6 cm，侧裂片2~5对；茎上部叶披针形。头状花序在茎枝顶端排成伞房状花序；总苞钟状；总苞片3层；舌状小花多数，黄色。

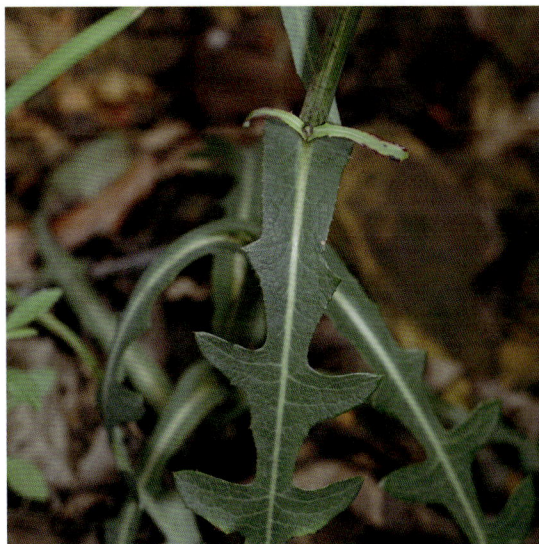

瘦果稍压扁，长椭圆形；冠毛白色，基部连合成环。花果期 5~12 月。

见于水南村；生于村边、路旁。几乎遍及全球有分布。

16. 蟛蜞菊属 Sphagneticola O. Hoffmann

多年生草本，木质，近柔软，具匍匐茎，通常在节上生根。叶对生，通常无柄，或具短叶柄。叶片通常 3 浅裂，边缘浅裂到有锯齿。头状花序单生，顶生，由于合生生长经常出现腋生；总苞宽钟状；外部叶序 3-5，草本，通常长于内部，顶端反折，内部叶序 10-12；花冠橙色至黄色；花冠管状，5 浅裂。瘦果平滑到粗糙或具瘤，带黑色，三角形、倒卵形或楔状长圆形，常有翼。

城南森林公园有 1 种。

南美蟛蜞菊 （三裂叶蟛蜞菊）

Sphagneticola trilobata (L.) Pruski
[*Wedelia trilobata* (L.) Hitchc.]

多年生草本，茎匍匐，上部茎近直立，节间长 5~14 cm，光滑无毛或微被柔毛。叶对生、具齿，椭圆形、长圆形或线形，长 4~9 cm，宽 2~5 cm，呈三浅裂，叶面富光泽，两面被贴生的短粗毛，几近无柄。头状花序多单生，外围雌花 1 层，舌状，顶端 2~3 齿裂，黄色，中央两性花黄色，结实。瘦果倒卵形或楔状长圆形。花期几乎全年。

见于城南森林公园纪念碑至山腰；生于山坡林缘、路旁。原产热带美洲，在中国部分地区已逸生。本种有较强的入侵性。

17. 斑鸠菊属 Vernonia Schreb.

草本，灌木或乔木，有时藤本。叶互生，稀对生，具羽状脉。头状花序小或中等大，稀大，多数或较多数排列成圆锥状、伞房状或总状；总苞钟状、长圆状圆柱形，卵形或近圆球形；总苞片覆瓦状，或具草质或膜质有色的附属物；花冠管状，檐部钟状或钟状漏斗状，上端具 5 裂片。瘦果圆柱状或陀螺状；冠毛通常 2 层。

城南森林公园有 1 种。

毒根斑鸠菊

Vernonia cumingiana Benth.

攀缘灌木或藤本，长 3~12 m。枝圆柱形，具条纹，被褐色密茸毛。叶片卵状长圆形，长 7~21 cm，宽 3~8 cm，两面均有树脂状腺。头状花序通常在枝端或上部叶腋排成顶生或腋生疏圆锥花序；总苞卵状球形或钟状；总苞片 5 层，覆瓦状；花淡红或淡红紫色，花冠管状，长 8~10 mm。瘦果近圆柱形，被短柔毛；冠毛红色或红褐色。花期 10 月至翌年 4 月。

见于水南村；生于疏林的林缘。分布于中国华南、华东、西南地区。东南亚也有分布。干根或茎藤入药，可治风湿痛、腰肌劳损、四肢麻痹等症；根、茎含斑鸠菊碱，有毒，宜慎用。

18. 黄鹌菜属 Youngia Cass.

一年生或多年生草本。叶羽状分裂或不分裂。头状花序同型，舌状，具少数或多数舌状小花，在茎枝顶端或沿茎排成总状花序、伞房花序或圆锥状伞房花序。总苞圆柱状、圆柱状钟形、钟状或宽圆柱状。总苞 3~4 层；舌状小花两性，黄色，1 层，舌片顶端截形，5 齿裂。瘦果纺锤形，有 10~15 条粗细不等的椭圆形纵肋；冠毛白色，排成 1~2 层。

城南森林公园有 1 种。

黄鹌菜

Youngia japonica (L.) DC.

多年生草本。基生叶莲座状，倒披针形、椭圆形、长椭圆形或宽线形，长 2.5~13 cm，大头羽状深裂或全裂，常无茎生叶或极少有茎生叶。头状花序排成伞房花序；总苞圆柱状，长 4~5 mm，总苞片 4 层，背面无毛，外层宽卵形或宽形，长和宽不及 0.6 mm，内层长 4~5 mm，披针形；舌状小花黄色。瘦果纺锤形，褐色或红褐色，长 1.5~2 mm，无喙；冠毛糙毛状。花果期 4~10 月。

　　见于城南森林公园纪念碑至山腰、龙井村；生于荒野路边、山坡林缘。除东北、西北地区以外广泛分布于全中国。日本、朝鲜及东南亚也有分布。

不分枝，嫩梢和花序轴具褐色腺体。叶互生，近于无柄，叶片长圆状披针形至狭椭圆形，长 4~11 cm，先端渐尖或短渐尖，基部渐狭，两面均有黑色腺点，干后成粒状突起。总状花序顶生，细瘦，花冠白色，裂片倒卵形。蒴果球形，褐色。花期 6~8 月，果期 8~11 月。

　　见于水南村；生于荒地、路旁。分布于中国华南、华中、华东、西南地区及陕西。朝鲜、日本、越南也有分布。为民间常用草药，有清热利湿、活血调经之功效。

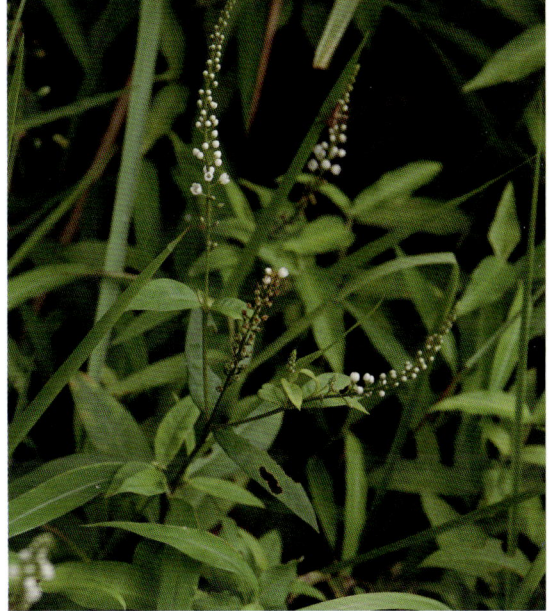

240. 报春花科 Primulaceae

　　多年生或一年生草本，稀为亚灌木。茎直立或匍匐。叶互生、对生或轮生，或无地上茎而叶全部基生，并常形成稠密的莲座丛。花单生或组成总状、伞形或穗状花序，两性，辐射对称。蒴果通常 5 齿裂或瓣裂，稀盖裂；种子小，有棱角，常为盾状。

　　城南森林公园有 1 属，1 种。

珍珠菜属 Lysimachia L.

　　直立或匍匐草本，极少亚灌木，无毛或被多细胞毛，常具腺点。叶互生、对生或轮生，全缘。花单出腋生或排成顶生或腋生的总状花序或伞形花序；总状花序常缩短成近头状或有时复出而成圆锥花序；花冠白色或黄色，稀为淡红色或淡紫红色，辐状或钟状。蒴果卵圆形或球形，通常 5 瓣开裂。种子具棱角或有翅。

　　城南森林公园有 1 种。

星宿菜

Lysimachia fortunei Maxim.

　　多年生草本，全株无毛。根状茎横走，紫红色。茎直立，圆柱形，有黑色腺点，基部紫红色，通常

242. 车前科 Plantaginaceae

　　一年生或多年生草本，稀为小灌木。茎通常变态成紧缩的根茎，根茎通常直立，稀斜升。叶螺旋状互生，通常排成莲座状，或于地上茎上互生、对生或轮生；叶为单叶，全缘或具齿，稀羽状或掌状分裂。穗状花序狭圆柱状、圆柱状至头状。花小，两性，稀杂性或单性，雌雄同株或异株。果通常为周裂的蒴果，果皮膜质，无毛。种子盾状着生，卵形、椭圆形、长圆形或纺锤形。

　　城南森林公园有 1 属，1 种。

车前属 Plantago L.

　　一年生或多年生草本。叶螺旋状互生，紧缩成莲座状，或在茎上互生、对生或轮生；叶片宽卵形、椭圆形、长圆形、披针形、线形至钻形，全缘或具齿，稀羽状或掌状分裂；叶柄长，少数不明显，基部常扩大成鞘状。花小，常两性，排成穗状或头状花序，生于花葶上。蒴果膜质。种子 2 至多粒，近

球形或压扁。

城南森林公园有 1 种。

Plantago asiatica L.

二年生或多年生草本。叶基生，呈莲座状，平卧、斜展或直立；叶片纸质，宽卵形至宽椭圆形，先端钝圆至急尖，边缘波状、全缘或中部以下有锯齿、牙齿或裂齿，基部宽楔形或近圆形，多少下延。花冠白色，无毛，冠筒与萼片约等长。蒴果纺锤状卵形、卵球形或圆锥状卵形，卵状椭圆形或椭圆形。种子 5~12 粒，具角，黑褐色至黑色。花期 4~8 月，果期 6~9 月。

见于水南村；生于草地、沟边、河岸湿地、田边、路旁或村边空旷处。分布于中国华南、华中、华东、东北、西南、西北地区。朝鲜、俄罗斯（远东）、日本、尼泊尔、马来西亚、印度尼西亚也有分布。全草药用，有祛痰、镇咳、平喘等功效。

249. 紫草科 Boraginaceae

多数为草本，较少为灌木或乔木，植株多被有硬毛或刚毛。叶为单叶，多为互生，全缘或有锯齿，不具托叶。花序为聚伞花序或镰状聚伞花序，极少花单生，有苞片或无苞片；花两性，辐射对称，很少左右对称。果实为核果，果皮多汁或大多干燥，常具各种附属物。种子 1~4 粒，直立或斜生，种皮膜质，无胚乳，稀含少量内胚乳。

城南森林公园有 1 属，1 种。

厚壳树属 Ehretia L.

乔木或灌木。叶互生，全缘或具锯齿，有叶柄。聚伞花序呈伞房状或圆锥状；花萼小，5 裂；花冠筒状或筒状钟形，稀漏斗状，白色或淡黄色，5 裂；花药卵形或长圆形，花丝细长，通常伸出花冠外。核果近圆球形，多为黄色、橘红色或淡红色，无毛。

城南森林公园有 1 种。

Ehretia thyrsiflora (Siebold et Zucc.) Nakai

落叶乔木，树皮黑灰色，条裂。小枝无毛，暗褐色。叶椭圆形或长圆状倒卵形，长 5~12 cm，先端尖，基部宽楔形，具不整齐细锯齿；叶柄长 1~3 cm。圆锥状聚伞花序顶生，长 10~15 cm，近无毛；花萼长约 2 mm，裂片卵形；花冠钟形，白色，长

3~4 mm，裂片长圆形，较冠筒稍长，开展。核果球形，黄色，径 3~4 mm，裂为 2 个具 2 种子的分核。花果期 4~6 月。

见于锦山公园；生于疏林中。分布于中国华南、华东、西南及台湾、山东、河南等地。日本、越南也有分布。植株可作行道树观赏；木材供建筑及家具用；树皮作染料；嫩芽可供食用；叶、心材、树枝可供药用。

250. 茄科 Solanaceae

一年生至多年生草本、半灌木、灌木或小乔木，直立、匍匐或攀缘，有时具皮刺，稀具棘刺。单叶全缘、不分裂或分裂，有时为羽状复叶，多互生。花单生，簇生或为蝎尾式、伞房式、伞状式、总状式、圆锥式聚伞花序；花冠具短筒或长筒，辐状、漏斗状、高脚碟状、钟状或坛状。果实为多汁浆果或干浆果，或为蒴果。种子圆盘形或肾脏形；胚乳丰富、肉质。

城南森林公园有 2 属，4 种。

1. 红丝线属 Lycianthes (Dunal) Hassl.

直立灌木或为亚灌木。单叶全缘，较上部叶常假双生，大小不相等。花序无柄，疏落，花冠辐状或星状，白色或紫蓝色，中等大小。浆果小，球状，红色或红紫色，石细胞粒不存在。种子小，多数，三角形至三角状肾形，外面具网纹。

城南森林公园有 1 种。

（十萼茄、野灯笼花、血见愁）

Lycianthes biflora (Lour.) Bitter
[*Solanum biflorum* Lour.]

灌木或亚灌木。上部叶常假双生，大小不相等；大叶片椭圆状卵形，长 9~15 cm，偏斜，先端

渐尖，基部楔形渐窄至叶柄而成窄翅，小叶片宽卵形，先端短渐尖，基部宽圆形而后骤窄下延至柄而成窄翅，花冠淡紫色或白色，星形。果柄长 1~1.5 cm，浆果球形，直径 6~8 mm，成熟果绯红色，宿萼盘形，与果柄同样被有与小枝相似的毛被。种子多数，淡黄色，近卵形至近三角形，水平压扁，外面具凸起的网纹。花期 5~8 月，果期 7~11 月。

见于东门岭；生于林下、水边。分布于中国华南、西南、华中、华东地区。印度、马来西亚、印度尼西亚的爪哇至琉球群岛也有分布。民间药用来治疗咳嗽痰多、肺炎、跌打损伤等。

2. 茄属 Solanum L.

草本、灌木或小乔木，有时为藤本。单叶互生或双生，全缘或作各种分裂。花单生，或数朵成聚伞花序或聚伞式圆锥花序；花冠辐状、星状或漏斗状。浆果球形或椭圆状，稀扁圆状至倒梨状，黑色、黄色、橙色至朱红色。种子近卵形至肾形，通常两侧压扁。

城南森林公园有 3 种。

1. 少花龙葵

Solanum americanum Mill.
[*S. photeinocarpum* Nakam. et Odash.]

纤弱草本，茎无毛或近于无毛。叶薄，卵形至卵状长圆形，长 4~8 cm，宽 2~4 cm，先端渐尖，基部楔形下延至叶柄而成翅，叶缘近全缘、波状或

有不规则的粗齿，两面均具疏柔毛，有时下面近于无毛，叶柄纤细。花序近伞形，腋外生，纤细，具微柔毛。花小，直径约 7 mm；萼片绿色。浆果球状，幼时绿色，成熟后黑色。种子近卵形，两侧压扁。几乎全年开花结果。

见于水南村；生于路旁、荒地。分布于中国华南、华中、华东地区。马来群岛也有分布。叶可供蔬食，有清凉散热之功效。

2. 海桐叶白英

Solanum pittosporifolium Hemsl.

无刺蔓生灌木，植株光滑无毛，小枝纤细，具棱角。叶互生，披针形至卵圆状披针形，长 4~13 cm，先端渐尖，基部圆或钝或楔形，有时稍偏斜，全缘。聚伞花序腋外生，疏散，花序梗长 1~5.5 cm；花梗长 0.5~2 cm；花萼浅杯状，径约 3 mm，浅裂；花冠白色，少数为紫色。浆果球状，成熟后红色。种子多数，扁平。花期 6~8 月，果期 9~12 月。

见于东门岭；生于林下。分布于中国华南、西南、华东地区及河北。

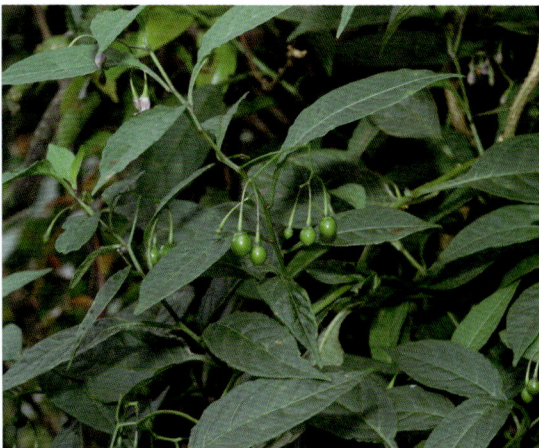

3. 水茄

Solanum torvum Sw.

灌木。小枝被星状毛，疏具基部宽扁的皮刺，皮刺淡黄色，尖端略弯曲。叶单生或双生，长 6~16 cm，卵形至椭圆形，先端尖，基部心脏形或楔形，两边不相等，边缘半裂或呈波状。伞房状圆锥花序腋外生，1~2 歧，花序梗长 1~1.8 cm，具 1 刺或无刺；花梗长 0.5~1.2 cm；花萼杯状，长 4~5 mm；花冠白色。浆果黄色，光滑无毛，圆球形，宿萼外面被稀疏的星状毛。种子盘状。花果期几乎全年。

见于水南村；生于路旁潮湿处。分布于中国华南、华东、西南地区。广泛分布于亚洲和美洲热带地区。果实可明目，叶可治疮毒；嫩果煮熟可供蔬食。

251. 旋花科 Convolvulaceae

草本、亚灌木或灌木，植物体常有乳汁。叶互生，螺旋排列，全缘，3 浅裂、掌状或羽状裂。聚伞、总状或圆锥花序腋生或单生于叶腋；花整齐，两性，5 数；花萼分离或仅基部连合；花冠合瓣，漏斗状、钟状、高脚碟状或坛状；冠檐近全缘或 5 裂；雄蕊与花冠裂片等数互生。果常为蒴果，或为肉质浆果，或果皮干燥坚硬呈坚果状。种子常呈三棱形。

城南森林公园有 1 属，1 种。

土丁桂属 Evolvulus L.

一年生或多年生草本，亚灌木或灌木；茎平卧，上升或直立。叶小，全缘。花小，腋生，具柄或无柄，单花，或多花形成聚伞花序，或排列为顶生穗状花序，或头状花序；萼片 5 枚，小，相等或近相等；

花冠小，辐状、漏斗状、钟状或高脚碟状，紫色、蓝色或白色，稀黄色；冠檐近全缘至明显的 5 裂。蒴果球形或卵形，2~4 瓣裂。种子 1~4 粒，无毛。

城南森林公园有 1 种。

土丁桂

Evolvulus alsinoides (L.) L.

多年生草本，茎少数至多数，平卧或上升，细长，具贴生的柔毛。叶长圆形，椭圆形或匙形，长 8~25 mm，宽 5~10 mm，先端钝及具小短尖，基部圆形或渐狭，中脉在下面明显，上面不显；叶柄短至近无柄。花单 1 或数朵组成聚伞花序；苞片线状钻形至线状披针形，长 1.5~4 mm；萼片披针形，锐尖或渐尖；花冠辐状，直径约 8 mm，蓝色或白色。蒴果球形，无毛，4 瓣裂。种子黑色，平滑。花期 5~9 月。

见于城南森林公园生态步道；生于疏林下路旁。分布于中国长江以南各地及台湾。广泛分布于亚洲东南部和南部、非洲东部热带地区。全草药用，有散瘀止痛、清湿热之功效。

252. 玄参科 Scrophulariaceae

草本、灌木或少有乔木。叶互生、下部对生而上部互生、或全对生、或轮生，无托叶。花序总状、穗状或聚伞状，常合成圆锥花序；花萼 5 裂；花冠合瓣。果为蒴果，少有浆果状。种子细小，有时具翅或有网状种皮，脐点侧生或在腹面，胚乳肉质或缺少。

城南森林公园有 3 属，3 种。

1. 母草属 Lindernia All.

草本，直立、倾卧或匍匐。叶对生，有柄或无，常有齿，稀全缘，叶脉羽状或掌状。花常对生；生于叶腋之中或在茎枝之顶排成疏总状花序；花冠紫色、蓝色或白色，其花丝常有齿状、丝状或棍棒状附属物，其花药互相贴合或下方药室顶端有刺尖或距；花柱顶端常膨大，多为二片状。蒴果球形、矩圆形、椭圆形、卵圆形、圆柱形或条形。种子小，多数。

城南森林公园有 1 种。

长蒴母草
Lindernia anagallis (Burm. f.) Pennell

一年生草本，根须状；茎下部匍匐，节上生根，并有根状茎，无毛。叶仅下部者有短柄；叶片三角状卵形、卵形或矩圆形，长 0.4~2 cm，顶端圆钝或急尖，基部截形或近心形，边缘有不明显的浅圆齿。花单生于叶腋；花梗长 0.6~1 cm，花萼基部联合，萼齿 5 枚，窄披针形，无毛；花冠白色或淡紫色，上唇直立，卵形，下唇开展，裂片近相等，比上唇稍长。蒴果条状披针形。种子卵圆形，有疣状突起。花期 4~9 月，果期 6~11 月。

见于城南森林公园正门附近；生于路旁较湿润处。分布于中国华南、西南及湖南、江西、福建、台湾等地。全草可药用。

2. 通泉草属 Mazus Lour.

矮小草本，茎圆柱形，少为四方形，直立或倾卧。叶以基生为主，多为莲座状或对生，茎上部的多为互生，叶匙形、倒卵状匙形或圆形，少为披针形，基部逐渐狭窄成有翅的叶柄，边缘有锯齿，少全缘或羽裂。花小，排成顶生稍偏向一边的总状花序。蒴果被包于宿存的花萼内，球形或多少压扁，室背开裂。种子小，多数。

城南森林公园有 1 种。

通泉草
Mazus japonicus (Thunb.) O. Kuntze

一年生草本，无毛或疏生短柔毛。主根伸长，垂直向下或短缩，须根纤细，多数。基生叶少到多数，有时成莲座状或早落，倒卵状匙形至卵状倒披针形，长 2~6 cm，顶端全缘或有不明显的疏齿，基部楔形，下延成带翅的叶柄，边缘具不规则的粗齿或基部有 1~2 片浅羽裂。总状花序生于茎、枝顶端；花冠白色、紫色或蓝色。蒴果球形。种子小而多数，黄色。花果期 4~10 月。

见于水南村；生于湿润的沟边、路旁及林缘。分布于中国内蒙古、宁夏、青海及新疆以外的大部分地区。越南、俄罗斯、朝鲜、日本、菲律宾也有分布。全草药用，能清热解毒、止痛、健胃、消肿。

3. 泡桐属 Paulownia Siebold et Zucc.

落叶或半落叶乔木，幼时树皮平滑而具显著皮孔，老时纵裂；幼枝密被毛。叶对生，大而有长柄。花朵排成聚伞花序，具总花梗或无，花序枝的侧枝长短不一，使花序成圆锥形、金字塔形或圆柱形；花冠大，紫色或白色，花冠管基部狭缩。蒴果卵圆形、卵状椭圆形、椭圆形或长圆形，室背开裂，果皮较薄或较厚而木质化。种子小而多，有膜质翅。

城南森林公园有 1 种。

白花泡桐
Paulownia fortunei (Seem.) Hemsl.

落叶、高大乔木，树冠圆锥形，主干直，树皮灰褐色；幼枝、叶、花序各部和幼果均被黄褐色星状茸毛，叶柄、叶片上面和花梗渐变无毛。叶片长卵状心脏形、卵状心脏形，长达 20 cm，顶端长渐尖或锐尖头，新枝上的叶有时 2 裂。花序枝几乎无或仅有短侧枝，故花序狭长几乎成圆柱形，长约

25 cm，小聚伞花序有花 3~8 朵。花冠管状漏斗形，白色仅背面稍带紫色或浅紫色。蒴果长圆形或长圆状椭圆形，果皮木质。花期 3~4 月，果期 7~8 月。

见于龙井村；生于山坡、疏林中。分布于中国长江以南各地。越南、老挝也有分布。树干可供材用。

259. 爵床科 Acanthaceae

草本、灌木或藤本，稀为小乔木。叶多对生，无托叶，极少数羽裂，叶片、小枝和花萼上常有条形或针形的钟乳体。花两性，左右对称，无梗或有梗，通常组成总状花序、穗状花序、聚伞花序、伸长或头状，有时单生或簇生而不组成花序。花冠合瓣，高脚碟形、漏斗形或钟形，具长或短的冠管。蒴果室背开裂为 2 果爿。

城南森林公园有 2 属，3 种。

1. 爵床属 Justicia L.

草本。叶对生。花无梗，组成穗状花序，顶生或腋生；苞片交互对生，每苞片中有花 1 朵；花萼不等大 5 裂或等大 4 裂，后裂片小或消失；花冠短，2 唇形，上唇平展，浅 2 裂；雄蕊 2 枚。蒴果小，基部具坚实的柄状结构。种子每室 2 粒。

城南森林公园有 2 种。

1.* 鸭嘴花（野靛叶、大还魂）

Justicia adhatoda L. [*Adhodata vasica* (L.) Nees]

大灌木。枝圆柱状，有皮孔，嫩枝密被灰白色微柔毛。叶纸质，矩圆状披针形至披针形，或椭圆状卵形，长 15~20 cm，宽 4.5~7.5 cm，顶端渐尖，有时稍呈尾状，全缘，上面近无毛，背面被微柔毛。穗状花序卵形或稍伸长；花梗长 5~10 cm；苞片卵形或阔卵形，长 1~3 cm，被微柔毛；小苞片披针形；

萼裂片 5 枚，矩圆状披针形；花冠白色，有紫色条纹或粉红色。蒴果近木质，上部具 4 粒种子，下部实心短柄状。花期春夏季。

锦城公园有栽培。中国华南、云南等地栽培或逸为野生。亚洲东南部也有分布。药用，有续筋接骨、祛风止痛、祛痰之功效。

2. 爵床

Justicia procumbens L.

茎几乎铺散，上部上升，基部匍匐，节上生根，密被硬毛。茎上部节上叶对生，卵形或披针形或矩圆状披针形，长 1~1.5 cm，宽 0.5~1 cm，全缘，顶端钝或略尖，基部圆或极钝，两面密被短硬毛。穗状花序顶生或生于上部叶腋；苞片和小苞片及萼片密被硬毛；花冠粉红色。

见于城南森林公园正门附近；生于路旁。分布于中国秦岭以南，东至江苏、台湾，西南至云南、西藏。亚洲南部至澳大利亚广布。全草入药，治腰背痛、创伤等症。

2. 芦莉草属 Ruellia L.

草本。叶对生，近全缘；花排成顶生或腋生的穗状花序或总状花序；苞片叶状或小而不明显，小苞片 2；生于近萼的基部；萼片 5，线状长椭圆形；花冠圆柱状，檐 5 裂；雄蕊 4，两两成对。蒴果长椭圆形，每室有种子多粒，无种钩。

城南森林公园有 1 种。

* 蓝花草（兰花草、翠芦莉）

Ruellia brittoniana Leonard

叶对生，线状披针形。叶暗绿色，新叶及叶柄常呈紫红色。叶全缘或疏锯齿，花腋生，花径 3~5 cm。花冠漏斗状，5 裂，具放射状条纹，细波浪状，多蓝紫色，少数粉色或白色。花期 3~10 月。

城南森林公园正门至山腰，栽培。原产于墨西哥。

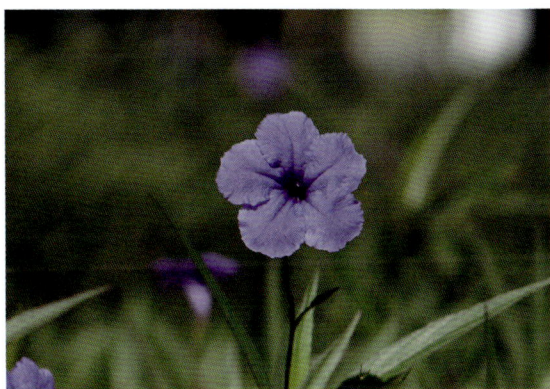

263. 马鞭草科 Verbenaceae

多为灌木或乔木。叶对生，很少轮生或互生，单叶或掌状复叶，很少羽状复叶，无托叶。花序顶生或腋生，多数为聚伞、总状、穗状、伞房状聚伞或圆锥花序；花两性，极少退化为杂性，左右对称或很少辐射对称；花冠管圆柱形。果实为核果、蒴果或浆果状核果，外果皮薄，中果皮干或肉质。种子通常无胚乳，胚直立。

城南森林公园有 6 属，12 种，1 变种。

1. 紫珠属 Callicarpa L.

直立灌木，稀为乔木、藤本或攀缘灌木；小枝圆筒形或四棱形，被分枝的毛、星状毛、单毛或钩毛，稀无毛。叶对生，偶有三叶轮生，有柄或近无柄，边缘有锯齿，稀为全缘，通常被毛和腺点，无托叶。聚伞花序腋生；苞片细小，稀为叶状；花小，整齐。果实通常为核果或浆果状，成熟时紫色、红色或白色，外果皮薄，中果皮通常肉质。种子小，长圆形，种皮膜质。

城南森林公园有 6 种。

1. 华紫珠

Callicarpa cathayana H. T. Chang

灌木。小枝纤细，幼嫩稍有星状毛，老后脱落。叶片椭圆形或卵形，长 4~8 cm，顶端渐尖，基部楔形，两面近于无毛，而有显著的红色腺点。花序梗较叶柄稍长或近等长。花冠紫色，疏生星状毛，有红色腺点。果实球形，紫色。花期 5~7 月，果期 8~11 月。

见于葛布村至龙底坑；生于山谷灌丛。分布于中国广东、广西、河南、江苏、湖北、安徽、浙江、江西、福建、云南。

2. 白棠子树

Callicarpa dichotoma (Lour.) K. Koch

小灌木，多分枝。小枝纤细，幼嫩部分有星状毛。叶倒卵形或披针形，长 3~6 cm，顶端急尖或尾状尖，基部楔形，边缘仅上半部具数个粗锯齿，表面稍粗糙，背面无毛，密生细小黄色腺点。花序 2~3 歧分枝，径 1~2.5 cm，花序梗细，

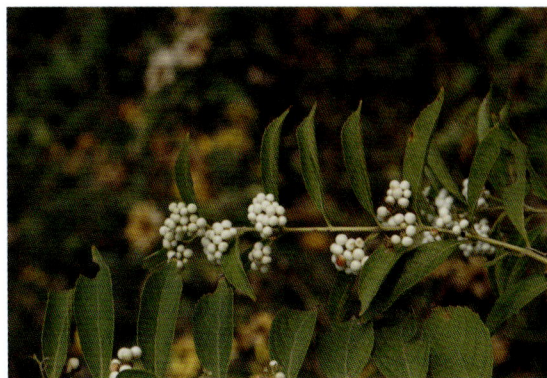

长 1~1.5 cm，疏被星状毛；花冠紫色，无毛。果实球形，紫色。花期 5~6 月，果期 7~11 月。

见于水南村；生于山坡灌丛。分布于中国华南、华中、华东、华北地区及贵州。日本、越南也有分布。全株供药用，可散瘀、止痛；叶可提取芳香油。

3. 杜虹花
Callicarpa formosana Rolfe

灌木。小枝、叶柄和花序均密被灰黄色星状毛和分枝毛。叶片卵状椭圆形或椭圆形，长 5.5~15 cm，顶端通常渐尖，基部钝或浑圆，边缘有细锯齿，表面被短硬毛，稍粗糙，背面被灰黄色星状毛和细小黄色腺点；叶柄长达 1 cm。花序常 4~5 歧分枝，径 3~4 cm，花序梗长 1.5~2.5 cm；花冠紫色或淡紫色，无毛。果实近球形，紫色。花期 5~7 月，果期 8~11 月。

见于锦山公园（乌龟山）、正门至生态步道；生于山坡林下及灌丛中。分布于中国华南地区及台湾、浙江、江西。菲律宾也有分布。叶入药，有散瘀消肿、止血镇痛之功效。

4. 枇杷叶紫珠
Callicarpa kochiana Makino

灌木。小枝、叶柄与花序密生黄褐色分枝茸毛。叶片长椭圆形、卵状椭圆形或长椭圆状披针形，长 12~20 cm，顶端渐尖或锐尖，基部楔形，边缘有锯齿，表面无毛或疏被毛，背面密生黄褐色星状毛和分枝茸毛，两面被不明显的黄色腺点。聚伞花序 3~5 歧分枝，径 3~6 cm，花序梗长 1~2 cm；花近无梗；花萼管状，4 深裂，萼齿线形或三角状披针形；花冠淡红色或紫红色，裂片密被茸毛。果实圆球形，径约 1.5 mm，几乎全部包藏于宿存的花萼内。花期 7~8 月，果期 9~12 月。

见于城南森林公园正门至山顶；生于林缘。分

布于中国华南、华中、华东地区。越南也有分布。根、叶可药用；叶又可提取芳香油。

5. 裸花紫珠
Callicarpa nudiflora Hook. et Arn.

灌木至小乔木。老枝无毛而皮孔明显，小枝、叶柄与花序密生灰褐色分枝茸毛。叶片卵状长椭圆形至披针形，长 12~21 cm，顶端短尖或渐尖，基部钝或稍呈圆形，除主脉有星状毛外，余几乎无毛，背面密生灰褐色茸毛和分枝毛。聚伞花序开展，6~9 歧分枝，径 8~13 cm，花序梗长 3~8 cm；花萼杯状，平截或具 4 细齿；花冠紫色或粉红色，无毛。果实近球形，红色。花期 6~8 月，果期 8~12 月。

见于城南森林公园纪念碑至山顶；生于疏林下。分布于中国广东、广西。印度及东南亚也有分布。叶药用，有止血止痛、散瘀消肿之功效。

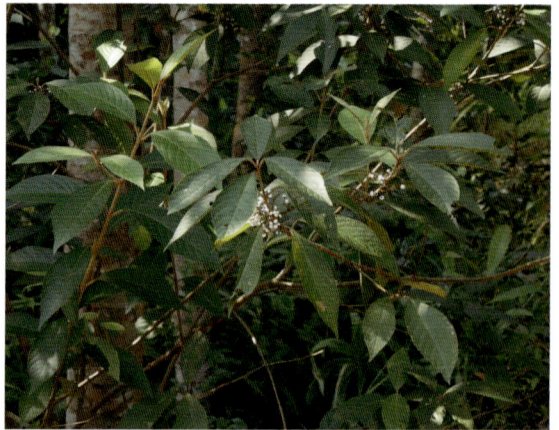

6. 红紫珠
Callicarpa rubella Lindl.

灌木。小枝被黄褐色星状毛并杂有腺毛。叶片倒卵形或倒卵状椭圆形，长 10~14 cm，宽 4~8 cm，

顶端尾尖或渐尖，基部心形，有时偏斜，边缘具细锯齿或不整齐的粗齿，背面被星状毛并杂有单毛和腺毛，有黄色腺点；叶柄短或近无柄。花序梗长 1.5~3 cm，苞片细小；花冠紫红色、黄绿色或白色。果实紫红色。花期 5~7 月，果期 7~11 月。

见于葛布村至龙底坑；生于山坡、林下灌丛中。分布于中国华南、华东、西南及安徽等地。南亚、东南亚也有分布。嫩芽可揉碎擦癣；叶可作止血、接骨药。

本种和杜虹花 Callicarpa formosana Rolfe 近似，不同在于前者叶基部心形，叶柄短或近无柄。

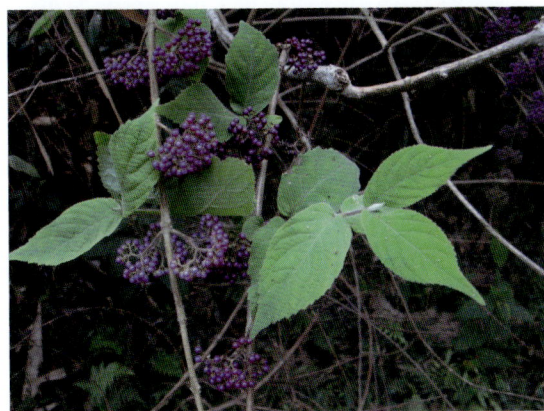

2. 大青属 Clerodendrum L.

落叶或半常绿，多为灌木或小乔木，少为藤本或草本。幼枝四棱形至近圆柱形，有浅或深棱槽；植物体外部有疏或密的柔毛、短柔毛、糙毛、节状腺毛、腺毛、绢毛、茸毛或光滑无毛，通常多少具腺点。单叶对生，稀 3~5 叶轮生，全缘、波状或有各式锯齿，很少浅裂至掌状分裂。聚伞花序或组成伞房状或圆锥状花序；花冠高脚杯状或漏斗状。核果浆果状。种子长圆形，无胚乳。

城南森林公园有 2 种。

1. 灰毛大青
Clerodendrum canescens Wall.

灌木。小枝略四棱形、具不明显的纵沟，全体密被平展或倒向灰褐色长柔毛。叶片心形或宽卵形，少为卵形，长 6~18 cm，顶端渐尖，基部心形至近截形，两面都有柔毛，脉上密被灰褐色平展柔毛，背面尤显著。聚伞花序密集成头状，常 2~5 顶生；苞片卵形或椭圆形；花萼具 5 棱，长约 1.3 cm，疏被腺点，5 深裂，裂片卵形或宽卵形，边缘重叠；花冠白色或淡红色，外有腺毛或柔毛。核果近球形，绿色，成熟时深蓝色或黑色，藏于红色增大的宿萼内。花果期 4~10 月。

见于水南村；生于山坡林缘、路旁。分布于中国华南、华中、华东、西南地区。印度和越南北部等地也有分布。全草药用，有退热止痛之功效，可治毒疮、风湿病。

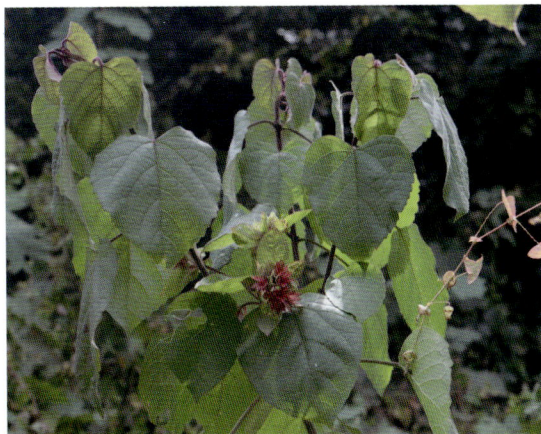

2. 白花灯笼（鬼灯笼）
Clerodendrum fortunatum L.

灌木。嫩枝密被黄褐色短柔毛，小枝暗棕褐色。叶纸质，一般长椭圆形或倒卵状披针形，长 5~17 cm，顶端渐尖，全缘或波状，表面被疏生短柔毛，背面密生细小黄色腺点，沿脉被短柔毛。聚伞花序腋生，具花 3~9 朵，花序梗长 1~4 cm；苞片线形；花萼紫红色，具 5 棱，膨大似灯笼，长 1~1.3 cm；花冠淡红色，或白色稍带紫色，外面被毛。核果近球形，熟时深蓝绿色，藏于宿萼内。花果期 6~11 月。

见于水南村、城南森林公园纪念碑至山顶，较常见；生于路边或疏林下。分布于中国华南区地及江西、福建。根或全株入药，有清热降火、消炎解毒、止咳镇痛之功效。

3. 假连翘属 Duranta L.

有刺或无刺灌木。单叶对生或轮生，全缘或有锯齿。花序总状、穗状或圆锥状，顶生或腋生；花冠管圆柱形，直或弯，顶部5裂，裂片平展，稍不等长。核果几完全包藏在增大宿存的花萼内，中果皮肉质，内果皮硬。

城南森林公园有1种。

* 假连翘

Duranta erecta L. [*D. repens* L.]

灌木，高达3 m。枝被皮刺。叶卵状椭圆形或卵状披针形，长2~6.5 cm，先端短尖或钝，全缘或中部以上具锯齿，被柔毛；叶柄长约1 cm，被柔毛。花排成总状圆锥花序；花萼管状，被毛，5裂，具5棱；花冠蓝紫色，稍不整齐，5裂，裂片平展，内外被微毛。核果球形，无毛，径约5 mm，红黄色，为宿萼包被。花果期几乎全年。

城南森林公园正门至山腰有栽培。我国南部常见栽培。原产热带美洲。花、果期长而美丽，是一种很好的绿篱植物；根、叶药用可止痛、止渴。

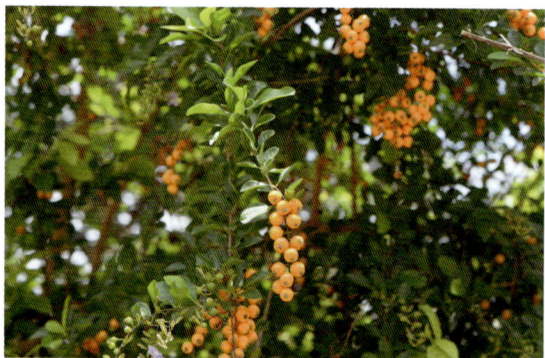

4. 马缨丹属 Lantana L.

直立或半藤状灌木，有强烈气味。茎四方形，有或无皮刺与短柔毛。单叶对生，有柄，边缘有圆或钝齿，表面多皱。花密集成头状，顶生或腋生，有总花梗；花冠4~5浅裂。果实熟后二裂，中果皮肉质，内果皮质硬。

城南森林公园有2种。

1. 马缨丹

Lantana camara L.

直立或蔓性的灌木。茎枝均呈四方形，有短柔毛，通常有短而倒钩状刺。单叶对生，揉烂后有强烈的气味，叶片卵形至卵状长圆形，长3~8.5 cm，顶端急尖或渐尖，基部心形或楔形，边缘有钝齿，背面有小刚毛。花序径1.5~2.5 cm，花序梗粗，长于叶柄；苞片披针形；花萼管状，具短齿；花冠黄色或橙黄色，后转为深红色。果圆球形，熟时紫黑色。全年开花。

见于城南森林公园正门附近；生于疏林下或路旁。分布于中国华南地区及福建、台湾。原产美洲热带地区。根、叶、花作药用，有清热解毒、散结止痛、祛风止痒之功效；是一外来入侵种，宜慎用。

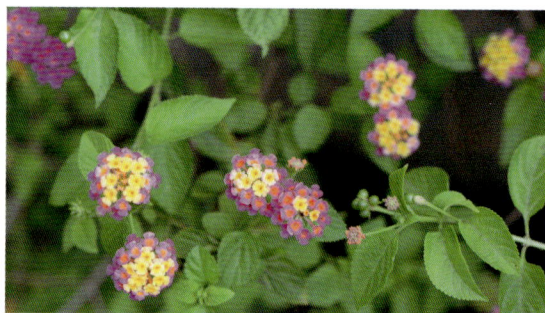

2. * 蔓马缨丹

Lantana montevidensis Briq.

灌木。枝下垂，被柔毛。叶卵形，长约2.5 cm，基部变狭，边缘有粗牙齿。头状花序直径约2.5 cm，具长总花梗；花长约1.2 cm，淡紫红色；苞片阔卵形，长不超过花冠管的中部。花期全年。

城南森林公园科普长廊步道半山腰有栽培。原产南美洲。各热带地区有栽培。可作庭园观赏。

5. 豆腐柴属 Premna L.

乔木或灌木，有时攀缘。枝条通常圆柱形，常有圆形或椭圆形、黄白色腺状皮孔。单叶对生，全缘或有锯齿，无托叶。花序位于小枝顶端，通常由聚伞花序组成紧密如球或开展的伞房花序、延伸呈塔状的圆锥花序。核果球形，倒卵球形或倒卵状长圆形，外果皮通常质薄。种子长圆形，种皮薄，无胚乳。

城南森林公园有 1 种。

黄药

Premna cavaleriei Lévl.

落叶乔木，树皮暗灰色。小枝圆，幼时密被茸毛。叶卵形或卵状长椭圆形，长 9~15 cm，先端渐尖或钝，基部宽楔形、圆、平截或近心形，全缘，两面疏被茸毛或近无毛；叶柄长 2~5 cm。圆锥花序密被茸毛，径 8~15 cm；花萼钟状，长 1~2.5 mm，密被茸毛及不明显腺点，5 裂，微二唇形；花冠淡黄色，4 裂，近二唇形，疏被茸毛，密被腺点，花冠筒喉部密被长柔毛。果卵球形，径约 2 mm。花果期 5~7 月。

见于水南村；生于山坡及路边疏林中。分布于中国广东、广西、江西、湖南、贵州。

6. 牡荆属 Vitex L.

乔木或灌木。小枝通常四棱形，无毛或有微柔毛。叶对生，有柄，常为掌状复叶，稀单叶，小叶片全缘或有锯齿，浅裂以至深裂。花序顶生或腋生，为有梗或无梗的聚伞花序，或为聚伞花序组成圆锥状、伞房状以至近穗状花序；花冠白色、浅蓝色、淡蓝紫色或淡黄色。果实球形、卵形至倒卵形，内果皮骨质。种子倒卵形、长圆形或近圆形。

城南森林公园有 1 变种。

牡荆

Vitex negundo L. var. **cannabifolia** (Siebold et Zucc.) Hand.-Mazz.

落叶灌木或小乔木。小枝四棱形。叶对生，为掌状复叶，小叶 5 片，少有 3 片；小叶片披针形或椭圆状披针形，顶端渐尖，基部楔形，边缘有粗锯齿，表面绿色，背面淡绿色，通常被柔毛。圆锥花序顶生，长 10~20 cm；花冠淡紫色。果实近球形，黑色。花期 6~7 月，果期 8~11 月。

见于龙井村；生于山坡路边灌丛中。分布于中国华南、华中、华东、西南地区及河北。日本也有分布。茎皮可造纸及制人造棉；茎叶药用治久痢；种子为清凉性镇静、镇痛药；花和枝叶可提取芳香油。

264. 唇形科 Labiatae

常为一年生至多年生草本、半灌木或灌木。根纤维状，稀增厚成纺锤形，极稀具小块根。叶为单叶，全缘至具有各种锯齿，浅裂至深裂。花很少单生，轮伞花序常组成总状、圆锥状、穗状的复合花序；花两侧对称，稀多少辐射对称，二唇形。果实常裂为 4 枚小坚果。种子每坚果单生，直立，极稀横生而皱曲。

城南森林公园有 4 属，4 种。

1. 筋骨草属 Ajuga L.

一年生、二年生或常为多年生草本，较稀灌木状，直立或具匍匐茎。茎四棱形。单叶对生，通常为纸质，边缘具齿或缺刻，较稀近于全缘；苞叶与茎叶同形，或下部者与茎叶同形而上部者变小呈苞片状，或较少为与茎叶异形或较大。花两性，通常近于无梗；花冠二唇形，通常为紫色至蓝色，稀黄色或白色。小坚果多为倒卵状三棱形。

城南森林公园有 1 种。

金疮小草（筋骨草）

Ajuga decumbens Thunb.

一年生或二年生草本，平卧或上升，具匍匐茎，被白色长柔毛或绵状长柔毛。基生叶较多，较茎生叶长而大，叶柄具狭翅；叶片薄纸质，匙形或倒卵状披针形，长 3~6 cm 或更长，先端钝至圆形，基部渐狭，下延，边缘具不整齐的波状圆齿或几乎全缘，具缘毛，两面被疏糙伏毛或疏柔毛，尤以脉上为密。轮伞花序多花，排列成间断、长 7~12 cm 的穗状花序；花萼漏斗状；花冠淡蓝色或淡红紫色，稀白色，筒状，外面被疏柔毛，冠檐二唇形。小坚果倒卵状三棱形。花期 3~7 月，果期 5~11 月。

见于水南村、葛布村；生于路旁及湿润的草坡上。分布于中国长江以南各地。朝鲜、日本也有分布。全草入药，可消炎、止血。

2. 风轮菜属 Clinopodium L.

多年生草本。叶具柄或无柄，具齿。轮伞花序少花或多花，稀疏或密集，偏向于一侧或不偏向于一侧，多少呈圆球状，具梗或无梗，梗常分枝；生于主茎及分枝的上部叶腋中，聚集成紧缩圆锥花序或多头圆锥花序，或彼此远隔；花冠二唇形，紫红色、淡红色或白色。小坚果极小，卵球形或近球形，褐色，无毛。

城南森林公园有 1 种。

风轮菜

Clinopodium chinense (Benth.) O. Kuntze

多年生草本。茎基部匍匐生根，上部上升，多分枝，四棱形，密被短柔毛及腺微柔毛。叶卵圆形，长 2~4 cm，不偏斜，先端急尖或钝，基部圆形呈阔楔形，边缘具大小均匀的圆齿状锯齿。轮伞花序具多花，半球形；苞片多数，针状，长 3~6 mm；花萼窄管形，带紫红色，长约 6 mm，沿脉被柔毛及腺微柔毛；花冠紫红色；花盘平顶。小坚果倒卵形，黄褐色。花期 5~8 月，果期 8~10 月。

见于水南村；生于草丛、路边。分布于中国华南、华东、华中地区及云南。日本也有分布。

3. 石荠苎属 Mosla Buch.-Ham. ex Maxim.

一年生植物，揉之有强烈香味。叶具柄，具齿，下面有明显凹陷腺点。花排成轮伞花序，花梗明显；花冠白色、粉红色至紫红色，冠筒常超出萼或内藏，内面无毛或具毛环。小坚果近球形，具疏网纹或深穴状雕纹，果脐基生。

城南森林公园有 1 种。

小鱼仙草

Mosla dianthera (Buch.-Ham.) Maxim.

一年生草本。茎四棱形，具浅槽，近无毛，多分枝。叶卵状披针形或菱状披针形，有时卵形，长 1.2~3.5 cm，先端渐尖或急尖，边缘具锐尖的疏齿，近基部全缘，纸质，上面橄榄色，下面灰白色。总状花序多数，生于枝端；苞片针状或线状披针形，近无毛；花冠淡紫色。小坚果灰褐色，近球形，具疏网纹。花期 5~11 月，果期 9~11 月。

见于东门岭；生于山坡林下、路边。分布于中国华南、华东、华中、西南地区及陕西。南亚、东南亚及日本也有分布。全草入药，治感冒发热、中暑头痛、恶心、无汗、热痱、皮炎、湿疹、疮疥、痢疾、外伤出血等症；此外又可驱蚊。

4. 水苏属 Stachys L.

直立多年生或披散一年生草本，偶有横走根茎而在节上具鳞叶及须根，稀为亚灌木或灌木，毛被多种多样。茎叶全缘或具齿，苞叶与茎叶同形或退化成苞片。轮伞花序2至多花，常多数组成着生于茎及分枝顶端的穗状花序。花红、紫、淡红、灰白、黄或白色，通常较小。花萼管状钟形、倒圆锥形，或管形，5或10脉，口等大或偏斜；花冠筒圆柱形，近等大，内藏或伸出，冠澹二唇形。小坚果卵珠形或长圆形，先端钝或圆，光滑或具瘤。

城南森林公园有1种。

地蚕（五眼草、野麻子）
Stachys geobombycis C. Y. Wu

多年生草本，高40-50 cm；根茎横走，肉质，肥大。茎直立，四棱形，具四槽，在棱及节上疏被倒向疏柔毛状刚毛。茎叶长圆状卵圆形、长4.5~8 cm，宽2.5~3 cm，先端钝，基部浅心形或圆形，边缘有整齐的粗大圆齿状锯齿，上面绿色，散布疏柔毛状刚毛，侧脉约4对，上面不明显，下面显著。轮伞花序腋生，4~6花，远离，组成长5~18 cm的穗状花序；花冠淡紫至紫蓝色，亦有淡红色，长约1.1 cm，冠檐二唇形。花期4~5月。

见于水南村；生于林缘沟边、路旁。分布于中国广东、广西、浙江、福建、湖南、江西。肉质的根茎可供食用；全草可入药，治跌打、疮毒、去风毒。

280. 鸭跖草科 Commelinaceae

一年生或多年生草本。茎有明显的节和节间。叶互生，有叶鞘；叶鞘开口或闭合。花两性，极少单性，辐射对称或两侧对称，排成顶生的或腋生的聚伞花序或圆锥花序，有时簇生呈头状；萼片3枚；花瓣3枚，分离或有时中下部合生呈管状。果为蒴果，室背开裂或不开裂，呈浆果状。种子大而少数，具棱。

城南森林公园有2属，2种。

1. 聚花草属 Floscopa Lour.

多年生草本。叶互生，具叶鞘。聚伞花序多个，组成单圆锥花序或复圆锥花序，圆锥花序顶生，或兼腋生于茎顶端的叶中，常在茎顶端呈扫帚状。苞片常小；萼片3枚，分离，圆形或椭圆形，稍呈舟状，革质，宿存；花瓣3枚，分离，倒卵状椭圆形，无柄或有短爪，稍长于萼片。蒴果小，稍扁，2室，每室具1粒种子，果皮壳质，光滑而有光泽。种子半球状或半椭圆状。

城南森林公园有1种。

聚花草
Floscopa scandens Lour.

根状茎极长，节上密生须根。植株全体或仅叶鞘及花序被多细胞腺毛，有时叶鞘仅一侧被毛。茎高20~70 cm，不分枝。叶无柄或有带翅的短柄；叶片椭圆形至披针形，长4~12 cm，宽1~3 cm，上面有鳞片状突起。圆锥花序多个，顶生并兼有腋生，组成长达8 cm，宽达4 cm的扫帚状复圆锥花序，下部总苞片叶状，与叶同型，同大，上部的比叶小得多。花梗极短；苞片鳞片状；萼片长2~3 mm，浅舟状；花瓣蓝色或紫色，少白色，倒卵形，略比萼片长。种子半椭圆状，灰蓝色。花果期7~11月。

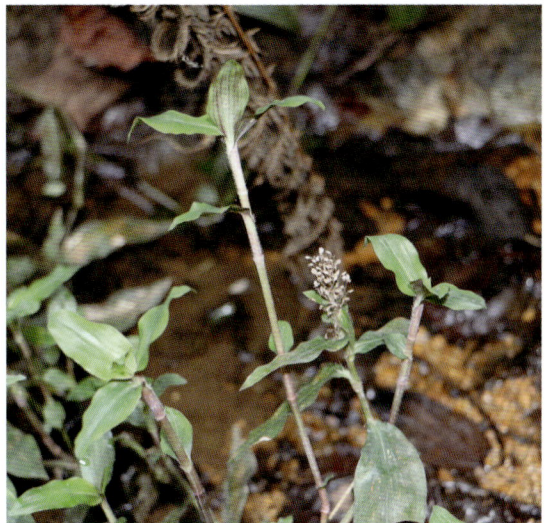

见于水南村；生于山谷水沟边。分布于中国华南、西南地区及江西、湖南、福建、浙江、台湾。亚洲热带及大洋洲热带广布。全草药用，可治疮疖肿毒、淋巴结肿大、急性肾炎。

2. 紫露草属 Tradescantia L.

多年生草本。茎下倾、上升或直立。叶二列或螺旋排列。蝎尾状聚伞花序假顶生或侧生，单生、簇生或形成圆锥花序，无梗。花辐射对称；萼片离生或基部合生，舟状；花瓣离生或爪部基部合生，白或粉色。蒴果卵状。种子近金字塔状，多皱，具网纹；种脐条形，小。

城南森林公园有 1 种。

* 紫背万年青（蚌花）

Tradescantia spathacea Sw.

多年生草本。茎直立，不分枝，无毛。叶互生，无柄；叶鞘有时口部有长柔毛；叶片上面深绿色，下面紫色，长圆状披针形，长 20~40 cm，宽 3~6 cm，无毛，多少肉质，基部窄，半抱茎。花腋生，具总梗，形成不分叉或分叉的、多花伞形花序，下面托有 2 个大而对折的卵状苞片，苞片长约 3 cm；花瓣白色、卵形，长 5~8 cm，先端突尖。花期 8~10 月。

锦山公园有栽培。中国华南地区常见栽培。原产热带美洲。叶色美丽，苞片状似蚌壳，极为奇特，为优良的观叶植物。

287. 芭蕉科 Musaceae

多年生草本，具匍匐茎或无。茎或假茎高大，不分枝，有时木质，或无地上茎。叶通常较大，螺旋排列或两行排列，由叶片、叶柄及叶鞘组成；叶脉羽状。花两性或单性，两侧对称，常排成顶生或腋生的聚伞花序。浆果或为室背或室间开裂的蒴果，或革质不开裂。种子坚硬，有假种皮或无。

城南森林公园有 1 属，1 种。

芭蕉属 Musa L.

多年生丛生草本，具根茎，多次结实。假茎全由叶鞘紧密层层重叠而组成，基部不膨大或稍膨大。叶大型，叶片长圆形，叶柄伸长，且在下部增大成一抱茎的叶鞘。花序直立，下垂或半下垂；苞片扁平或具槽，芽时旋转或多少覆瓦状排列，绿色、褐色、红色或暗紫色；合生花被片管状，先端具齿；离生花被片与合生花被片对生。浆果伸长，肉质，有多数种子。种子近球形、双凸镜形或形状不规则。

城南森林公园有 1 种。

野蕉

Musa balbisiana Colla

假茎丛生，黄绿色，有大块黑斑，具匍匐茎。叶片卵状长圆形，长 2~3 m，宽约 90 cm，基部耳形，两侧不对称，叶面绿色，叶背被白霜。花序长约 2.5 m，雌花的苞片脱落，中性花及雄花的苞片宿存，苞片卵形至披针形，外面暗紫红色，被白粉，内面紫红色，开放后反卷；合生花被片具条纹，外面淡紫白色，内面淡紫色；离生花被片乳白色，透明。浆果倒卵形，灰绿色，棱角明显，果内具多数种子。种子扁球形，褐色。花期夏秋季。

见于水南村；生于沟谷阴湿处。分布于中国华南地区及西藏、云南。东南亚也有分布。假茎可作猪饲料；叶鞘纤维可做麻类代用品。

290. 姜科 Zingiberaceae

多年生陆生草本，通常具有芳香、匍匐或块状的根状茎。叶基生或茎生，叶片较大，通常为披针形或椭圆形，有多数致密、平行的羽状脉自中脉斜出。花单生或组成穗状、总状或圆锥花序；生于具叶的茎上或单独由根茎发出。果为室背开裂或不规则开裂的蒴果，或肉质不开裂，呈浆果状。种子圆形或有棱角，有假种皮，胚直。

城南森林公园有 3 属，3 种。

1. 山姜属 Alpinia Roxb.

多年生草本，具根状茎，通常具发达的地上茎。叶片长圆形或披针形。花序通常为顶生的圆锥花序、总状花序或穗状花序；总苞片佛焰苞状。果为蒴果，干燥或肉质，通常不开裂或不规则开裂。种子多数，有假种皮。

城南森林公园有 1 种。

花叶山姜
Alpinia pumila Hook. f.

地上茎无，根茎平卧。叶基生，2~3 叶一丛，叶片椭圆形、长圆形或长圆状披针形，长达 15 cm，宽约 7 cm，顶端渐尖，基部急尖，叶面绿色，叶脉处颜色较深，余较浅，叶背浅绿色，两面均无毛。总状花序自叶鞘间抽出，花序梗长约 3 cm；花成对生于长圆形、长约 2 cm 的苞片内，苞片迟落；花萼管状，长 1.3~1.5 cm，紫红色，被柔毛；花冠白色。果球形，顶端有花被残迹。花期 4~6 月，果期 6~11 月。

见于城南森林公园正门至山腰；生于山坡林下。分布于中国广东、广西、湖南、云南。

2. 土田七属 Stahlianthus O. Kuntze

多年生草本，具根状茎。叶基生，少数，叶片长圆形至披针形，具柄。花数朵至十余朵组成头状花序，包藏于一钟状的总苞内，通常生于一或长或短的总花梗上；花冠白色，管状，具三裂片；侧生退化雄蕊花瓣状，通常白色，常大于花冠裂片。果为蒴果。种子近球形。

城南森林公园有 1 种。

土田七
Stahlianthus involucratus (King ex Bak.) Craib

株高 15~30 cm。根茎块状，外面棕褐色，内面棕黄色，粉质，芳香而有辛辣味，根末端膨大成球形的块根。叶片倒卵状长圆形或披针形，长

10~18 cm，宽 2~3.5 cm，绿色或染紫色；花白色；花冠管长 2.5~2.7 cm，裂片长圆形，后方的一片稍较大，顶端具小尖头；侧生退化雄蕊倒披针形；唇瓣倒卵状匙形，白色，中央有杏黄色斑，内被长柔毛，唇瓣与侧生退化雄蕊卷成筒状，露出于总苞之上。花期 5~6 月。

见于水南村；生于路旁。分布于中国广东、广西、福建、云南。印度也有分布。块茎药用，能活血散瘀、消肿止痛。

3. 姜属 Zingiber Boehm.

多年生草本。根茎块状，地上茎直立。叶片长圆形或披针形，排成两列。花序通常为顶生的圆锥花序、总状花序或穗状花序，蕾时常包藏于佛焰苞状的总苞片中；具苞片及小苞片或无；小苞片扁平、管状或有时包围着花蕾；唇瓣比花冠裂片大，显著，常有美丽的色彩，有时顶端 2 裂。果为蒴果，干燥或肉质，通常开裂。种子多数，有假种皮。

城南森林公园有 1 种。

蘘荷
Zingiber mioga (Thunb.) Rosc.

株高 0.5~1 m。根茎淡黄色。叶片披针状椭圆形或线状披针形，长 20~36 cm，叶面无毛，叶背无毛或被稀疏的长柔毛，顶端尾尖；叶柄长 0.5~1.7 cm 或无柄；叶舌膜质。穗状花序椭圆形，被长圆形鳞片状鞘；苞片覆瓦状排列，椭圆形，红绿色，具紫脉。果倒卵形，3 裂，果皮里面鲜红色。种子黑色，被白色假种皮。花期 8~10 月。

见于葛布村；生于山谷中阴湿处。分布于中国华南地区及安徽、江苏、浙江、湖南、江西、贵州。日本也有分布。根茎药用，可温中理气、祛风止痛、消肿、活血散瘀；花序药用可治咳嗽；嫩花序、嫩叶可作蔬菜食用。

293. 百合科 Liliaceae

多年生草本，很少为亚灌木、灌木或乔木状，常具根状茎、块茎或鳞茎。叶基生或茎生，后者多为互生，较少为对生或轮生，通常具弧形平行脉，极少具网状脉。花两性，很少为单性异株或杂性，通常辐射对称，极少稍两侧对称；花被片常 6 枚，常花冠状。果实为蒴果或浆果，较少为坚果。种子具丰富的胚乳。

城南森林公园有 2 属，2 种。

1. 山菅兰属 Dianella Lam.

多年生常绿草本；根状茎通常分枝。叶近基生或茎生，二列，狭长，坚挺，中脉在背面隆起。花常排成顶生的圆锥花序，有苞片，花梗上端有关节；花小，花被片离生；子房 3 室；花药基着，顶孔开裂。浆果常蓝色，具几粒黑色种子。

城南森林公园有 1 种。

山菅兰（山菅、老鼠砒）

Dianella ensifolia (L.) DC.

植株高可达 1~2 m。根状茎圆柱状，横走。叶狭条状披针形，长 30~80 cm，宽 1~2.5 cm，基部稍收狭成鞘状，套叠或抱茎，边缘和背面中脉具锯齿。顶生圆锥花序长 10~40 cm，分枝疏散；花绿白色、淡黄色至青紫色，常多朵生于侧枝上端。浆果近球形，深蓝色或蓝紫色。种子 5~6 粒，卵形。花果期 3~8 月。

见于城南森林公园纪念碑至山顶，较常见；生于山坡林下、路旁。分布于中国华南、华东、西南地区。亚洲热带地区至非洲的马达加斯加岛也有分布。根状茎有毒，可作灭鼠药；根状茎磨干粉，调醋外敷，可治痈疮脓肿、癣、淋巴结炎等。

2. 萱草属 Hemerocallis L.

多年生草本，具很短的根状茎。根常多少肉质，中下部有时有纺锤状膨大。叶基生，二列，带状。花葶从叶丛中央抽出，顶端具总状或假二歧状的圆锥花序，较少花序缩短或只具单花；花梗一般较短；花直立或平展，近漏斗状，下部具花被管。蒴果钝三棱状椭圆形或倒卵形，表面常略具横皱纹，室背开裂。种子黑色，有棱角。

城南森林公园有 1 种。

黄花菜

Hemerocallis citrina Baroni

根近肉质，中下部常纺锤状膨大。叶 7~20 枚，基生，狭长，呈箭形，长 0.5~1.3 m，宽 0.6~2.5 cm。花葶长短不一，一般稍长于叶，基部三棱形，上部多少圆柱形，有分枝；花被淡黄色，有时在花蕾时顶端带黑紫色。蒴果钝三棱状椭圆形。种子 20 多粒，黑色，有棱。花果期 5~9 月。

见于水南村；生于林缘灌丛中。分布于中国秦岭以南各地（不包括云南）以及河北、山西和山东。花经过蒸、晒，加工成干菜，可食用，还有健胃、利尿、消肿等功效；根可以酿酒；叶可以造纸和编织草垫。

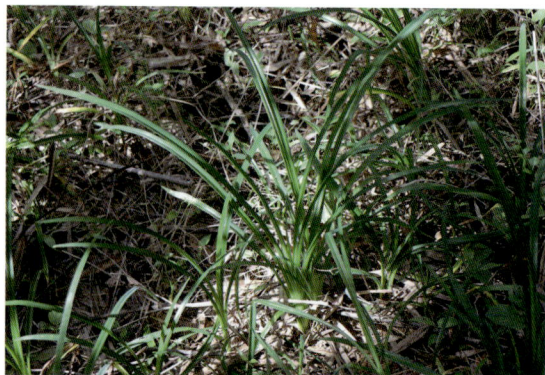

297. 菝葜科 Smilacaceae

攀缘灌木，稀草本。茎枝有刺或无刺。叶互生；叶柄两侧常有翅状鞘，有卷须或无，柄上有脱落点。伞形花序或伞形花序组成复花序；花常单性，雌雄异株，稀两性；花被片6枚；花药基着；子房上位，2~3室。果为浆果。种子少数。

城南森林公园有2属，3种，1变种。

1. 肖菝葜属 Heterosmilax Kunth

无刺灌木，攀缘，少有直立。叶纸质，少有近革质；叶柄具或不具卷须，在上部有一脱落点。伞形花序生于叶腋或鳞片腋内；总花梗常多少扁平；花小，雌雄异株。浆果球形；花被片合生成筒状。浆果球形。种子1~3粒。

城南森林公园有1种。

合丝肖菝葜

Heterosmilax gaudichaudiana (Kunth) Maxim.

攀缘灌木。小枝有钝棱。叶纸质，有时革质，宽卵形，稀卵状披针形，长4~14 cm，宽2~13 cm，主脉5~7条；叶柄长约13 cm。伞形花序有花20~50朵，生于叶腋或生于褐色的苞片内；总花梗长2~3.5 cm，极少长达9 cm以上；花梗长约9 cm，较少1.5 cm，在果期多数略伸长而变粗；花丝几乎全部合生。浆果球形，稍扁，熟时紫黑色。花期6~8月，果期7~11月。

见于城南森林公园大径材区；生于林中或路边杂木林下。产中国华南地区及福建。越南也有分布。

2. 菝葜属 Smilax L.

攀缘或直立小灌木。枝条常有刺。叶互生，具3~7条主脉和网状细脉；叶柄两侧常具翅状鞘，鞘上方有1对卷须或无卷须。花小，单性异株，排成伞形花序；花序托常膨大，有时稍伸长，而使伞形花序多少呈总状；花被片6片，离生，有时靠合。浆果常球形，具少数种子。

城南森林公园有2种，1变种。

1. 菝葜

Smilax china L.

攀缘灌木。根状茎粗厚，坚硬，为不规则的块状，疏生刺。叶薄革质或坚纸质，长3~10 cm，圆形或卵形，下面通常淡绿色，较少苍白色，几乎都有卷须，脱落点位于靠近卷须处。伞形花序生于叶尚幼嫩的小枝上，具十几朵或更多的花，常呈球形；花序托稍膨大，近球形，较少稍延长；花绿黄色，内花被片稍狭。浆果球形，熟时红色，有粉霜。花期2~5月，果期9~11月。

见于龙井村；生于林缘灌丛中或山坡。分布于中国长江流域以南各地。东南亚也有分布。根状茎可以提取淀粉和栲胶，或用来酿酒。

2. 土茯苓（光叶菝葜）

Smilax glabra Roxb.

攀缘灌木。根状茎粗厚，块状，枝条光滑，无刺。叶薄革质，狭椭圆状披针形至狭卵状披针形，长6~15 cm，宽1~7 cm，先端渐尖，下面通常绿色，有时带苍白色，有卷须，脱落点位于近顶端；叶柄不具披针形的耳状鞘。伞形花序常有10余花；花序梗长1~5 mm，常短于叶柄；花序梗与叶柄之间有芽；花序托膨大，多少呈莲座状，宽2~5 mm；花绿白色，六棱状球形。浆果球形，熟时紫黑色，具粉霜。花期7~11月，果期11月至翌年4月。

见于城南森林公园纪念碑至山顶、葛布村、水南村；生于林下、灌丛中及林缘。分布于中国甘肃和长江流域以南各地，直到台湾、海南和云南。越南、泰国和印度也有分布。根状茎入药，称土茯苓，利湿热解毒，健脾胃，且富含淀粉，可用来制糕点或酿酒。

本种与筐条菝葜 *Smilax corbularia* Kunth 近似，但本种叶柄不具披针形的耳状鞘，叶背通常绿色，花六棱状球形，可以区分。

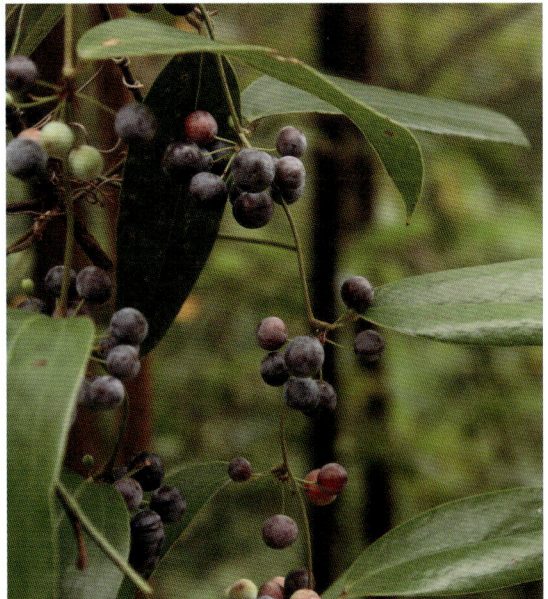

3. 暗色菝葜

Smilax lanceifolia Roxb. var. **opaca** A. DC.

攀缘灌木。茎长 1~2 m，枝条无刺或少有具疏刺。叶通常革质，卵状矩圆形、狭椭圆形至披针形，长 6~17 cm，宽 2~8 cm，先端渐尖或骤凸，基部圆形或宽楔形，表面有光泽；叶柄长 1~2（2.5）cm，常有卷须。伞形花序通常单个生于叶腋，具几十朵花；总花梗一般长于叶柄；花序托稍膨大，果期近球形；花黄绿色。浆果直径 6~7 mm，熟时黑色，有 1~2 粒种子。花期 9~11 月，果期翌年 11 月。

见于城南森林公园纪念碑；生于林下灌丛中。分布于中国华南、华东、西南地区。中南半岛至印度尼西亚也有分布。

302. 天南星科 Araceae

草本植物，具块茎或伸长的根茎，稀为攀缘灌木或附生藤本，富含苦味水汁或乳汁。叶片全缘时多为箭形、戟形，或掌状、鸟足状、羽状或放射状分裂，大都具网状脉，稀具平行脉。花小或微小，常极臭，排列为肉穗花序；花序外面有佛焰苞包围。果为浆果，极稀紧密结合而为聚合果。种子圆形、椭圆形、肾形或伸长，外种皮肉质，有的上部流苏状。

城南森林公园有 3 属、3 种。

1. 海芋属 Alocasia (Schott) G. Don

多年生草本。茎粗厚，短缩，大都为地下茎，稀上升或为直立地上茎，密布叶柄痕。叶具长柄，下部多少具长鞘；叶片幼时通常盾状，成年植株的多为箭状心形，边缘全缘或浅波状。肉穗花序短于佛焰苞，粗厚，圆柱形；花序柄后叶抽出，常多数集成短缩的、具苞片的合轴。种子近球形，直立，有不明显的种阜，表皮薄，种皮厚，光滑。

城南森林公园有 1 种。

海芋（野山芋）

Alocasia macrorhiza (L.) Schott

大型草本植物，具匍匐根茎，有直立的地上茎。叶多数，长 50~90 cm，叶柄绿色或污紫色，螺状排列，粗厚，展开；叶片革质，草绿色，箭状卵形，边缘波状。花序柄 2~3 枚丛生，圆柱形，长 12~60 cm，通常绿色，有时污紫色。佛焰苞管部绿色，长 3~5 cm，卵形或短椭圆形；檐部蕾时绿色，花时黄绿色、绿白色。浆果红色，卵状。花果期 4~8 月。

见于城南森林公园正门附近、锦城公园；生于林缘、灌丛、沟边。分布于中国南部各地。南亚及东南亚也有分布。根茎供药用，对腹痛、霍乱、疝气等有良效；兽医用以治牛伤风、猪丹毒；本种有毒，宜慎用。

2. 天南星属 Arisaema Mart.

多年生草本，具块茎。叶柄多少具长鞘，常与花序柄具同样的斑纹；叶片 3 浅裂、3 全裂或 3 深裂，有时鸟足状或放射状全裂，裂片 5~11 或更多，卵形、卵状披针形、披针形，全缘或有时啮齿状，无柄或具柄。佛焰苞管部席卷，圆筒形或喉部开阔，喉部边缘有时具宽耳。肉穗花序单性或两性，雌花序花密。浆果倒卵圆形，倒圆锥形，1 室。种子球状卵圆形，具锥尖。

城南森林公园有 1 种。

天南星（南星、蛇头蒜）

Arisaema heterophyllum Blume

块茎扁球形，直径 2~4 cm，顶部扁平，周围生根。鳞芽 4~5，膜质。叶常单一，叶柄圆柱形，粉绿色，长 30~50 cm，下部 3/4 鞘筒状，鞘端斜截形；叶片鸟足状分裂，裂片 13~19，有时更少或更多，倒披针形、长圆形、线状长圆形，基部楔形，先端骤狭渐尖，全缘，暗绿色，背面淡绿色。佛焰苞管部圆柱形，粉绿色，内面绿白色，喉部截形。肉穗花序两性和雄花序单性。浆果黄红色、红色，圆柱形，内有棒头状种子 1 枚。花期 4~5 月，果期 7~9 月。

见于葛布村；生于林下、路旁。除西北、西藏外，中国大部分省区都有分布。块茎含淀粉多，可制酒精、糊料，但有毒；入药称天南星，为历史悠久的中药之一，能解毒消肿、祛风定惊、化痰散结，外用治疗疮肿毒、毒蛇咬伤、灭蝇蛆；用胆汁处理过的称胆南星，主治小儿痰热、惊风抽搐。

3. 石柑属 Pothos L.

　　附生、攀缘灌木或亚灌木。枝下部具根，上部披散。芽腋生或穿通叶鞘而为腋下生。叶柄叶状，平展，上端呈耳状；叶片线状披针形、披针形或卵状披针形、椭圆形、卵状长圆形，多少不等侧。佛焰苞卵形；肉穗花序球形、椭圆形或卵形；花两性。浆果椭圆状、倒卵状，红色。种子扁椭圆形，中部着生，种皮稍厚，无胚乳。

　　城南森林公园有 1 种。

石柑子
Pothos chinensis (Raf.) Merr.

　　附生藤本。茎亚木质，淡褐色，近圆柱形，具纵条纹；枝下部常具鳞叶；鳞叶线形，锐尖，具多数平行纵脉。叶片纸质，椭圆形，披针状卵形至披针状长圆形，长 6~13 cm，表面深绿色，背面淡绿色，先端渐尖至长渐尖，常有芒状尖头，基部钝；中肋

在表面稍下陷，背面隆起，弧形上升。花序腋生；佛焰苞卵状；肉穗花序短，椭圆形。浆果黄绿色至红色，卵形或长圆形。花果期四季。

　　见于葛布村；生于阴湿密林中，常匍匐于石上或附生于树干。分布于中国长江以南各地。越南、老挝、泰国也有分布。全株入药，能清热解毒。

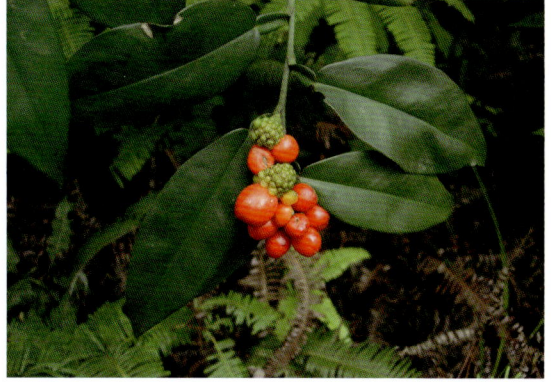

311. 薯蓣科 Dioscoreaceae

　　缠绕草质或木质藤本，稀矮小草本，具根状茎或块茎。茎左旋或右旋，有刺或无刺。叶互生，有时中部以上对生，单叶或掌状复叶，复叶的小叶有基出脉 3~9 条，侧脉网状；叶柄扭转，有时基部有关节。花单性或两性，雌雄异株，稀同株；花单生、簇生或排列成穗状、总状或圆锥花序；雄花花被片 6 片，2 轮，基部合生或离生。果为蒴果、浆果或翅果；蒴果三棱形，每棱翅状。种子有翅或无翅，有胚乳。

　　城南森林公园有 1 属，1 种。

薯蓣属 Dioscorea L.

　　缠绕藤本，具根状茎或块茎。叶为单叶或掌状复叶，互生，有时中部以上对生，基出脉 3~9 条，叶腋有珠芽或无。花单性，雌雄异株，稀同株。蒴果三棱形，每棱翅状，成熟后顶端开裂。种子着生于果轴，有膜质翅。

　　城南森林公园有 1 种。

薯蓣（山药、淮山、面山药）
Dioscorea polystachya Turcz.

　　缠绕草质藤本。块茎长圆柱形，垂直生长，断面干时白色。茎通常带紫红色，右旋，无毛。叶为单叶，在茎下部的互生，中部以上的对生，很少 3 叶轮生；叶片变异大，卵状三角形至宽卵形或戟形，长 3~10 cm，宽 2~10 cm，顶端渐尖，

基部深心形、宽心形或近截形、边缘常 3 浅裂至 3 深裂。叶腋内常有珠芽。雌雄异株。蒴果不反折，三棱状扁圆形或三棱状圆形，长 1.2~2 cm，宽 1.5~3 cm，外面有白粉。种子四周有膜质翅。花期 6~9 月，果期 7~11 月。

见于城南森林公园正门至生态步道、水南村、葛布村、龙井村至山顶，较常见；生于疏林下或林缘。分布于中国华南、华中、华北地区。块茎药食同源，具有益气养阴、补脾肺肾、固精止带之功效。

本种与黄独 *Dioscorea bulbifera* L. 近似，区别在于后者块茎圆形，茎左旋。

314. 棕榈科 Palmaceae

灌木、藤本或乔木，茎通常不分枝或近丛生，表面平滑或具叶痕。叶互生，羽状或掌状分裂；叶柄基部通常扩大成具纤维的鞘。花单性或两性，雌雄同株或异株，组成佛焰花序或肉穗花序，鞘状或管状；花萼和花瓣各 3 片，离生或合生，覆瓦状或镊合状排列。果实为核果或硬浆果，果皮光滑或有毛、有刺、粗糙或被以覆瓦状鳞片。种子通常 1 粒，有时 2~3 粒，或更多。

城南森林公园有 5 属，5 种。

1. 假槟榔属 Archontophoenix H. Wendl. et Drude

乔木状，单生，茎高而细，具明显环状叶痕。叶生于茎顶，羽状全裂，裂片线状披针形，先端渐尖或具 2 齿，叶背面由于被极小的银色鳞片而呈灰色，中脉明显，横小脉不明显；叶轴很长，上面扁平，侧面具沟槽，被鳞片和褐色小斑点；叶柄短，上面具沟槽，叶鞘管状，形成明显的冠茎。花雌雄同株，多次开花结实。花序生于叶下，芽时直立；花序轴上的佛焰苞短，具波缘或突出锐利的齿。果实球形至椭圆体形，淡红色至红色。种子椭圆形至球形。

城南森林公园有 1 种。

* 假槟榔

Archontophoenix alexandrae (F. Muell.) H. Wendl. et Drude

乔木状，高 10~25 m，径约 15 cm，圆柱状，基部略膨大。叶羽状全裂，生于茎顶，长 2~3 m，羽片呈二列排列，线状披针形，长 35~45 cm，宽 1.2~2.5 cm，先端渐尖，叶面绿色，叶背面被灰白色鳞秕；叶轴和叶柄厚宽。花序生于叶鞘下，呈圆锥花序式，长 30~40 cm，花序轴略具棱且弯，具 2

个鞘状佛焰苞，长约 45 cm；花雌雄同株，白色。果卵球形，红色，长 12~14 mm。

锦城公园有栽培。中国华南及云南、福建、台湾等地有栽培。原产澳大利亚东部。树形优美，供园林绿化。

本种与槟榔 *Areca catechu* L. 相似，不同在于后者树干接近叶子处为绿色，大叶片不下弯，上面的小叶片的叶尖指向上方。

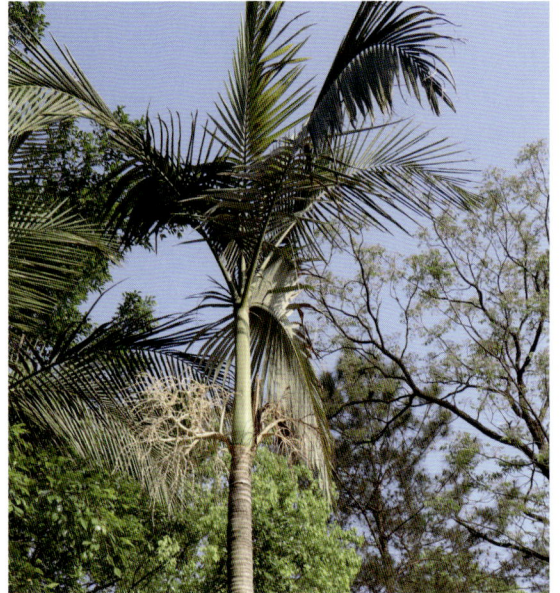

2. 省藤属 Calamus L.

攀缘藤本或直立灌木，丛生或单生。叶鞘、叶柄和叶轴常具刺；叶羽状全裂，羽片单片或数片成组着生于叶轴两侧，线形、披针形、剑形、卵形或椭圆形，基部变狭，先端渐尖或急尖，常具刚毛；托叶鞘宿存或凋落。肉穗花序自叶鞘上抽出，具一至三回分枝，着生于花序主轴上的一级佛焰苞为长管状或鞘状，有刺或无刺，罕为纵裂的扁平状或薄片状。果实球形、卵球形或椭圆形，顶端具短的宿存花柱，外果皮薄壳质，被以紧贴的覆瓦状排列的鳞片。种子 1 粒或极少为 2~3 粒。

城南森林公园有 1 种。

毛鳞省藤

Calamus thysanolepis Hance

灌木状藤本，有茎，丛生，高 2~3 m。藤黄白色。叶羽状全裂，长 1~3 m，顶端无纤鞭；羽片两面黄绿，每 2~6 片丛生，指向各异，剑形，长 30~37 cm，叶脉及边缘疏被微刺，叶轴下单生爪状刺；叶柄疏被黑尖直刺。雄花序长约 15 cm，雄花长约 4.5 mm；

雌花序粗壮，长约 20 cm。果被梗状；果宽卵状椭圆形，长约 1.5 cm，具短圆锥状喙，鳞片 18~27 纵列，中央无槽，淡红黄色，向顶端淡红褐色，边缘具细流苏状纤毛。花期 6~7 月，果期 9~10 月。

见于龙井村；生于林下灌丛中。分布于中国广东、香港、江西、湖南、福建、浙江等地。

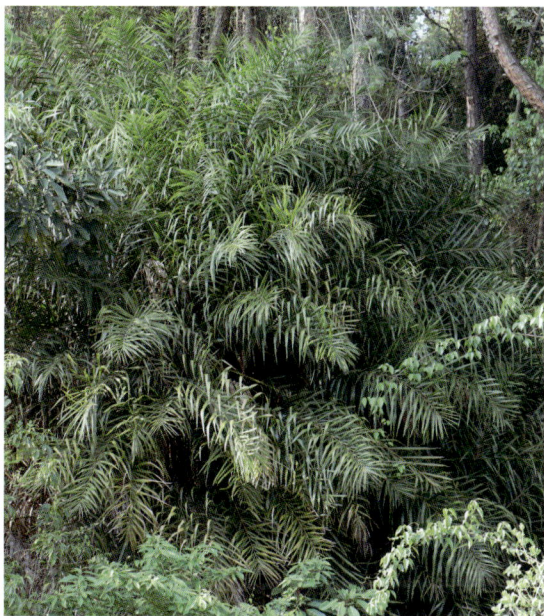

3. 鱼尾葵属 Caryota L.

植株矮小至乔木状，茎裸露或被叶鞘，具环状叶痕。叶大，聚生于茎顶，二回羽状全裂；羽片菱形、楔形或披针形，先端极偏斜，有不规则齿缺，状如鱼尾；叶柄基部膨大，叶鞘纤维质。佛焰苞 3~5 枚，管状；花序腋生，分枝，长而下垂；花单性，雌雄同株，通常 3 朵聚生，中间 1 朵较小为雌花，花瓣 3 枚，镊合状排列；雄花萼片 3 枚，离生，覆瓦状排列。果实近球形，有种子 1~2 粒。

城南森林公园有 1 种。

* 短穗鱼尾葵

Caryota mitis Lour.

小乔木状，高 5~8 m。茎绿色，有吸枝，聚生成丛。叶二回羽状全裂，长 1~4 m，裂片淡绿色，质薄而脆，长 10~20 cm，侧生的顶端近截平，内侧边缘不及一半处有齿缺，外侧边缘延伸成一短尖；叶柄和叶鞘被褐黑色鳞秕。总苞和花序有鳞秕，花序较短，长 30~40 cm，多分枝，下垂；雄花花瓣为狭长圆形，淡绿色，雌花花瓣为卵状三角形。果球形，直径 1.2~1.8 cm，成熟时紫红色，具 1 粒种子。

锦城公园有栽培。分布于中国海南、广西。亚洲热带其他地区亦有分布。茎髓心含淀粉，可食；花序液含糖分，供制糖或制酒。

本种与鱼尾葵 Caryota maxima Blume ex Martius 近似，不同在于后者茎单生，乔木状，果熟时红色。

4. 蒲葵属 Livistona R. Br.

乔木。茎直立，具环状叶痕。叶大，掌状分裂至中部或中部以下，裂片多数，线形或线状披针形，先端 2 裂；叶柄长，两侧多少具刺或齿或几乎无刺，顶端上面具小戟突；叶鞘具棕色网状纤维。肉穗圆锥花序腋生，具管状佛焰苞，多分枝，果时下垂；花两性，小，单生或簇生。核果球形、卵球形、椭圆形或长圆形，外果皮肉质，平滑。

城南森林公园有 1 种。

* 蒲葵

Livistona chinensis (Jacq.) R. Br.

乔木，高 5~20 m。叶阔肾状扇形，径达 1 m 以上，掌状深裂至中部，裂片披针形，宽 1.8~2 cm，2 深裂成丝状下垂裂片，两面绿色；叶柄长 1~2 m，下部两侧有黄绿或淡褐短逆刺。肉穗圆锥花序长达 1 m 或更长，腋生，具约 6 个分枝花序，总梗具 6~7 个棕色佛焰苞，革质筒形；分枝花序长 10~20 cm；花两性，黄绿色，长约 2 mm；萼片 3 枚，覆瓦状排列；花冠 2 倍长于花萼。核果橄榄形，长 1.8~2.2 cm，径 1~1.2 cm，黑褐色。

锦城公园有栽培。分布于我国华南地区及云南、台湾、福建。各地普遍栽培供观赏。越南及日本也有分布。叶可制葵扇、蓑衣。果实、根和叶可供药用。

5. 棕竹属 Rhapis L. f. ex Ait.

灌木状，茎细如竹，多数丛生，上部常被网状纤维叶鞘所包。叶聚生于茎顶，掌状深裂几乎达基部，裂片数折、平截、内折。花单性，雌雄异株或杂性，肉穗花序腋生，具 2~4 佛焰苞；花萼和花冠 3 齿裂；雄蕊 6 枚。果球形或倒卵形。种子单生，球形或近球形。

城南森林公园有 1 种。

* 棕竹

Rhapis excelsa (Thunb.) Henry ex Rehd.

丛生灌木，高 2~3 m。茎圆柱形，有节，径 2~3 cm。叶掌状，4~10 深裂，裂片条状披针形，长 20~30 cm，具 2~5 肋脉，先端平截，边缘有不规则锯齿，横脉多而明显；叶柄长 8~20 cm，稍扁平，截面椭圆形；叶鞘淡黑色，裂成粗纤维质网状。肉穗花序长达 30 cm，具 2~3 分枝花序，每分枝花序具一至二回分枝，总花序梗及分枝花序梗基部各有 1 枚佛焰苞；佛焰苞管状，被棕色弯卷茸毛。花单性，雌雄异株；雄花长约 3 mm，淡黄色，无梗，成熟时花冠管伸长，花时棍棒状椭圆形，长 5~6 mm；花萼杯状，3 深裂。果实球状倒卵形。种子球形。花期 6~7 月。

锦城公园有栽培。分布于中国南部至西南部。日本也有分布。南方普遍栽培作庭园观赏树。秆可作手杖和伞柄。根和叶鞘可药用，具有收敛止血的功效。

326. 兰科 Orchidaceae

地生、附生或腐生草本，稀攀缘藤本，具根状茎或假鳞茎。叶基生或茎生，扁平、圆柱状或两侧扁，基部具或无关节。花莛顶生或侧生；花两性，排成总状花序或圆锥花序，稀头状花序或单花；花被片 6 枚，排成 2 轮；外轮 3 枚为萼片，中萼片常直立而与花瓣靠合或黏合成兜状，侧萼片斜歪；内轮侧生 2 枚为花瓣，中央 1 枚常成各种奇特形状，不同于 2 枚侧生花瓣称为唇瓣。果常为蒴果，较少荚果状，具极多种子。

城南森林公园有 2 属，2 种。

1. 虎舌兰属 Epipogium J. F. Gmel. ex Borkh.

腐生草本，地下具根状茎或肉质块茎。茎直立，有节，肉质，无绿叶，通常黄褐色，疏被鳞片状鞘。总状花序顶生，具数朵或多数花；花苞片较小；花常多少下垂；萼片与花瓣相似，离生，有时多少靠合；唇瓣较宽阔，3 裂或不裂，肉质，凹陷，基部具宽大的距；唇盘上常有带疣状突起的纵脊或褶片；蕊柱短。

城南森林公园有 1 种。

虎舌兰

Epipogium roseum (D. Don) Lindl.
[*E. sinicum* Tso]

腐生草本。植株高 20~45 cm，地下具块茎；块茎狭椭圆形或近椭圆形，直径 0.7~2 cm，肉质，横卧。茎直立，白色，肉质，无绿叶，具 4~8 枚白色、膜质的鞘。总状花序顶生，具 6~16 朵花；花苞片膜质，卵状披针形；花梗纤细，长 3~7 mm；花白色，不甚张开，下垂；萼片线状披针形或宽披针形，长 8~11 mm；花瓣与萼片相似，常略短而宽于萼片；唇瓣凹陷，不裂，卵状椭圆形。蒴果宽椭圆形，长 5~7 mm。花果期 4~6 月。

见于葛布村；生于密林下沟谷边。分布于中国广东、海南、云南、西藏东南部和台湾。越南、老挝、泰国、印度、尼泊尔、斯里兰卡、马来西亚、印度尼西亚、菲律宾、日本以及大洋洲和非洲热带地区也有分布。

2. 羊耳蒜属 Liparis L. C. Rich.

地生或附生草本。茎有时膨大或具假鳞茎。叶 1 至数枚，基生或顶生于假鳞茎上，草质、纸质至厚纸质，多脉，基部多少具柄，具或不具关节。花莛顶生，直立、外弯或下垂，常稍呈扁圆柱形并在两侧具狭翅；总状花序顶生于假鳞茎上；花苞片小，宿存；花小或中等大，扭转；萼片和花瓣常翻卷；花瓣通常比萼片狭，线形至丝状；唇瓣不裂或偶见 3 裂。蒴果球形至其他形状，常多少具 3 钝棱。

城南森林公园有 1 种。

见血青

Liparis nervosa (Thunb. ex A. Murray) Lindl.

地生草本。茎圆柱状，肥厚，肉质，有数节，常具叶鞘。叶2~5枚，卵形至卵状椭圆形，膜质或草质，先端近渐尖，全缘，基部狭下延成鞘状柄。花苞片小，三角形；花紫色；中萼片线形或宽线形，先端钝，边缘外卷；侧萼片狭卵状长圆形，稍斜歪，先端钝；花瓣丝状；唇瓣长圆状倒卵形，先端截形并微凹，基部收狭并具2个近长圆形的胼胝体。蒴果倒卵状长圆形或狭椭圆形。花期2~7月，果期8~10月。

见于葛布村；生于沟谷林下。分布于中国华东、西南地区。广泛分布于全世界热带与亚热带地区。

331. 莎草科 Cyperaceae

多年生草本，稀一年生，常具根状茎，少兼具小块茎，大多数具有三棱形的秆。叶基生和秆生，常具闭合的叶鞘和狭叶，或仅具鞘而无叶。花序有穗状花序、总状花序、圆锥花序、头状花序或长侧枝聚伞花序，小穗具2至多数花，或退化至仅具1花；花两性或单性，着生于鳞片腋间，鳞片覆瓦状螺旋排列或二列，无花被或花被退化成下位鳞片或下位刚毛；雄蕊常3枚；子房1室。果实为小坚果，三棱形、双凸状、平凸状或球形。

城南森林公园有2属，3种。

1. 薹草属 Carex L.

多年生草本，具地下根状茎。秆直立，三棱形，基部常具无叶的鞘。叶基生或兼具秆生叶，平张，少数边缘卷曲。苞片叶状，少数鳞片状或刚毛状。花单性，由1朵雌花或1朵雄花组成1个支小穗；小穗1至多数，单一顶生或多数时排列成穗状、总状或圆锥花序；雄花具3枚雄蕊，少数2枚，花丝分离；雌花具1个雌蕊，花柱稍细长，有时基部增粗，柱头2~3个；果囊三棱形、平凸状或双凸状，具或长或短的喙。小坚果较紧或较松地包于果囊内，三棱形或平凸状。

城南森林公园有2种。

1. 中华薹草

Carex chinensis Retz.

植株高20~55 cm，根状茎短，斜生，木质。秆丛生，高20~55 cm，纤细，钝三棱形，老叶鞘褐棕色，

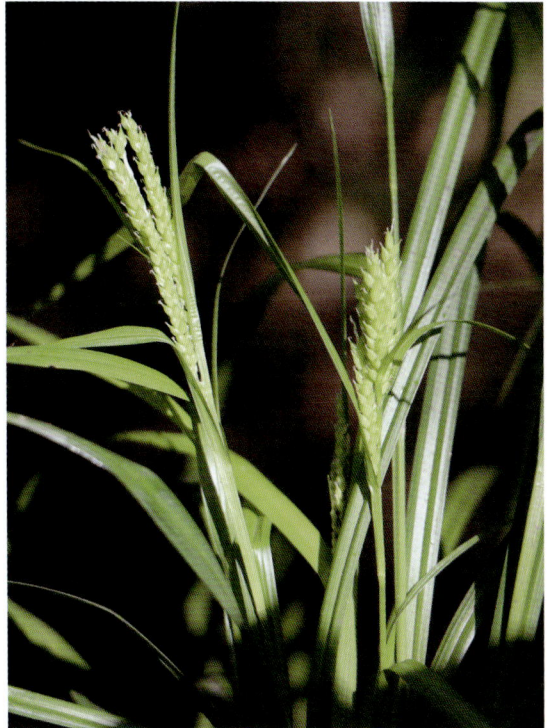

纤维状。叶长于秆，宽 3~9 mm，边缘粗糙，淡绿色，革质。苞片短叶状，具长鞘，鞘扩大；侧生小穗顶端和基部常具几朵雄花，花稍密，柄直立，纤细；雌花鳞片淡白色，3 脉绿色，具粗糙长芒。果囊长于鳞片，黄绿色；小坚果紧包于果囊中，菱形或三棱形，棱面凹陷，先端骤缩成短喙。

见于水南村；生于沟谷林下。分布于中国南方地区以及陕西、甘肃。

2. 隐穗薹草（隐囊薹草）

Carex cryptostachys Brongn

根状茎长，外被纤维状的残存老叶鞘。秆侧生，高 12~30 cm，扁三棱形，花葶状，柔弱。叶长于秆，宽 6~15 mm，平张，两面平滑，边缘粗糙，革质。苞片刚毛状，具鞘；小穗 6~10 个，几乎全为雄雌顺序，长圆形或圆柱形，长 8~25 mm，花疏生；雌花鳞片卵状长圆形，长约 2.2 mm，淡棕色或黄绿色。果囊长于鳞片，长圆状菱形至倒卵状纺锤形，长 4~5 mm，膜质，黄绿色，上部密被短柔毛。小坚果三棱状菱形，长 2.5~3 mm，棱的中部缢缩。花期冬季，翌年春季结果。

见于东门岭；生于疏林下。分布于中国华南及福建、台湾、云南等地。越南、泰国、马来西亚、印度尼西亚、菲律宾、澳大利亚也有分布。

2. 黑莎草属 Gahnia J. R. Forst. et G. Forst.

多年生草本，匍匐根状茎坚硬。秆高而粗壮，少有较细，圆柱状，有节，具叶。圆锥花序大而松散或紧缩呈穗状；小穗具 1~2 朵花，上面一朵两性花，下面一朵为雄花或不育；鳞片螺旋状覆瓦式排列，黑色或暗褐色，最上部的 2~3 片鳞片通常异形，在花期较小，结实时增大。小坚果骨质，卵球形、倒卵状球形或近纺锤形，或呈三棱形，成熟时具光泽。

城南森林公园有 1 种。

黑莎草

Gahnia tristis Nees

丛生，须根粗，具根状茎。秆粗壮，高 0.5~1.5 m，空心，有节。叶鞘红棕色，叶片狭长，极硬，硬纸质或近革质，顶端成钻形，边缘通常内卷，边缘及背面具刺状细齿。苞片叶状，具长鞘，边缘及背面亦具刺状细齿；圆锥花序紧缩成穗状，由 7~15 个卵形或矩形穗状枝花序所组成；小苞片鳞片状，纺锤形，具 8~10 枚鳞片；鳞片螺旋状排列。小坚果倒卵状长圆形，三棱形，平滑，具光泽。花果期 3~12 月。

见于城南森林公园纪念碑至山顶、生态长廊；生于山坡、路旁、灌丛中。分布于中国华南地区及湖南、福建。日本也有分布。茎、叶为造纸及制纤维板的原料；果可榨油。

332A. 竹亚科 Bambusoideae

乔木或灌木状。地下茎发达，木质化。叶二型；茎生叶单生于节上（称为箨），具箨鞘和无明显中脉的箨片，无柄；营养叶二行排列，互生于枝的中末级节上，叶片中脉显著。花常无柄，组成小穗，再组合成各种复合花序。

城南森林公园有 4 属，7 种。

1. 簕竹属 Bambusa Schreber

灌木或乔木状竹类，地下茎合轴型。秆丛生，通常直立，稀为攀缘状；节间圆筒形，秆环较平坦；秆下部分枝上所生的小枝有时短缩为硬刺或软刺。秆箨早落或迟落，稀有近宿存；箨鞘常具箨耳两枚，但亦稀可不甚明显或退化。叶片顶端渐尖，基部多为楔形，或可圆形乃至近心脏形，通常小横脉不显著。花序续次发生；小穗含 2 至多花；颖 1~3 枚，或缺失。颖果通常圆柱状，顶部被毛。

城南森林公园有 4 种。

1. 吊丝球竹

Bambusa beecheyana Munro
[*Dendrocalamopsis beecheyana* Munro]

秆高 10~16 m，顶梢弯曲成弧形或下垂如钓丝状，节间长 34~40 cm，幼时被白粉并具柔毛。秆箨大型，箨鞘近革质；箨耳在上部秆箨上的较大，下部秆箨者则较小；箨舌显著伸出，微截平，边缘具较深的裂齿；箨片卵状披针形，直立或外翻，背面无毛，腹面具纵行生长的短毛。叶片长圆状披针形，先端渐尖，叶缘具小锯齿，次脉 5~10 对。花枝细长，在秆上呈鞭状垂悬；假小穗单生或簇生于花枝各节，卵状披针形，紫色，体扁，长 1.5~2 cm；小穗含 6~8 朵小花；颖 2 片，稍呈心形，长 4~5 mm，无毛或生微毛。

见于水南村；生于林缘或路旁。分布于中国广东、广西和海南。其笋可供食用；秆可作引水管及担荷之用，亦可劈篾编结竹器。

2. 粉单竹

Bambusa chungii McClure

秆直立，顶端弯曲；秆壁厚 3~5 mm；箨环稍隆起，最初在节下生棕色刺毛环，后无毛。箨耳呈

窄带形，边缘生淡色繸毛；箨片淡黄绿色，卵状披针形，先端渐尖而边缘内卷，基部呈圆形向内收窄；秆的分枝习性高，无毛，被蜡粉；叶鞘无毛；叶片质地较厚，披针形乃至线状披针形，上表面沿中脉基部渐粗糙，下表面起初被微毛，后渐无毛，先端渐尖，基部的两侧不对称。花枝细长，无叶，通常每节仅生 1 或 2 枚假小穗，含 4 或 5 朵小花。颖果呈卵形，深棕色，腹面有沟槽。

见于水南村；生于沟边或路旁。分布于中国华南及福建、湖南南部、贵州、云南东南部。竹材韧性强，节间长，节平，适合劈篾编织竹器、绞制竹绳等，亦是造纸业的上等原料；竹丛疏密适中，可作庭园绿化用。

3. 撑篙竹
Bambusa pervariabilis McClure

秆高 7~10 m，尾梢近直立，下部挺直；节间通直，秆壁厚，基部数节具黄绿色纵条纹；节处稍有隆起；分枝常自秆基部第一节开始，坚挺，以数枝乃至多枝簇生，中央 3 枝较为粗长。箨鞘早落，薄革质；箨耳不相等，具波状皱褶；箨舌先端不规则齿裂，有时条裂并被短流苏状毛；箨片直立，易脱落。叶鞘边缘被短纤毛；叶片线状披针形。

假小穗以数枚簇生于花枝各节，线形；小穗含小花 5~10 朵，基部托以具芽苞片 2 或 3 片；颖仅 1 片，长圆形。颖果幼时宽卵球状。

见于水南村；生于沟边。分布于中国华南地区。竿材坚实而挺直，供建筑、棚架、撑竿、家具、编织材料。

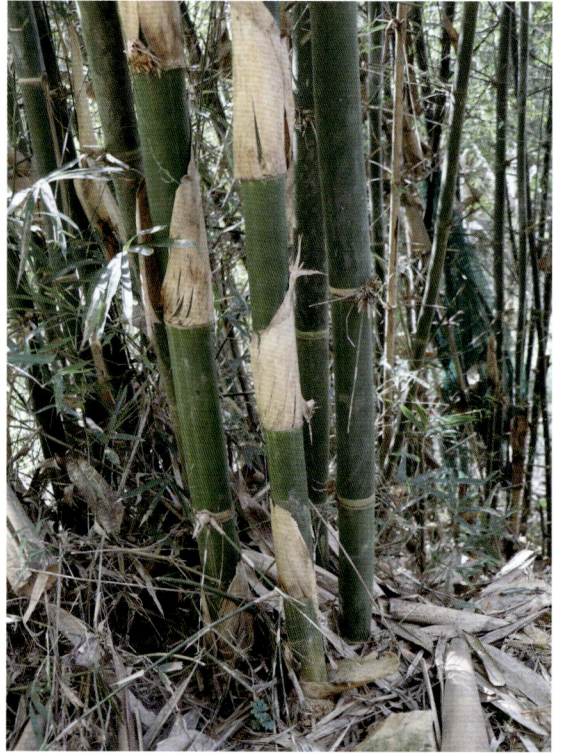

4. * 佛肚竹（罗汉竹）
Bambusa ventricosa McClure

秆异形，正常秆高 3~10 m，径 4~6 cm，中部节间长 20~30 cm，圆筒形，深绿色，无毛，下部数节的节内、节下均有白色毛环；畸形秆高 1~2.5 m，径 0.5~2 cm，中下部节间缩短、肿胀，呈瓶状。秆箨早落，箨鞘革质，顶部不对称拱形，背面无毛，初深绿色，后橘红色，干后浅草黄色；正常秆的箨耳较小，不等大，圆形或长圆形，畸形秆的箨耳镰形或长圆形；箨舌高不及 1 mm，具纤毛；箨叶三角形，直立，卵状披针形。小枝具 7~13 叶；叶鞘无毛，叶耳小，鞘口具繸毛，叶舌短；叶卵状披针形或长圆状披针形，长 12~21 cm，宽 1.6~3.3 cm，上面无毛，下面灰绿色，被柔毛，侧脉 5~9 对。假小穗单生或以数枚簇生于花枝各节，线状披针形，稍扁；小穗含两性小花 6~8 朵。

龙井村有栽培。分布于中国广东。秆形奇特，常栽培供观赏。

2. 箬竹属 Indocalamus Nakai

灌木状竹类，地下茎单轴型或复轴型。秆散生或丛生，节间圆筒形；每节 1 分枝，枝常直展，多分支至 2~3 枝。秆箨宿存，紧抱主秆。叶鞘宿存；叶片常大型，侧脉多数。花序呈总状或圆锥状，顶生；小穗多数，具柄，小花数朵，颖片 2，先端渐尖或尾尖。外稃具数脉，先端渐尖或尾尖；内稃先端常 2 裂，背部具 2 脊；鳞被 3，近等长；花柱分离或基部连合，柱头 2，羽毛状。果为颖果。笋期常为春夏季。

城南森林公园有 1 种。

箬竹

Indocalamus tessellatus (Munro) Keng. f.

秆高 0.8~2 m，直径约 6 mm，中部节间长 10~20 cm，圆筒形，无毛，有白粉，节下尤明显，秆环平。秆箨长于节间，被棕色刺毛，边缘有棕色纤毛；无箨耳和繸毛，或具少数繸毛；箨叶披针形或线状披针形，长达 5 cm，不抱茎，易脱落。每小枝 2~4 片叶；叶鞘无毛；叶椭圆状披针形，长 40~50 cm，宽 7~11 cm，下面沿中脉一侧有一行细毛，余无毛，侧脉 15~17 对，网脉甚明显；叶柄长约 1 cm，上面有柔毛。花序、小穗及小穗柄被柔毛；小穗绿色带紫色，长 2~2.5 cm，几乎呈圆柱形，含 5 或 6 朵小花。笋期 4~5 月。

见于葛布村；生于山坡林下。分布于中国广东、浙江、湖南等地。叶片大型，可用以衬垫茶篓或包裹粽子。

3. 刚竹属 Phyllostachys Siebold et Zucc.

常为乔木状竹类，地下茎单轴型，顶芽横生成竹鞭，部分侧芽出土成竹。秆圆筒形；节间在分枝的一侧扁平或具浅纵沟。秆每节分 2 枝，一粗一细。秆箨早落；箨鞘纸质或革质。末级小枝具 1~7 叶，通常为 2 或 3 叶；叶片披针形至带状披针形，下面基部常生有柔毛。花枝甚短，呈穗状至头状，基部的内侧具先出叶，叶上还有 2~6 片鳞片状苞片，苞片上方是佛焰苞 2~7 片，佛焰苞内具 1~7 枚假小穗；小穗含 1~6 朵小花，上部小花常不孕；外稃披针形至狭披针形；内稃背部具 2 脊；鳞被 3 枚。颖果长椭圆形至线状披针形。

城南森林公园有 1 种。

毛竹（楠竹）

Phyllostachys edulis (Carrière) J. Houz.
[*P. heterocycla* var. *pubescens* (Mazel ex J. Houz.) Ohwi.]

高大乔木状，秆散生，高可达 20 余米，径 10~12 cm 或更粗。秆中部节间长可达 40 cm，

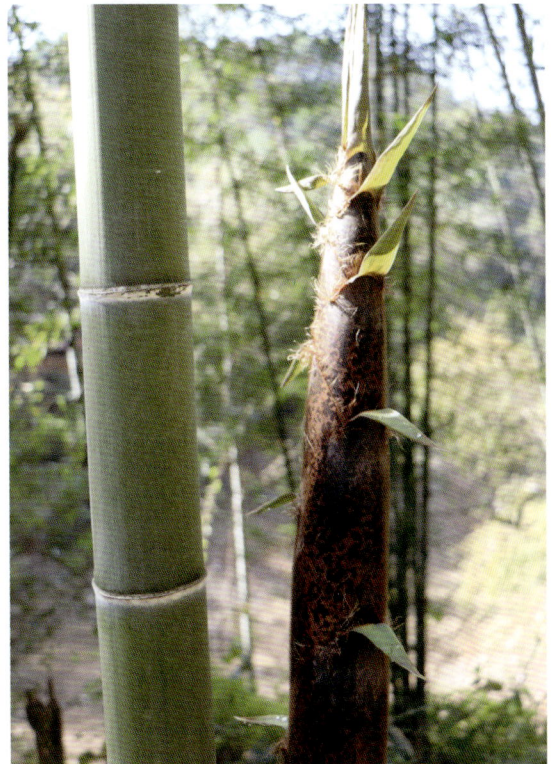

密被细柔毛，有白粉；秆环不明显。秆箨厚革质，长于节间，密被毛和深褐色斑块；箨耳显著，镰刀形，暗淡紫色或褐色，边缘有粗而长的刚毛；箨叶三角形至披针形。秆每节 2 分枝。每小枝有 2~3 叶；叶片披针形，长 4~11 cm，宽 0.5~1.4 cm。花枝单生，不具叶；苞片覆瓦状排列；颖 1 枚，苞片状。笋期 3~5 月。

见于城南森林公园纪念碑至山腰，栽培或逸为野生。分布自中国秦岭、汉水流域至长江流域以南和台湾。竹材供编织、棚架等用，也可制竹胶合板；笋味鲜美，可供食用，冬笋尤佳。

4. 矢竹属 Pseudosasa Makino ex Nakai

小乔木状竹类，地下茎复轴型，秆直立，散生；节间圆筒形，中空，长 20~30 cm；秆环较平坦；秆的每节具 1 芽，生出 1~3 枝。秆箨宿存或迟落；箨鞘质常较厚；箨片直立或展开，早落。小枝具多叶；叶片长披针形，小横脉显著。花序呈总状或圆锥状，顶生，花序轴明显；小穗具柄，线形，含 2~10 朵小花，稀或更多花；颖片 2 个；外稃可作镰状弯曲，具多条纵脉和小横脉；内稃背部有 2 脊和沟槽；鳞被 3 枚。颖果无毛，具纵长腹沟。

城南森林公园有 1 种。

箬竹

Pseudosasa hindsii (Munro) S. L. Chen et G. Y. Sheng ex T. G. Liang

秆高 3~5 m，直径约 1 cm。节间深绿色，长 20~36 cm，基生者无毛，上间节间有毛，幼时节下方具白霜。秆每节分 3~5 枝，枝直立，贴秆。箨鞘宿存，革质，背部疏生白色或淡棕色刺毛，先端圆拱形；箨耳镰形，生有弯曲的刚毛；箨舌拱形，高 2~3 mm；箨片直立，宽卵状披针形，基部略向内收窄，与箨鞘顶部几乎等宽，先端渐尖。每小枝具 4~9 叶；叶片线状披针形或狭长圆形，无

毛或背面稍有毛，具 3~5 对次脉，基部楔形。花序细长，具 2~5 枚小穗；小穗柄直立，小穗含 4~16 朵小花，长 2.3~5.5 cm，淡绿色；颖 2，近于等长或第一颖较小。笋期 5~6 月，花期 7~8 月。

见于水南村；生于山坡。分布于中国广东、香港、广西、福建、江西等地。

332B. 禾亚科 Agrostidoideae

草本，稀灌木或乔木。根有较多须根。茎多直立，或匍匐状，常具明显节或节间，节间中空。叶在节上单生，有时密集于秆的基部，互生，成二列，由叶鞘、叶舌及叶片组成。花序为由小穗组成的圆锥花序、穗状花序或总状花序，单生，指状着生，或沿一主轴排列，常顶生，有时为有叶的假圆锥花序；小穗由苞片组成。果实多为颖果。

城南森林公园有 16 属，17 种，3 变种。

1. 芦竹属 Arundo L.

多年生草本，高大如芦苇状，具长根茎。秆直立，粗壮，具多数节。叶鞘平滑无毛；叶舌纸质，背面及边缘具毛；叶片宽大，线状披针形，平展。圆锥花序大型，顶生，分枝密生，具多数小穗。小穗含 2~5 花，两侧压扁；两颖近相等，约与小穗等长或稍短，披针形，具 3~5 脉；外稃宽披针形，厚纸质，背部近圆形，无脊，通常具 3 条主脉。颖果较小，纺锤形。

城南森林公园有 1 种。

芦竹

Arundo donax L.

多年生高大草本，具粗大、多节根茎。秆粗大，高 2.5~6 m，直径 1~3.5 cm，坚韧，具多数节，常生分枝。叶鞘长于节间，无毛或颈部具长柔毛；叶舌截平，长约 1.5 mm，先端具短纤毛；叶片扁平，

长 30~50 cm，宽 3~5 cm，上面与边缘微粗糙，基部白色，抱茎。圆锥花序大型，长 30~80 cm，分枝稠密，斜升；小穗长 10~12 mm，含 2~4 朵小花，小穗轴节长约 1 mm。颖果细小，黑色。

见于葛布村；生于水沟旁。分布于中国东南部至西南部地区。亚洲、非洲、大洋洲热带地区广布。秆是制优质造纸和人造丝的原料；幼嫩枝叶是牲畜的良好青饲料；可作堤岸观赏植物。

2. 酸模芒属 Centotheca Desv.

多年生、直立草本。叶鞘光滑；叶舌膜质；叶片宽披针形或椭圆形，具小横脉。顶端圆锥花序开展；小穗两侧压扁，含 2 至数小花，上部小花退化；小穗轴无毛，脱节于颖之上和各小花间；两颖不相等，较短于第一小花，有 3~5 脉，顶端尖或渐尖，背部有脊；外稃背部圆形，具 5~7 脉，两侧边缘贴生疣基硬毛，顶端无芒或有小尖头。颖果与内、外稃分离。

城南森林公园有 1 种。

酸模芒（假淡竹叶）
Centotheca lappacea (L.) Desv.

多年生，具短根状茎。秆直立，高可达 1 m，具 4~7 节。叶鞘平滑，一侧边缘具纤毛；叶舌干膜质，长约 1.5 mm；叶片广披针形，长 7~15 cm，宽 1~3 cm，具横脉，上面疏生硬毛，顶端渐尖，基部渐窄，成短柄状或抱茎。圆锥花序长 12~25 cm，分枝斜升或开展，微粗糙，基部主枝长达 15 cm；小穗柄生微毛，长 2~4 mm；小穗含 2~3 朵小花，长约 5 mm；颖披针形，具 3~5 脉，脊粗糙。颖果椭圆形，长约 1 mm。花果期 6~10 月。

见于城南森林公园正门附近；生于林下和山谷庇阴处。分布于中国华南地区及云南、台湾、福建。印度、泰国、马来西亚及非洲、大洋洲也有分布。

3. 弓果黍属 Cyrtococcum Stapf

一年生或多年生草本，蔓生。秆上部直立，下部多平卧地面，节上生根。叶片薄，线状披针形至披针形。圆锥花序开展或紧缩；小穗两侧压扁，斜卵形或半卵形，有 2 小花，第一小花不孕，第二小花两性；颖不等长，膜质或较厚，顶端钝或尖，具 3~5 脉，第一颖较小，卵形，第二颖舟形；第一外稃与小穗等长，具 5 脉，顶端钝或尖；第一内稃短小或缺；第二外稃在花后变硬，背部隆起呈驼背状，顶端略呈喙状，边缘质硬；花柱基分离。种脐点状。

城南森林公园有 1 变种。

散穗弓果黍
Cyrtococcum patens (L.) A.Camus var. **latifolium** (Honda) Ohwi

一年生草本，高 40~60 cm。秆光滑，下部多平卧地面。叶舌长约 1 mm，顶端近圆形，无毛；叶片常宽大，线状椭圆形或披针形，长 7~15 cm，宽 1~2 cm，两面近无毛，脉间具小横脉，基部边缘被疣基长纤毛。圆锥花序大而开展，长可达 30 cm，宽达 15 cm，分枝纤细；小穗柄远长于小穗；颖及第一外稃均为脆膜质。花、果期秋至冬季。

见于城南森林公园正门附近；生于路旁、丘陵林下。分布于中国华南、西南及湖南、台湾等地。印度至马来西亚、日本南部也有分布。

4. 画眉草属 Eragrostis Wolf

一年生或多年生草本。秆通常丛生。叶片狭窄，线形。圆锥花序开展或紧缩；小穗两侧压扁，有小花 2 至多朵，呈疏松或紧密的覆瓦状排列，具柄或近无柄；小穗轴常作 "之" 字形曲折，逐渐断落或延续而不折断；颖近等长或不等长，通常短于第一外稃，具 1 条脉，宿存，或偶脱落；外稃无芒，具 3 条明显的脉，或侧脉不明显；内稃具 2 脊，常作弓形弯曲。颖果与内、外稃分离，球形、椭圆形或压扁。

城南森林公园有 2 种。

1. 牛虱草

Eragrostis unioloides (Retz.) Nees. ex Steid.

一年生或多年生草本，高 15~50 cm。秆直立或下部膝曲，具匍匐枝，常 3~5 节。叶鞘无毛，鞘口具长毛，叶舌膜质，长约 0.8 mm；叶片平展，线状披针形，长 2~20 cm，宽 3~6 mm，下面平滑，上面粗糙，疏生长毛。圆锥花序长圆形，开展，长 5~20 cm，每节一分枝，腋间无毛。小穗卵状长圆形，两侧极扁，成熟时紫色，长 0.5~1 cm，宽 2~4 mm，有 10~20 朵小花；小穗轴宿存；颖披针形，具 1 脉。颖果椭圆形，长约 0.8 mm。花果期 8~10 月。

见于城南森林公园正门至山腰；生于草地、路旁。分布于中国华南地区及江西、福建、云南、台湾。亚洲和非洲热带地区有分布。

2. 长画眉草

Eragrostis zeylanica Nees et Mey.

多年生草本，高 15~50 cm。秆纤细，丛生，直立或基部稍膝曲，具 3~5 节，基部节上常有分枝。叶鞘短于节间或与节间近等长，光滑无毛，鞘口有长柔毛；叶舌膜质；叶片常集生于基部，线形，内卷或平展，长 3~10 cm，宽 1~3 mm。圆锥花序开展

或紧缩，长 3~7 cm，宽 1.5~3.5 cm，分枝较粗短，单一，基部密生小穗；小穗铅绿色或暗棕色，长椭圆形，长 4~15 mm，宽 1.5~2 mm，含 7 至多数小花，小穗柄极短或无柄，通常 2~4 个小穗密集在一起；颖卵状披针形，顶端尖，第一颖长约 1.2 mm，具 1 脉，第二颖长约 1.8 mm，具 1 脉或有时具 3 脉。颖果黄褐色，透明，长约 0.5 mm。花期春季。

见于城南森林公园正门至山腰；生于山坡路旁。分布于中国华南、华东、西南等地。东南亚、大洋洲各地也有分布。

5. 蜈蚣草属 Eremochloa Buse

多年生纤弱草本。秆直立或基部倾斜，有时具匍匐茎。叶线形，扁平，大部分基生。总状花序单生于秆顶，背腹压扁；无柄小穗扁平，不嵌入轴中，常覆瓦状排列于总状花序轴之一侧；第一颖表面平滑，两侧常具栉齿状的刺；第二颖略呈舟形，具 3 脉；第一小花两稃膜质，雄蕊 3 枚；第二小花两性或雌性，外稃透明膜质，全缘；内稃较狭窄。颖果长圆形。

城南森林公园有 1 种。

蜈蚣草（百足草）

Eremochloa ciliaris (L.) Merr.

多年生草本，高 30~60 cm。秆密丛生，纤细，直立。叶鞘压扁，互相跨生，鞘口具纤毛；叶舌膜质，极短，截平；叶片常直立，质地较硬，长 2~5 cm，宽 2~3 mm，先端渐尖，边缘变厚呈白色。总状花序单生，常弓曲，长 2~3 cm，宽约 3 mm，花序总梗及其轴节间被微柔毛；无柄小穗卵形；第一颖厚纸质，长约 3 mm，顶端突尖，两侧具多数近平展的刺；第二颖厚膜质，具 3 脉，脊之下部有窄翅；第一小花雄性，花药长约 1 mm；第二小花两性或雌性；柱头黄褐色。颖果长圆形，长约 2 mm。花、果期 7~10 月。

见于城南森林公园纪念碑附近；生于山坡、路旁草丛中。分布于中国华南及云南、贵州、福建等地。印度、缅甸及中南半岛也有分布。

6. 白茅属 Imperata Cyrillo

多年生草本，具发达、多节的长根状茎。秆直立，常不分枝。叶片多数基生，线形；叶舌膜质。圆锥花序顶生，紧缩呈穗状；小穗含 1 朵两性小花，基部围以丝状柔毛，孕生于细长延续的总状花序轴上；两颖近相等，披针形，具数脉，背部被长柔毛；外稃透明膜质，无脉，具裂齿和纤毛，顶端无芒；第一内稃无；第二内稃较宽，透明膜质，包围着雌、雄蕊；鳞被缺。颖果椭圆形，种脐点状。

城南森林公园有 1 变种。

大白茅

Imperata cylindrica (L.) Beauv. var. **major** (Nees) C. E. Hubbard

根状茎长而粗壮。秆直立，具 1~3 节，节常有毛，有时疏被毛或无毛。叶鞘质地较厚；叶舌膜质，长约 2 mm，分蘖叶片扁平，质地较薄；秆生叶片窄线形，通常内卷，被有白粉，下部渐窄，或具柄，基部上面具柔毛。圆锥花序稠密，向下较松，小穗长 4.5~6 mm，基盘具长 12~16 mm 的丝状柔毛；两颖草质及边缘膜质，近相等，具 5~9 脉，顶端渐尖或稍钝，常具纤毛，脉间疏生长丝状毛；第一外稃卵状披针形，透明膜质，无脉；第二外稃卵圆形，顶端具齿裂及纤毛。颖果椭圆形。花果期 4~8 月。

见于城南森林公园纪念碑至山腰、水南村；生于草地、路旁。分布于中国大部分地区。中亚、东南亚、欧洲南部、非洲北部和澳大利亚等地也有分布。

7. 鸭嘴草属 Ischaemum L.

一年生或多年生草本，有时具根茎或匍匐茎。秆具槽或无槽。叶片披针形至线形，边缘粗糙。总状花序通常呈圆柱形，数枚指状排列于秆顶；花序轴增粗，节间呈三棱形或稍压扁，具关节；小穗孪生，一有柄，一无柄，背腹压扁，各含 2 朵小花；第一颖长圆形或披针形，坚纸质或下部革质，有时具各式横向皱纹或瘤，顶端常扁平呈鸭嘴状；第二颖舟形，质较薄；第一小花雄性或中性；第二小花两性；鳞被 2 枚，倒楔形，上缘有齿缺。颖果长圆形。

城南森林公园有 1 种。

细毛鸭嘴草（纤毛鸭嘴草）

Ischaemum ciliare Retz.
[*I. indicum* (Houtt.) Merr.]

秆直立或基部平卧至斜升，节上密被白色髯毛。叶鞘疏生疣毛；叶舌膜质，上缘撕裂状；叶片线形，两面被疏毛。总状花序常 2 枚孪生于秆顶，开花时常互相分离；总状花序轴节间和小穗柄的棱上均有长纤毛。无柄小穗倒卵状矩圆形，第一颖革质，先端具 2 齿，两侧上部有阔翅，边缘有短纤毛；第二颖较薄，舟形；第一小花雄性；第二小花两性，裂齿间着生芒；芒在中部膝曲；柱头紫色。有柄小穗具膝曲芒。花果期夏秋季。

见于城南森林公园正门至山腰；生于路旁及旷野草地。分布于中国华南、华东、西南及湖北等地。印度及中南半岛、东南亚各国也有分布。幼嫩叶可作饲料。

8. 淡竹叶属 Lophatherum Brongn

多年生草本。须根中下部膨大呈纺锤形。秆直立。叶鞘长于其节间，边缘生纤毛；叶舌短小，质硬；叶片披针形，宽大，具明显小横脉，基部收缩成柄状。圆锥花序由数枚穗状花序所组成；小穗圆柱形，含数小花，第一小花两性，其他均为中性小花；两颖不相等，具 5~7 脉，顶端钝；第一外稃硬纸质，具 7~9 脉，顶端钝或具短尖头；不育外稃数枚互相紧密包卷，顶端具短芒；内稃小或不存在。颖果与内、外稃分离。

城南森林公园有 1 种。

淡竹叶

Lophatherum gracile Brongn

多年生草本，具木质根头。须根中部膨大呈

纺锤形小块根。秆直立，疏丛生，高 40~80 cm，具 5~6 节。叶鞘平滑或外侧边缘具纤毛；叶舌质硬，长 0.5~1 mm，褐色，背有糙毛；叶片披针形，长 6~20 cm，宽 1.5~2.5 cm，具横脉，有时被柔毛或疣基小刺毛，基部收窄成柄状。圆锥花序长 12~25 cm，分枝斜升或开展，长 5~10 cm；小穗线状披针形，长 7~12 mm，宽 1.5~2 mm，具极短柄；颖顶端钝，具 5 脉，边缘膜质，第一颖长 3~4.5 mm。颖果长圆形。花果期 6~10 月。

见于城南森林公园纪念碑附近、葛布村、水南村；生于山坡、林缘、道旁。分布于中国长江流域以南地区。东亚、南亚、东南亚及澳大利亚和太平洋群岛也有分布。小块根及叶药用，有清凉、解热之功效；叶可作牧草。

本种与酸模芒 Centotheca lappacea (L.) Desv. 近似，不同在于后者须根中间不膨大，叶片上面疏生硬毛，基部渐窄成短柄状或抱茎。

9. 莠竹属 Microstegium Nees

多年生或一年生蔓性草本。秆多节，下部着土后易生根。叶片披针形，柔软，基部圆形，有时具柄。总状花序数枚至多数呈指状排列，稀为单生。小穗两性，孪生，常一有柄，一无柄；两颖等长于小穗，纸质，第一颖具 4~6 脉，边缘内折成 2 脊，背部扁平或有纵长凹沟；第二颖舟形，具 1~3 脉，中脉成脊，顶端尖或具短芒；第一小花雄性，常无第一外稃；第二外稃微小，顶端 2 裂或全缘，芒扭转膝曲或细直。颖果长圆形。

城南森林公园有 1 种。

蔓生莠竹

Microstegium fasciculatum (L.) Henrard
[*M. vagans* (Nees ex Steud.) A. Camus]

多年生草本。秆高 30~100 cm，多节，下部匍匐，节着土生根。叶鞘口部及鞘节生有柔毛；叶舌长约 1 mm；叶片长 10~20 cm，宽 5~15 mm，质地较软，被短毛。总状花序长 5~10 cm，4~6 枚呈伞房状着生于秆顶；总状花序轴节间短于其小穗，向上变宽，压扁，边缘具纤毛；无柄小穗长约 2.5 mm；基盘具短毛；第一颖较宽，中央有凹沟，背部微粗糙，先端钝；第二颖顶端尖或具短芒尖。花果期 8~10 月。

见于水南村；生于林缘或林下阴湿地。分布于中国西南地区及广东、海南、湖北。南亚、东南亚和非洲也有分布。

10. 芒属 Miscanthus Andersson

多年生、高大草本。秆粗壮，中空。叶片扁平、宽大。顶生圆锥花序大型，由多数总状花序沿一延伸的主轴排列而成。小穗含一两性花，基盘具丝状柔毛；两颖近相等，厚纸质至膜质，第一颖背腹压扁，顶端尖，边缘内折成 2 脊，有 2~4 脉；第二颖舟形，具 1~3 脉；外稃膜质，第一外稃内空；第二外稃具 1 脉，顶端 2 裂，微齿间伸出一芒；内稃微小；鳞被 2 枚；花柱 2 枚。颖果长圆形。

城南森林公园有 1 种。

芒

Miscanthus sinensis Andersson

秆高达 2 m，无毛或在花序以下疏生柔毛。叶鞘无毛，长于其节间；叶舌膜质，长 1~3 mm，顶端及其后面具纤毛；叶片线形，长 20~50 cm，下面疏生柔毛及被白粉，边缘粗糙。圆锥花序直立，主轴无毛，节与分枝腋间具柔毛；分枝较粗硬，直立；小枝节间三棱形，边缘微粗糙；小穗披针形，基盘具白色或淡黄色的丝状毛；第一颖顶具 3~4 脉；第二颖常具 1 脉，粗糙；芒长 9~10 mm，棕色，膝曲，芒柱稍扭曲，长约 2 mm。颖果长圆形，暗紫色。花果期 7~12 月。

见于城南森林公园正门至山顶、水南村；生于山坡或路旁草地。分布于中国华南、华东、华中、西南等地。日本、朝鲜也有分布。秆可作造纸原料或编草鞋；秆穗可作扫帚等用。

11. 类芦属 Neyraudia Hook. f.

多年生，具木质根状茎。秆具多数节并生有分枝。叶鞘颈部常具柔毛；叶舌密生柔毛；叶片扁平或内卷，质地较硬。圆锥花序大型稠密。小穗含 3~8 朵花，第一小花两性或不孕，第二小花正常发育，上部花渐小或退化；小穗轴脱节于颖之上与诸小花之间，无毛；颖具 1~3 脉；外稃披针形，具 3 脉，背部圆形，中脉自先端 2 裂齿间延伸成短芒；基盘短柄状，具短柔毛；内稃狭窄，稍短于外稃；鳞被 2 枚。颖果近圆柱状。

城南森林公园有 1 种。

类芦

Neyraudia reynaudiana (Kunth) Keng ex Hithc.

多年生草本，须根粗而坚硬。秆直立，高 2~3 m，径 5~10 mm，节具分枝，节间被白粉。叶鞘无毛，仅沿颈部具柔毛；叶舌密生柔毛；叶片长 30~60 cm，宽 5~10 mm，扁平或卷折，顶端长渐尖。圆锥花序长 30~60 cm，分枝细长，开展或下垂。小穗长 6~8 mm，含 5~8 朵小花。花果期 8~12 月。

见于水南村；生于山坡或草地。分布于中国华南、华东、华中、西南、西北地区。亚洲热带也有分布。

12. 求米草属 Oplismenus P. Beauv.

一年生或多年生草本。秆基部通常平卧并分枝。叶片扁平，卵形至披针形，稀线状披针形。圆锥花序狭窄，小穗数枚聚生于主轴的一侧；小穗卵圆形或卵状披针形，两侧压扁，近无柄，孪生或簇生，少单生，含 2 朵小花；第一颖具长芒，第二颖具短芒或无芒；第一小花中性，无芒或具小尖头，内稃存在或缺；第二小花两性，外稃纸质后变坚硬，边缘内卷，包着同质的内稃；鳞被 2 枚。

城南森林公园有 1 种。

竹叶草

Oplismenus compositus (L.) Beauv.

多年生草本，高达 80 cm。秆较纤细，基部平卧地面，节着地生根。叶鞘短于或上部者长于节间，近无毛或疏生毛；叶片披针形至卵状披针形，基部多少包茎而不对称，长 3~8 cm，宽 5~20 mm，近无毛或边缘疏生纤毛，具横脉。圆锥花序长 5~15 cm，主轴无毛或疏生毛；分枝互生而疏离，长 2~6 cm；小穗孪生，稀上部者单生，长约 3 mm；颖草质，近等长，长约为小穗的 1/2~2/3，边缘常被纤毛，第一颖先端芒长 0.7~2 cm；第二颖顶端的芒长 1~2 mm。花果期 9~12 月。

见于葛布村；生于沟边。分布于中国华南、华东、西南地区。全世界东半球热带地区有分布。

13. 露籽草属 Ottochloa Dandy

多年生草本。秆蔓生。叶片披针形，平展。圆锥花序顶生，开展；小穗有短柄，每小穗有 2 小花，背腹压扁，椭圆形，顶端尖或稍钝，成熟后整个脱落，颖具 3~5 脉，第一小花不育，外稃膜质，有 7~9 脉；第二小花发育；外稃质地变硬，平滑，顶端尖；鳞被折叠，具 5 脉。

城南森林公园有 1 种。

露籽草 （奥图草）

Ottochloa nodosa (Kunth) Dandy

多年生、蔓生草本，高达 80 cm。秆下部横卧地面并于节上生根，上部倾斜直立。叶鞘短于节间，边缘仅一侧具纤毛；叶舌膜质，长约 0.3 mm；叶片披针形，质较薄，长 4~11 cm，宽 5~10 mm，顶端渐尖，基部圆形至近心形，两面近平滑，边缘稍粗糙。圆锥花序多少开展，长 10~15 cm，分枝上举，纤细，疏离，互生或下部近轮生，分枝粗糙具棱；小穗有短柄，椭圆形，长 2.8~3.2 mm；颖草质，第一颖长约为小穗的 1/2，具 5 脉，第二颖长约为小穗的 1/2~2/3，具 5~7 脉。花果期 7~9 月。

见于城南森林公园科普长廊和姐妹亭交叉处、正门至生态步道；生于疏林下或林缘。分布于中国华南地区及福建、台湾、云南。印度、斯里兰卡、缅甸、马来西亚和菲律宾等地亦有分布。

14. 黍属 Panicum L.

一年生或多年生草本，具根状茎。秆直立或基部膝曲或匍匐。叶片线形至卵状披针形，通常扁平；叶舌膜质或顶端具毛。圆锥花序顶生，分枝常开展，小穗具柄，背腹压扁，含 2 朵小花；第一小花雄性或中性；第二小花两性；颖草质或纸质；第一颖通常较小穗短而小，有的种基部包着小穗；第二颖等长，且常同形；鳞被 2 枚；雄蕊 3 枚。

城南森林公园有 1 种。

短叶黍

Panicum brevifolium L.

多年生草本，高达 50 cm。秆基部常伏卧地面，节上生根。叶鞘被柔毛或边缘被纤毛；叶舌膜质，顶端被纤毛；叶片卵形或卵状披针形，长 2~6 cm，包秆，两面疏被粗毛。圆锥花序卵形，开展，主轴直立，常被柔毛；小穗椭圆形，具蜿蜒的长柄；颖背部被疏刺毛；第一颖近膜质，长圆状披针形，具 3 脉；第二颖薄纸质，具 5 脉；第二小花具乳突。鳞被薄而透明，具 3 脉。花果期 5~12 月。

见于城南森林公园正门至山腰；生于林缘路旁阴湿处。分布于中国华东及广东、广西、云南等地。南亚、东南亚和非洲热带地区也有分布。

15. 雀稗属 Paspalum L.

秆丛生，直立，或具匍匐茎和根状茎。叶舌短，膜质；叶片线形或狭披针形，扁平或卷折。穗形总状花序 2 至多枚呈指状或总状排列；小穗含有一朵成熟小花，单生或孪生，2~4 行互生于穗轴的一侧，背腹压扁，椭圆形或近圆形；第一颖通常缺失，稀存在；第二颖与第一外稃相似，膜质或厚纸质，具 3~7 脉，第一小花中性，内稃缺；第二外稃背部隆起，成熟后变硬；鳞被 2 枚。种脐点状。

城南森林公园有 1 种，1 变种。

1. 圆果雀稗

Paspalum scrobiculatum L. var. **orbiculare** (G. Forst.) Hack.
[*P. orbiculare* G. Forst.]

多年生草本，高 30~90 cm。秆直立，丛生。叶鞘长于其节间，无毛，鞘口有少数长柔毛，基部者生有白色柔毛；叶舌长约 1.5 mm；叶片长披针形至线形，长宽各 5~10 mm，大多无毛。总状花序长 3~8 cm，2~10 枚相互间距排列于主轴上，分枝腋间有长柔毛；穗轴宽 1.5~2 mm，边缘微粗糙；小穗椭圆形或倒卵形，长 2~2.3 mm，单生于穗轴一侧，覆瓦状排列成二行；小穗柄微粗糙，长约 0.5 mm。花果期 6~11 月。

见于城南森林公园正门至山腰；生于荒坡草地、路旁。分布于中国华南、华东、华中、西南地区。亚洲东南部至大洋洲均有分布。

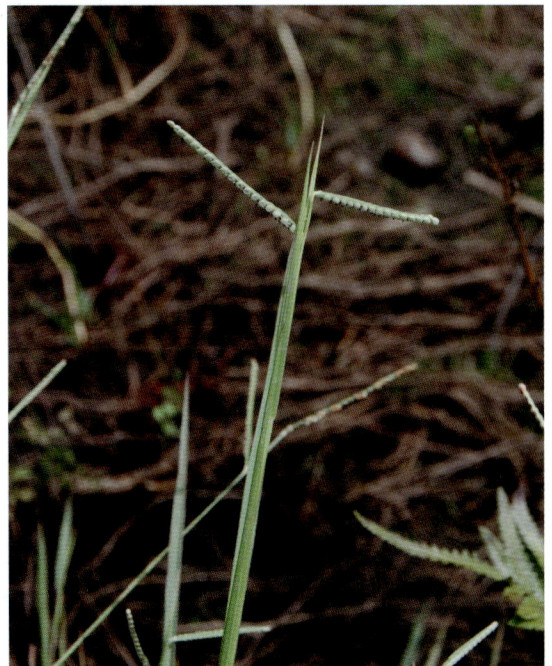

2. 丝毛雀稗

Paspalum urvillei Steud.

多年生草本，高 50~150 cm，具短的根状茎。秆丛生。叶鞘密生糙毛，鞘口具长柔毛；叶舌长 3~5 mm；叶片长 15~30 cm，宽 5~15 mm，无毛或基部生毛。总状花序 10~20 枚，长 8~15 cm，组成长 20~40 cm 的大型总状圆锥花序。小穗卵形，顶端尖，长 2~3 mm，稍带紫色，边缘密生丝状柔毛；第二颖与第一外稃等长、同型，具 3 脉，侧脉位于边缘；第二外稃椭圆形，革质，平滑。花果期 5~10 月。

见于龙井村附近；生于村旁路边和荒地。分布于中国广东、香港、福建和台湾。原产于美国南部。

16. 狗尾草属 Setaria P. Beauv.

一年生或多年生草本。秆直立或基部膝曲。叶片线形、披针形或长披针形。圆锥花序通常呈穗状或总状圆柱形，少数疏散而开展至塔状；小穗含 1~2 小花，椭圆形或披针形；颖不等长，第一颖宽卵形、卵形或三角形，具 3~5 脉或无脉，第二颖具 5~7 脉；第一小花雄性或中性，第一外稃与第二颖同质，通常包着内稃；鳞被 2，楔形。颖果椭圆状球形或卵状球形，稍扁。

城南森林公园有 3 种。

1. 棕叶狗尾草

Setaria palmifolia (J. Koenig) Stapf

多年生草本，高达 2 m，具支柱根。叶鞘松弛，具密或疏疣毛，少数无毛；叶舌长约 1 mm，具长约 2~3 mm 的纤毛；叶片纺锤状宽披针形，长 20~60 cm，宽 2~7 cm，先端渐尖，基部窄缩呈柄状，基部边缘有长约 5 mm 的疣基毛，具纵深皱褶。圆锥花序主轴延伸较长，呈开展或稍狭窄的塔形，主轴具棱角，分枝排列疏松；小穗卵状披针形，排列于小枝的一侧；第一颖三角状卵形，具 3~5 脉；第二颖具 5~7 脉。鳞被楔形、微凹。颖果卵状披针形，具横皱纹。花果期 8~12 月。

见于城南森林公园大径材区、水南村；生于路旁、林缘。分布于中国华南、华东、华中、西南地区。原产于非洲，广布于亚洲热带和亚热带地区。颖果可供食用；根可药用。

见于东门岭；生于山坡林下、沟谷地阴湿处。分布于中国华南、华东、华中、西南等地。东南亚及日本、印度、尼泊尔也有分布。

本种与棕叶狗尾草 Setaria palmifolia (J. Koenig) Stapf 幼小植株很相似，不同在于后者叶鞘具密或疏疣毛，或无毛，叶片纺锤状宽披针形，宽 2~7 cm，基部边缘有长约 5 mm 的疣基毛，具纵深皱褶。

2. 皱叶狗尾草

Setaria plicata (Lam.) T. Cooke.

多年生草本，高达 1.3 m。秆通常瘦弱，直立。叶舌边缘密生长 1~2 mm 的纤毛；叶片椭圆状披针形或线状披针形，长 5~42 cm，宽 0.5~3 cm，基部渐狭呈柄状，具较浅的纵向皱褶，边缘无毛。圆锥花序狭长圆形或线形，上部者排列紧密，下部者具分枝，排列疏松，开展；小穗着生小枝一侧，卵状披针状，绿色或微紫色；颖薄纸质；第一小花通常中性或具 3 雄蕊；第二小花两性；鳞被 2 枚。颖果长卵形。花果期 6~10 月。

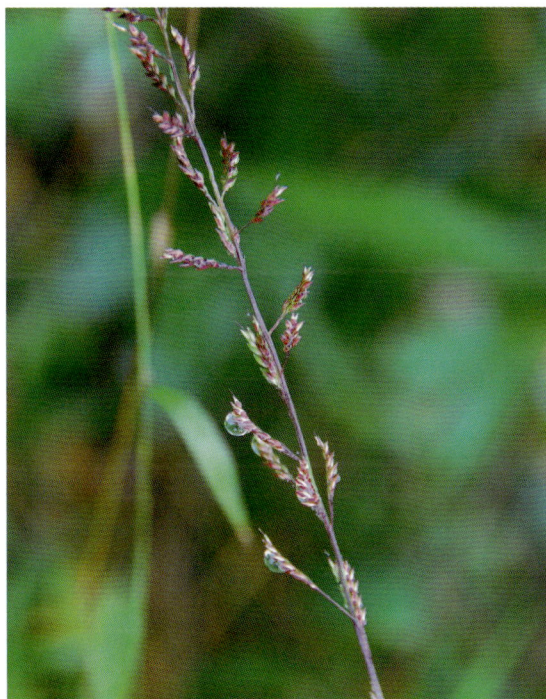

3. 狗尾草

Setaria viridis (L.) Beauv.

一年生草本。根为须状。秆直立或基部膝曲，高 10~100 cm。叶鞘松弛，无毛或疏具柔毛或疣毛，边缘具较长的密绵毛状纤毛；叶舌极短，缘有纤毛；叶片扁平，长三角状狭披针形或线状披针形，长 4~30 cm，宽 2~18 mm。圆锥花序紧密呈圆柱状或基部稍疏离，直立或稍弯垂，刚毛长 4~12 mm，通常绿色或褐黄色到紫红色或紫色；小穗 2~5 个簇生于主轴上，或更多的小穗着生在短小枝上；第一颖卵形、宽卵形，具 3 脉；第二颖几与小穗等长，椭圆形，具 5~7 脉；第一外稃与小穗等长，具 5~7 脉；第二外稃椭圆形。颖果灰白色。花果期 5~10 月。

见于葛布村、水南村；生于路旁、荒地。分布于全国各地。广布于全世界的温带和亚热带地区。秆、叶可作饲料，也可入药，治痈瘀、面癣。

参考文献

国家林业和草原局，农业农村部，2021. 国家重点保护野生植物名录 [EB/OL]. （8-7）[2021-9-8].
　http://www.forestry.gov.cn/main/3954/20210908/163949170374051.html.

韶关市仁化县林业局，2020. 韶关仁化城南森林公园升级为广东省自然教育基地 [EB/OL]. （7-16）
　[2021-9-8]. http://www.sgrh.gov.cn/sgrhlyj/gkmlpt/content/1/1834/mpost_1834875.html#2380

王发国，周宏，龚粤宁，等，2021. 韶关珍稀濒危植物 [M]. 北京：中国林业出版社 .

王瑞江，曹洪麟，陈炳辉，等，2017. 广东维管植物多样性编目 [M]. 广州：广东科技出版社 .

叶华谷，彭少麟，陈海山，等，2006. 广东植物多样性编目 [M]. 广州：广东世界图书出版公司 .

中国科学院中国植物志编辑委员会，1959—2004. 中国植物志：1-80 卷 [M]. 北京：科学出版社 .

Brummitt R K, Powell C E, 1992. Authors of plant names [M]. Royal Botanic Gardens, Kew.

Wu Z Y, Raven P H, Hong D Y, et al.，1988—2013. Flora of China: Vols. 1-25 [M]. Beijing: Science Press et
　St. Louis: Missouri Botanical Garden Press.

中文名索引

学名索引